21世纪高等学校规划教材 | 电子商务

电子商务实务综合实验教程

陈梅梅 等 编著

清华大学出版社
北京

内容简介

不同于网络技术基础应用型实验或电子商务模拟系统操作型实验，本教程按照企业开展电子商务业务的过程设计和组织实验，内容全面，共分为策划、开发和维护管理三篇，且各独立实验项目之间逻辑性强，具有综合性、实用性的特点，旨在通过实验操作帮助读者巩固电子商务基本理论知识，提高综合实践能力，系统地理解所完成的一系列独立实验项目的实践意义，真正做到“学以致用”。

本书既可作为电子商务专业相关课程的课内实验上机指导书，也适用于选修电子商务相关课程的其他专业学生作为重要的学习参考书籍，更适合作为面向经贸管理类其他专业开设的电子商务实训课程的专用教材，对于拟开展电子商务业务的企业人员也是一本必备的工作指南。

图书在版编目(CIP)数据

电子商务实务综合实验教程/陈梅梅等编著．—北京：清华大学出版社，2011.2
(21世纪高等学校规划教材·电子商务)
ISBN 978-7-302-23748-8

Ⅰ．①电…　Ⅱ．①陈…　Ⅲ．①电子商务—高等学校—教材　Ⅳ．①F713.36

中国版本图书馆CIP数据核字(2010)第168118号

责任编辑：闫红梅　王冰飞
责任校对：时翠兰
责任印制：李红英
出版发行：清华大学出版社　　**地　　址：**北京清华大学学研大厦A座
http://www.tup.com.cn　　**邮　　编：**100084
社　总　机：010-62770175　　**邮　　购：**010-62786544
投稿与读者服务：010-62795954，jsjjc@tup.tsinghua.edu.cn
质　量　反　馈：010-62772015，zhiliang@tup.tsinghua.edu.cn
印 装 者：北京国马印刷厂
经　　销：全国新华书店
开　　本：185×260　**印　张：**12.75　**字　数：**306千字
版　　次：2011年2月第1版　　**印　　次：**2011年2月第1次印刷
印　　数：1～3000
定　　价：19.50元

产品编号：034885-01

编审委员会成员

（按地区排序）

浙江大学	吴朝晖	教授
	李善平	教授
扬州大学	李　云	教授
南京大学	骆　斌	教授
	黄　强	副教授
南京航空航天大学	黄志球	教授
	秦小麟	教授
南京理工大学	张功萱	教授
南京邮电学院	朱秀昌	教授
苏州大学	王宜怀	教授
	陈建明	副教授
江苏大学	鲍可进	教授
中国矿业大学	张　艳	副教授
武汉大学	何炎祥	教授
华中科技大学	刘乐善	教授
中南财经政法大学	刘腾红	教授
华中师范大学	叶俊民	教授
	郑世珏	教授
	陈　利	教授
江汉大学	颜　彬	教授
国防科技大学	赵克佳	教授
	邹北骥	教授
中南大学	刘卫国	教授
湖南大学	林亚平	教授
西安交通大学	沈钧毅	教授
	齐　勇	教授
长安大学	巨永锋	教授
哈尔滨工业大学	郭茂祖	教授
吉林大学	徐一平	教授
	毕　强	教授
山东大学	孟祥旭	教授
	郝兴伟	教授
中山大学	潘小轰	教授
厦门大学	冯少荣	教授
仰恩大学	张思民	教授
云南大学	刘惟一	教授
电子科技大学	刘乃琦	教授
	罗　蕾	教授
成都理工大学	蔡　淮	教授
	于　春	讲师
西南交通大学	曾华燊	教授

出版说明

随着我国改革开放的进一步深化，高等教育也得到了快速发展，各地高校紧密结合地方经济建设发展需要，科学运用市场调节机制，加大了使用信息科学等现代科学技术提升、改造传统学科专业的投入力度，通过教育改革合理调整和配置了教育资源，优化了传统学科专业，积极为地方经济建设输送人才，为我国经济社会的快速、健康和可持续发展以及高等教育自身的改革发展做出了巨大贡献。但是，高等教育质量还需要进一步提高以适应经济社会发展的需要，不少高校的专业设置和结构不尽合理，教师队伍整体素质亟待提高，人才培养模式、教学内容和方法需要进一步转变，学生的实践能力和创新精神亟待加强。

教育部一直十分重视高等教育质量工作。2007 年 1 月，教育部下发了《关于实施高等学校本科教学质量与教学改革工程的意见》，计划实施“高等学校本科教学质量与教学改革工程(简称‘质量工程’)”，通过专业结构调整、课程教材建设、实践教学改革、教学团队建设等多项内容，进一步深化高等学校教学改革，提高人才培养的能力和水平，更好地满足经济社会发展对高素质人才的需要。在贯彻和落实教育部“质量工程”的过程中，各地高校发挥师资力量强、办学经验丰富、教学资源充裕等优势，对其特色专业及特色课程(群)加以规划、整理和总结，更新教学内容、改革课程体系，建设了一大批内容新、体系新、方法新、手段新的特色课程。在此基础上，经教育部相关教学指导委员会专家的指导和建议，清华大学出版社在多个领域精选各高校的特色课程，分别规划出版系列教材，以配合“质量工程”的实施，满足各高校教学质量和教学改革的需要。

为了深入贯彻落实教育部《关于加强高等学校本科教学工作，提高教学质量的若干意见》精神，紧密配合教育部已经启动的“高等学校教学质量与教学改革工程精品课程建设工作”，在有关专家、教授的倡议和有关部门的大力支持下，我们组织并成立了“清华大学出版社教材编审委员会”(以下简称“编委会”)，旨在配合教育部制定精品课程教材的出版规划，讨论并实施精品课程教材的编写与出版工作。“编委会”成员皆来自全国各类高等学校教学与科研第一线的骨干教师，其中许多教师为各校相关院、系主管教学的院长或系主任。

按照教育部的要求，“编委会”一致认为，精品课程的建设工作从开始就要坚持高标准、严要求，处于一个比较高的起点上；精品课程教材应该能够反映各高校教学改革与课程建设的需要，要有特色风格、有创新性(新体系、新内容、新手段、新思路，教材的内容体系有较高的科学创新、技术创新和理念创新的含量)、先进性(对原有的学科体系有实质性的改革和发展，顺应并符合 21 世纪教学发展的规律，代表并引领课程发展的趋势和方向)、示范性(教材所体现的课程体系具有较广泛的辐射性和示范性)和一定的前瞻性。教材由个人申报或各校推荐(通过所在高校的“编委会”成员推荐)，经“编委会”认真评审，最后由清华大学出版社审定出版。

目前,针对计算机类和电子信息类相关专业成立了两个“编委会”,即“清华大学出版社计算机教材编审委员会”和“清华大学出版社电子信息教材编审委员会”。推出的特色精品教材包括:

(1) 21世纪高等学校规划教材·计算机应用——高等学校各类专业,特别是非计算机专业的计算机应用类教材。

(2) 21世纪高等学校规划教材·计算机科学与技术——高等学校计算机相关专业的教材。

(3) 21世纪高等学校规划教材·电子信息——高等学校电子信息相关专业的教材。

(4) 21世纪高等学校规划教材·软件工程——高等学校软件工程相关专业的教材。

(5) 21世纪高等学校规划教材·信息管理与信息系统。

(6) 21世纪高等学校规划教材·财经管理与计算机应用。

(7) 21世纪高等学校规划教材·电子商务。

清华大学出版社经过二十多年的努力,在教材尤其是计算机和电子信息类专业教材出版方面树立了权威品牌,为我国的高等教育事业做出了重要贡献。清华版教材形成了技术准确、内容严谨的独特风格,这种风格将延续并反映在特色精品教材的建设中。

清华大学出版社教材编审委员会

联系人:魏江江

E-mail:weijj@tup.tsinghua.edu.cn

序　　言

The 4th APEC E-Commerce Business Alliance Forum held on May 21, 2010 in Chengdu, China highlighted the growing importance of e-commerce to the global economy. The forum was co-sponsored by APEC and the Commerce Ministry of China which allowed China to showcase developments in e-commerce which, to date, has experienced quite rapid growth, drawing attention from across the world. With the Chinese government gradually increasing and strengthening its support for e-commerce, there will be greater opportunities for Chinese enterprises to develop and expand their capacity to engage in a diversified set of online business activities. However, to carry out effective e-commerce operations, China will need to focus on developing the requisite professional competences. Educational institutions play a critical role in developing well trained professionals skilled at planning, developing, and managing effective e-business for enterprises.

The author of this book works at the Glorious Sun School of Business and Management of Donghua University which has specialized in professional degree education in e-commerce for almost 10 years. The book reflects the author's accumulated years of experience teaching in this area. Adopting on enterprise application perspective, this book details three comprehensive series of practices for developing effective e-commerce: business web site planning, development, and optimization management. It provides an in depth, practical set of tutorials, which emphasizes the relevance and strong logical link between independent projects. This will help readers consolidate their understanding of the essential concepts and improve their capacity to put these into general practice. I believe that this book will contribute significantly to the training and education of e-commerce professionals in China.

2010年5月21日，在中国成都举办的第四届亚太经济合作组织电子商务工商联盟论坛进一步显现了电子商务对全球经济日益增长的重要性。此届论坛由亚太经济合作组织和中国商务部共同主办，使中国有机会展示令世界瞩目的迅猛发展的电子商务。随着中国政府对电子商务扶持力度的逐步加大，未来中国企业电子商务向多样化方向发展过程中将会机遇不断。但是，要有效地实施电子商务业务，中国需要将重点放在制定必要的专业能力方面。教育机构在为企业培养具备规划、开发和管理技能的训练有素的专业人才方面发挥着重要作用。

作者就职的东华大学旭日工商管理学院专门从事电子商务学历教育已近10年之久，本实验教程是作者多年相关教学积累的总结，从企业应用的视角出发，详述了企业有效推广电子商务应用的三个重要方面：商务网站的策划、开发和维护管理。教程提供了深入而实用的实验指导，并强调了各独立实验项目之间的相关性和逻辑联系，有利于读者通过实验操作巩固电子商务基本理论知识并提高综合实践能力。相信本书的出版将为促进中国电子商务专业人才的培训和教育做出积极的贡献。

Gerald Grant，Ph. D，
Associate Professor
Carleton University，Ottawa，Canada
2010-6-16

前言

我国电子商务的发展经历了10年的历程，正迈向以传统企业为应用主体的理性发展阶段。随着我国电子商务应用的推广和纵深化发展，企业已逐步认识到：要成功实现电子化，不能仅仅依靠精通技术的专业人才，熟悉电子商务业务和管理、具备高度信息意识、能够熟练运用现代化管理手段使企业在电子商务环境下获得并保持竞争优势的经济管理类人才也是必不可少的。

自2001年教育部正式批准开办电子商务专业以来，国内市场上应电子商务专业建设和教学需要相继出版了不少相关教材，包括基础入门教材、应用型教材、技术实现型教材及理论研究型教材等，但从企业电子商务应用管理业务角度出发设计的电子商务实务综合实验教材则并不多见，难以满足教学需要和实际应用的需要。

作者自1999年以来，一直从事电子商务及网络营销方面的教学与研究，本书是作者在总结多年电子商务实验教学经验、体会和丰富的教学资源的基础上，结合所从事的学术研究成果，参考大量国内外相关资料精心组织撰写的一本应用型书籍。针对企业开展电子商务所涉及的业务领域设计的这部综合实验教程，旨在通过实验操作帮助读者巩固相关实务的基础理论知识，并引导读者积累有关的实务经验，真正做到“学以致用”。

全书共分为策划、开发和维护管理三篇，力求系统、全面地介绍目前国内外最新的成果，并注重理论与实际相结合，每篇在简要介绍基础知识的基础上，按照企业开展电子商务业务的过程组织实验内容。综合性、实用性是本书的一大亮点，由一系列独立实验组成的综合性实践任务能够避免读者“只见树木不见森林”，有助于系统地理解所完成的一系列独立实验项目的实践意义。编排科学、风格独特是本书的另一大特点，立足于激发学生的学习热情、调动主观能动性和培养一定的创新能力，本书配备丰富详细的操作指南，将浅显、明晰、循序渐进的描述作为贯穿始终的编写风格，既适合教师灵活组织课堂教学，又适合读者自学。综合实践任务的设计既注重实践能力的检测，又富于创新空间，有利于学生探索和创新精神的培养。

因而，本书既可作为电子商务专业相关课程的课内实验上机指导书，也适用于选修商务网站策划与建设、商务网站维护管理、网络营销等相关课程的其他专业学生作为重要的学习参考书籍，更适合作为面向经贸管理类等专业开设的电子商务实训课程的专用教材，同时也可作为企业相关工作人员的工作指南。

本书的出版是集体劳动的成果，由陈梅梅整体策划、主编及统稿，姚卫新教授、王扶东副教授参与了策划和其中部分章节的编写及修改工作，硕士生周毅、李方方、刘峥等人参与了资料收集、整理等工作，感谢他们付出的辛勤劳动。本书编写过程中参考了大量国内外教材和专著，已在本书的主要参考文献中尽可能全面地予以列举，在此对所有资料的作者表示感谢。本书在编写过程中曾得到电子商务界、管理科学与工程界许多专家学者的大力支持和宝贵建议，在此一并表示感谢。由于电子商务是一个发展迅速的领域，这给资料收集和编写工作带来许多困难，加上编者水平有限，难免存在不足和疏漏之处，恳请读者不吝赐教。

编者：陈梅梅

东华大学旭日工商管理学院

2010年4月29日于加拿大

第一篇 策 划 篇

第 1 章 商务网站策划概述 ········· 3

1.1 网站规划的内容 ········· 3

1.1.1 企业建立网站可行性分析 ········· 3

1.1.2 网站定位及网站类型选择 ········· 5

1.1.3 规划网站开发总体方案 ········· 7

1.2 申请注册企业域名 ········· 12

1.2.1 域名的定义和结构 ········· 12

1.2.2 域名策略 ········· 14

1.3 租用虚拟主机 ········· 15

1.3.1 虚拟主机的概念 ········· 16

1.3.2 租用虚拟主机建立网站的好处 ········· 16

1.3.3 租用虚拟主机考虑的因素 ········· 16

本章小结 ········· 17

第 2 章 商务网站策划实验 ········· 18

2.1 域名注册 ········· 18

2.1.1 实验要求 ········· 18

2.1.2 实验环境设置说明 ········· 18

2.1.3 调研内容与操作步骤 ········· 19

2.1.4 实验报告 ········· 23

2.2 租用虚拟主机 ········· 23

2.2.1 实验要求 ········· 23

2.2.2 实验环境设置说明 ········· 24

2.2.3 调研内容及操作步骤 ········· 24

2.2.4 实验报告 ········· 28

2.3 选择企业网络接入方案并设置网络连接 ········· 30

2.3.1 实验要求 ········· 30

2.3.2 实验环境设置说明 ········· 30

2.3.3 操作步骤 ········· 30

2.3.4 实验报告 ········· 36

2.4 利用 Visio 的 Web 图表描绘站点地图 …… 37
2.4.1 实验要求 …… 37
2.4.2 实验环境设置说明 …… 37
2.4.3 操作步骤 …… 37
2.4.4 实验报告 …… 48

第二篇 开 发 篇

第 3 章 商务网站开发概述 …… 51
3.1 商务网站的开发环境 …… 51
3.2 商务网站的开发技术概述 …… 51
3.2.1 电子商务应用系统的体系结构和 Web 应用编程模型 …… 51
3.2.2 网页制作与服务器端脚本开发技术 …… 52
3.2.3 Web 应用开发技术与集成开发环境 …… 53
3.3 基于 Web 应用的商务网站建设步骤 …… 53
3.3.1 利用 Dreamweaver 建立实体 Web 站点 …… 53
3.3.2 建立 Web 数据库并定义数据源 …… 55
3.3.3 建立数据库连接 …… 57
3.3.4 实现 Web 应用 …… 58
3.3.5 建立 Web 服务器 …… 58
3.3.6 编辑与发布 Web 站点 …… 63
本章小结 …… 65

第 4 章 商务网站开发实验 …… 66
4.1 利用 Dreamweaver 建立实体 Web 站点 …… 66
4.1.1 实验要求 …… 66
4.1.2 实验环境设置说明 …… 66
4.1.3 操作步骤 …… 66
4.1.4 实验报告 …… 72
4.2 eBookStore 静态网页的制作 …… 72
4.2.1 实验要求 …… 72
4.2.2 实验环境设置说明 …… 72
4.2.3 操作步骤 …… 72
4.2.4 实验报告 …… 81
4.3 eBookStore 数据库设计与创建 …… 82
4.3.1 实验要求 …… 82
4.3.2 实验环境设置说明 …… 82
4.3.3 操作步骤 …… 82

4.3.4 实验报告 …… 87
4.4 数据库连接的定义 …… 87
4.4.1 实验要求 …… 87
4.4.2 实验环境设置说明 …… 87
4.4.3 操作步骤 …… 87
4.4.4 实验报告 …… 93
4.5 实现动态功能 …… 93
4.5.1 实验要求 …… 93
4.5.2 实验环境设置说明 …… 93
4.5.3 操作步骤 …… 94
4.5.4 实验报告 …… 105
4.6 创建IIS物理服务器 …… 105
4.6.1 实验要求 …… 105
4.6.2 实验环境设置说明 …… 105
4.6.3 操作步骤 …… 105
4.6.4 实验报告 …… 117
4.7 发布网站 …… 118
4.7.1 实验要求 …… 118
4.7.2 实验环境设置说明 …… 118
4.7.3 操作步骤 …… 118
4.7.4 实验报告 …… 120

第三篇 维护管理篇

第5章 商务网站管理概述 …… 123
5.1 商务网站管理的目标和步骤 …… 123
5.1.1 商务网站管理的目标 …… 123
5.1.2 商务网站管理的步骤 …… 123
5.2 商务网站管理的内容 …… 124
5.2.1 网站维护 …… 124
5.2.2 商务网站的内容管理 …… 125
5.2.3 商务网站运营管理 …… 126
5.2.4 网站的安全管理 …… 127
5.3 使用IIS进行网站运营管理 …… 127
5.3.1 系统性能监测与优化 …… 127
5.3.2 基于服务器日志的网站用途分析 …… 130
5.3.3 基于第三方流量分析工具的用户访问分析 …… 134
本章小结 …… 135

第6章 商务网站维护管理实验 ······ 136

6.1 系统性能检测与优化 ······ 136

6.1.1 实验要求 ······ 136

6.1.2 实验环境设置说明 ······ 136

6.1.3 操作步骤 ······ 136

6.1.4 实验报告 ······ 152

6.2 服务器日志采集与分析 ······ 152

6.2.1 实验要求 ······ 152

6.2.2 实验环境设置说明 ······ 152

6.2.3 操作步骤 ······ 152

6.2.4 实验报告 ······ 166

6.3 网站分析管理工具的使用 ······ 166

6.3.1 实验要求 ······ 167

6.3.2 实验环境设置说明 ······ 167

6.3.3 操作步骤 ······ 167

6.3.4 实验报告 ······ 180

6.4 系统服务器安全维护 ······ 180

6.4.1 实验要求 ······ 180

6.4.2 实验环境设置说明 ······ 180

6.4.3 操作步骤 ······ 180

6.4.4 实验报告 ······ 189

参考文献 ······ 190

第一篇

策划篇

第1章 商务网站策划概述

学习目标

了解商务网站策划的主要内容，包括网站规划、域名注册和虚拟主机租用等，为相关实验打好基础。

1.1 网站规划的内容

1.1.1 企业建立网站可行性分析

随着信息技术的迅猛发展，网络的应用已广泛地渗透到经济活动的方方面面，对于任何传统企业来说，上网已是必不可少的一件事了。但作为决策者，以什么形式上网仍然是决定着企业在今后网络时代生存和竞争优势取得的一项重大决策，尤其是电子商务网站的建设更需要进行周密的调查和分析。企业建立电子商务网站的可行性分析可以从技术可行性、市场可行性和经济可行性三个方面进行。

1. 技术可行性

主要是考虑其信息基础条件和应用普及程度。许多企业信息基础条件好，已开发并应用了 MIS、EFT、EDI 和 DSS 等，且普及程度较高，这样的企业可以考虑建立 Intranet 或 Extranet 实现企业或行业内部资源共享，建立完善型的电子商务网站实现电子贸易或网络购物等。当然，不具备上述条件的传统企业要在更高层次上实现和推行网络化、电子化经营相对要困难得多，这样的企业是否要上网呢？答案是肯定的，因为只有上网树立了新形象的企业才更有可能获得发展机会，网络有助于企业改变经营中信息不通、渠道不畅等问题。

2. 市场可行性

主要是从所定位的目标客户的需求和所提供产品或服务的特性两方面进行分析。首先要考虑企业目标客户的需求，尤其在以下两种情况下更应仔细权衡：

(1) 企业产品的主要消费者不属于目前上网的主要群体。例如，生产经营老年消费品或婴儿用品的企业，其最终消费者根本或几乎不上网，但网上还是存在着大量潜在的消费者，如这些老人的子女或婴儿的父母，他们恰恰是上网的主力军。再例如，方便超市的主要消费者大多是上网比率最少的家庭主妇。其实，如果网站定位合理、设计有特色，能够提供主妇们关心的专题信息和服务等，这一问题也不是不能得到解决的。最新统计表明，目前上网人口中女性网民已经开始超过男性，而且从长远来看，随着网络技术的发展、上网速度的加快、电信资费的进一步下调，以及网络内容的生活化、大众化，在国内上网将更加普及，就像电话、汽车进入普通人的生活一样。

(2) 企业的经营活动是地区性的。有些企业的产品是非国际性的，经营活动局限在某一地区，或是为某一地区的对口部门生产供应专用原材料、零部件等，如果企业所在地区在网络应用方面相对落后，可先不必在网上建立商店，但上网查询货源等信息有利于企业扩展市场销售渠道，使其在同类企业中表现突出。

其次，要充分考虑企业的产品和服务是否有在线销售的前景，尤其是针对个体消费者的商务网站来说，并不是所有的产品或服务都适合进行在线销售。目前上网销售的商品一般具有如下特征：

(1) 与计算机和网络有关的产品或服务。如手提式计算机、软件、数码相机和 Modem 等，这类商品在网上销售很容易成功的原因主要有三个方面：首先，目前的网络消费者大多是网虫或计算机爱好者；其次，计算机产品的升级换代通过网络传输非常便利；第三，计算机软件还可以采用试用或免费赠送学习版等方法引起消费者兴趣，增加其购买软件的可能性。

(2) 作出购买决策之前不需要尝试或观察的产品或服务。例如办公类产品，大到家具，小到复印纸，需求量大，选择性比较单一，因此具有很好的网上市场前景。而布料和服装，顾客更愿意通过手感和试穿来决定是否购买，但这个问题并非绝对，如果牛仔裤的规格、尺寸、颜色都很明确的话，顾客也可以在 Internet 上直接订购喜欢的品牌。

(3) 为消费者所熟悉与喜欢的产品或服务。例如品牌商品、日用类商品和礼品等。当然对于食品、玩具、家具、饮料和鞋类等一般日常用品来说，其成功销售还取决于价格因素。而名牌产品和鲜花、巧克力等礼品是年轻人的嗜好，通过网络提供这类商品可以满足一部分消费者追求标新立异、享受便捷服务的共同需求。

(4) 知识含量高的、数字化的、可以通过 Internet 直接提供的产品或服务。诸如电子版书籍、音像制品、计算机软件和贺卡等，可以借助网络音频、视频、多媒体、动画技术产生的丰富效果，将商品的优点淋漓尽致地展现出来，更可以通过免费下载试用部分产品或服务的方法增加顾客对该数字化商品或服务的了解和兴趣，所以相对必须现场提供的商品或服务，这类商品在网上销售更易于获得成功。

(5) 高技术产品。如通信类的寻呼机与移动电话都将网络视为理想的销售渠道。在美国，网上汽车销售也呈快速上升趋势。因为这些商品大都迎合了网络消费的主体——青年人的需求。

(6) 国际性的产品或服务。如可口可乐，这符合网络商店无国界的特性。地方特色浓厚的商品不容易被其他国家网络用户接受。

(7) 具有创意和特色的产品或服务。如新产品的“炒新”，就可以利用网络沟通的广泛性、便利性，可将其独特的创意与别致之处主动、形象地在网上进行展示，这将满足那些品味独特、需求特殊的顾客“先睹为快”的心理。再如，古董、纪念品、特殊收藏价值商品的“炒旧”，这类商品的目标顾客群小且比较分散，由于传统分销方式的局限，信息不易传递，而网络正好可以打破这部分市场沉闷、保守的局面，使得这类商品能为大众所认识，世界各地的人都能有幸在网上一睹其“芳容”，这无形中增加了许多商机，通过网络上淘金收获的机会将大大增加。

（8）服务等无形产品。这类产品主要围绕旅馆预订、鲜花预订、文艺演出票的订购、旅游路线的挑选、储蓄业务、保险、教育及各类信息咨询服务等，在线提供这些无形产品最能体现网络的优势。

可见，在电子商务网站上销售有市场前景的产品或服务很大程度上也是目前上网主体用户所偏好的产品或服务。在考虑商务网站目标用户的定位时，也不能忽视目前目标市场上网主体的特点，如受教育程度高、收入水平高、年轻、猎奇和时尚等。

当然，一般性产品也可以在网上进行销售前期的营销活动，借助网络方便、快捷、表现手段丰富的特点，能更有效地提高企业产品和品牌的知晓度、建立品牌忠诚等，促进其在传统市场的销量。

3. 经济可行性

主要是网站建设成本的预算及投资回报率预测。电子商务网站建设和运作成本主要包括域名注册管理费用、网络接入费用、服务器等硬件采购费用、主机托管或租用虚拟主机的费用、系统软件费用、网站及电子商务系统开发费用、网站经营管理和维护费用等。当然，电子商务网站的建设费用与网站的规模直接相关，在经费不足的情况下，可考虑先从小型网站做起，或分步实施，逐步建立完善的电子商务网站。

建立网站的最终目标还是为了帮助企业赢利，因而必须做到投资可行、运作可行、回报可行和发展可行，实际上经济可行性也就成为了盈利可行性分析，需要在竞争对手网站调查分析基础上，结合市场潜力分析和商务模式的前景分析综合判断。

作为专业网络公司，其经营的就是网络站点本身，网站就是其今后盈利的工具，为此专业网络公司的CEO们都不惜一切代价，高薪聘请专业技术人才、网上提供各种免费服务、低价销售商品甚至亏本经营，在大量“烧钱”之后却无赢利的可行方案，导致最终的失败。这说明商务网站成功的关键很大程度上取决于电子商务模式的选择和经营的策略，例如提供周到服务的同时也要考虑与经济可行相一致。

1.1.2 网站定位及网站类型选择

无论是专业网络公司还是传统企业，建立网站之前都必须根据企业电子商务的目标进行网站定位，即确定网站的服务领域、服务对象、服务内容和服务形式。在网站定位的基础上，根据服务领域、服务对象、服务内容和服务形式的不同，网站可分为多种类型。

1. 根据服务内容划分的网站类型

1）广告型网站

这是最早的电子商务网站类型，一些公司只是把网络作为发布企业及其产品信息的工具，网站仅提供静态信息的被动访问，某种程度上它更像是一个企业的“产品秀”。

2）交易型网站

这是目前最多见的网站类型，它通过将网络前端的信息交互系统与后台的订单管理和库存控制系统及电子商务认证中心、物流配送中心、网络银行系统连接起来，为用户提供安全的在线交易功能。

3）专业信息服务型网站

这是随着企业和个体消费者对电子商务网站需求的不断提高而逐步涌现出来的第三代网站，它是面向特定行业的，能向用户提供经过过滤的专业化程度较高的信息服务，甚至还可以实现定制的、经集成的信息的交互传送。例如，一个制造企业通常需要从多个供应商处采购原材料及零部件，以确保质量和及时交付，并保持价格上的竞争优势。当采购的品种繁多时，即使都采用在线交易，由于不同的供应商提供不同的订单接口，企业为了使其工作人员和商务系统能适应这些接口，必须付出许多代价。如果建立一个“供应网”，通过应用系统提供的功能，可以根据供应商库存情况及众多供应商价格情况制定出最佳采购方案，甚至可以通过“供应网”的中介与其他客户合并订单以较低价格采购，或根据企业生产进度安排拆分订单，分期分批采购，实现“零库存”管理和即时产销（Just In Time，JIT）。

三代电子商务网站的发展也体现出网站正在从最初的以产品为中心向着以客户为中心的方向发展，所提供的服务内容更加务实，使用户真正从信息泛滥中解脱出来，从网络中得到真正的实惠。

2. 根据服务领域划分的网站类型

1）垂直型网站（Vertical Website）

所谓“垂直型网站”，就是指锁定某一特定行业或领域，为该行业或领域内部整条供应链上从生产制造商到供应商、分销商、中间商，再到最终用户提供一整套专业化服务的网站。它通常采用“商务平台＋增值内容”的运作模式，在为买卖双方提供一个开放的交易平台的同时，帮助用户作出正确、理性的购买决策。例如硅谷动力。

2）水平型网站（Horizontal Website）

又称为“综合型网站”，因为它的用户囊括了不同的行业和领域，服务于不同行业的从业者。其强大的竞争力来自于多样化的服务形式、丰富的信息资源、广泛的用户群和强大的物流配送体系，这使得网上订购的商品价格低廉、送货及时。例如，堪称B2C电子商务模式楷模的美国Amazon. com，在建立之初也只是一个网上书店，但现在已发展成为一个经营多种商品如音乐、艺术品、软硬件和园艺用品等的综合性网站。再例如B2B模式的VerticalNet. com和TradeOut. com就是综合网站的两个领袖，前者虽然从域名上看起来像是垂直网站，实际上是一个包括环境、食品和医疗等40多个行业网站在内的综合商贸网站，它与按照产品分类的后者相比，区别在于是按行业划分专业社区，并且每一行业都由一位该行的资深编辑管理维护，因而对于每一领域中的用户都能提供丰富、专业、含金量高的信息内容。这也正是它成功的关键所在。

3. 根据服务形式划分的网站类型

1）零售型网站（e-Tailer）

一般是商业企业或专业网络公司直接在网上设立的以提供零售服务为目的的网站。网站中提供一类或几类产品的信息供选择购买，在购买时提供比在一般商店购买时更优惠的折扣，这部分折扣就是网络商店比传统商店减少的开销费用。例如曾经辉煌的中国联邦软件公司的“8848-珠穆郎玛”网站就属于零售型网站，当当、卓越也是当前国内零售型网站的代表。

2）直销型网站(e-Sale)

这类站点是由生产型企业开通的网上直销站点，它绕过传统的中间商环节，直接让最终消费者从网上选择购买，购买时可以将自己的爱好和选择告知生产者，让他根据自己的需要定制生产，因此网上购买既可以享受减少中间环节带来的价格实惠，又可以最大限度地满足最终消费者的特定需求。这类站点发展极为迅速，而且对传统的中间商提出了挑战。例如，Dell首开直销网站的先河，我国联想公司在1999年6月开通的直销网站当天的网上交易额高达8000万，成为个人计算机市场的领先者。

3）拍卖型网站(e-Auction)

为用户提供一个发布其拍卖商品信息的平台，但不确定商品的价格，商品价格通过竞价形式由会员在网上叫价确定，价高者就可以购买该商品。例如美国著名的拍卖网站eBay就是该类网站，在短短三年内就已拥有150亿资产，而且在第二年就开始赢利。

4）商业街型网站(e-Mall)

类似于商业城，不直接参与交易，而是通过提供商业活动场所和相关服务，吸引有关商家和企业参与，为他们的网上交易提供配套服务，并从中收取少许的服务费。例如我国对外国贸易经济合作部主持的网上市场站点http://www.mofcom.gov.cn就属于此类型，它的开通被称为是网上“永不日落”的中国市场。美国的AOL(American Online)也是这样一个提供商业交易平台的著名网站。

4. 根据服务对象划分的网站类型

根据服务对象可以将网站划分为两种主要类型：面向企业用户的网站和面向个体消费者的网站。如前所述的零售型网站的服务对象主要就是个体消费者，属于B2C模式电子商务网站。拍卖型网站不仅要为竞拍者提供服务，还要为卖主提供服务，因而通常也称为C2C模式的电子商务网站。当然，有的拍卖网站也是面向企业的，如www.metalsite.net是一家钢铁厂为扩大销售渠道、清理存货的拍卖网站，属于B2B模式网站，而“嘉德在线”www.guaweb.com是由中国嘉德拍卖公司与香港电讯、日本软银共同组建的以高雅艺术品为拍品的B2C模式网站。商业街型网站也是面向交易双方提供商业活动平台服务的。同样，直销型网站服务的对象既可以是个体消费者，也可以是企业，主要是看传统企业通过网站直销的是消费用的工业用品还是生产用的原材料或半成品等。

1.1.3　规划网站开发总体方案

网站规划是成功建立企业网站的关键步骤，是在明确了商务网站建设目标并对网站做出合理定位的基础上进行的。网站定位是企业经营策略的综合体现，直接影响所建立网站的主题、内容、结构、服务功能和表现形式等。

1. 确定网站主题

网站除了包括“关于我们”、“联系我们”和“客户服务”等基本主题外，还应根据建立网站的目标和网站定位情况确定相关联的主题，如“网上购物”、“在线支付”和“网络社区”等。确定网站主题应注意以下几个方面：

(1) 网站主题应集中反映企业的经营理念、建网目标和服务定位。

网站主题词一般置于首页上最显著的位置。例如通用电气网站无论怎样改版,"我们将美好的事物带给生活"的建站之铭永远位于首页的左上角;宝洁则将"我们尽己所能,使人们生活日胜一日"作为网站的经营目标;柯达是"拍照,后续处理";联邦快递是"数百万的人以本公司的服务开始其一日之计";通用汽车网站名为"人在旅途";杜邦是"科学的奇迹";美国运通是"服务、技术、与顾客协同共拓市场";亨氏集团是"以不寻常的努力做寻常之事",等等。

(2) 网站的主题要有感召力。

好的主题就是开创霸业的旗帜,能使网站在数以千万计的站点中势压群雄、脱颖而出。例如3M将网站定名为"创造发明之网",因此在各大搜索引擎上通过"创造"、"发明"和"革新"等类似主题都可链接其网站。耐克定位在体育事业层,网站上"明星"、"赛事"、"校园中"和"绿茵场上"等任一题材的展开,都始终围绕体育这一主题。再如摩托罗拉在内嵌式微处理器、小型机、固定和移动通信系统、手机等许多领域都占有一定的领先地位,也有一批实力强劲的竞争对手。但在网上通过图片或文字说明,最终用户很难体会出不同品牌手机的差别,于是,当别的网站还在为技术、功能和品质等转瞬即变的东西争执不休之时,摩托罗拉网站干脆超脱于群雄纷争之外,选定"环境,健康和安全"为主题,关注起人类最根本的问题来,在网站上推出许多与此相关的活动,对普通网民颇具感召力,使摩托罗拉在企业形象方面获得了绝对的竞争优势,从众多定位于产品层的品牌手机网站中脱颖而出。

2. 网站结构设计

网民进入企业的网站关心的是能从中获得什么有价值的服务和信息,而不是企业的组织结构,因而不能按照企业已有的行政组织结构来安排网站的结构,网站结构设计必须站在网民的角度,充分考虑其上网的期望和习惯。例如,网民一般都不会像传统阅读印刷材料那样从左到右、从上到下逐行阅读,而是根据内容的相关性通过超级链接在页面间跳转,这就要求提供清晰的导航工具。

对于一个结构复杂的网站,在网页制作之前需要画出站点地图,它是网站结构设计结果的记录,是网站的蓝图,显示页面与页面间的链接关系,是供网站开发者和网页制作者在开发及维护过程中使用的一种重要工具。

网站结构设计还必须符合其风格,如宝洁公司网站风格定位是简洁但突出重点,所以其主页没有使用背景、动画、按钮和分帧等技法,第一屏仅有产品、公司名称和网站目录三项,且每页都贯彻了"一幅页面、一个主题、一类产品"的设计原则,如图1.1所示。

层次性和条理性设计合理的网站不但有利于访问者方便地获得所需的信息,也便于网站所有者维护网站时进行内容更新。宝洁公司网站的整体结构就布局严谨、层次分明,主页第二屏建立了一个全球分区产品目录,按照宝洁公司分公司和销售网所涉及的"北美"、"拉美"、"亚洲"、"欧洲、中东、非洲"4大区来介绍各区独特的产品;"宝洁产品"栏目则根据产品类别下设"食品/饮料"、"保健用品"、"厨卫/清洁用品"和"纸制品"等。

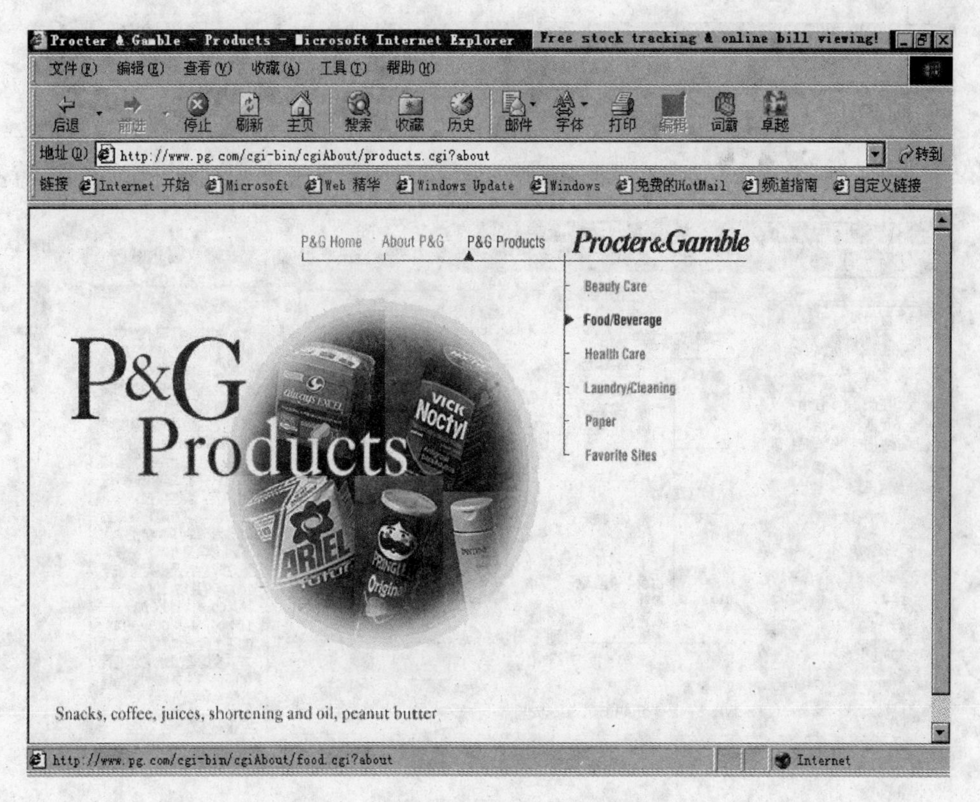

图 1.1　宝洁公司网站的产品页面结构

3. 网站内容设计

网站内容主要是指各栏目下的具体信息及其他多媒体形式的内容等。内容设计中应该考虑注意以下几点：

(1) 内容满足网站目标网民的特殊需要，并始终围绕网站的目的。

例如，网上书店除了具有图书检索、新书推荐和网友书评等以满足上网购书的基本需求的信息外，考虑网上购物的特殊性和实现交易的目的，还可以在主页设立网上书店介绍、购书说明、折扣及优惠等信息，如图 1.2 所示。

而作为航空公司的网站，时间、价格等实时的航班信息则是访问者最为关注的内容。例如阿迪达斯将其企业网站(www.adidas.com)作为推广介绍产品的场所，因而每款运动鞋的图片及说明文字就成为网站的主要内容，以介绍其新颖的款式、过硬的技术和精良的质量，网站类似产品展销中心。

(2) 内容服务于人。

一个成功的商务网站一般并不以物论物，而真正迎合客户需要的信息才是商务网站的主要内容。

例如，代表美国文明史的可口可乐一直以培养各阶层顾客对其品牌忠诚度为目标，因而，其网站除了有取悦于青年人的体育与文娱栏目和内容变幻莫测的多幅主页外，还有为老年人开设的二战回眸栏目，为中年人准备的可从中获得片刻轻松的有奖竞猜、保龄球等

图 1.2 网上书店

内容。

同样是运动产品企业的网站，耐克(www. nike. com)则比阿迪达斯更重视穿鞋的人，其网站定位于运动产品的用户，其内容也以报道体育运动和炒作明星为主，从而提高了网站的活力和人气，使其产品大行其道。

GE公司的网站也定位于其客户群，因而满足各类客户需求就贯穿其网站设计规划的始终，例如其提供的服务均按企业、小企业、家庭或个人加以区别对待，且从栏目、频道、页面层次和功能设计方面都考虑方便访问者。

再例如宝洁公司的网站在介绍其产品时，也不是以物论物，而是围绕美容这一女性关心的永恒的热点话题，在介绍“色彩搭配”、“选择化妆效果”和“新潮”等内容的同时，将其服务与产品在不知不觉中推销给了各国的女性网民。

(3) 内容设计要有创意。

对于一些世界知名企业，其产品或服务已广为人知，因而，在栏目设计和内容安排上要有创意。比如销售茶制品的立顿公司，其网站(www. lipton. com)并不像人们想象中的以大诵茶经为本，而是“以食论茶”，通过“妈妈的小屋”、“浪漫生活”等栏目，使网民饱览各色美食后，再谈茶品茗，味道当然不同了。网站定位独特的创意使立顿网站获得了成功。

4. 网站功能设计

网站功能设计的主要目的是建立网站的交互机制，包括搜索引擎设置、导航支持、用户注册、计数器设置、在线购物、在线订货、订单查询、在线支付、FAQ's、客户意见反馈和网上论坛等功能的选择与安排。网站具体功能的确定应遵循以下原则：

(1) 满足需求为主的原则。

选择网站功能要根据企业的建站目标，更要考虑网络用户使用的需要。全球最大的包裹运输公司UPS，其网站的主要目的是向全球用户提供便捷的网上作业，因而其主页分为标志区、业务流程区、业务分布区、新闻区、站点导航区、业务目录区和广告区等几个功能区，多个功能区以合理的布局为客户提供了便利。

再如宝洁公司(www.pg.com)，除了为其每一种品牌设立专栏专页外，还设立了以美容服务为核心的“封面女郎”网站(www.covergirl.com)，指导女士们挑选宝洁的品牌搭配化妆品及各种组合的美容方案示范供名媛淑女选择模仿，并提供热线答疑、效果咨询等服务。所以提供特色化、个性化、实时化和互动性服务的网站才能培养忠诚顾客，发挥其商业功能。

百事可乐为了争取更多的销售商和承运商，专门设立了面向这类用户的普及电子数据交换(Electronic Data Interchange，EDI)系统的栏目，以使加盟企业也能利用因特网参与到全球化、电子化、实时化的规范经营中去。

(2) 方便扩充原则，以满足未来需求。

随着网上站点数的爆炸性增长，网站要想在如此白热化的竞争环境中脱颖而出，既要兼顾满足一般传统需求，又要注意创造全新消费需求。只有定位于“服务为本、不断创新”，才有可能挣得一席之地，最有效的手段就在于提供个性化、互动式服务。

GE公司的网站功能设计始终沿着产品和解决方案、资金筹措、安全保险的线索展开，大大扩展了企业本身的业务功能，横向派生出许多相关服务内容，深度介入客户应用层面，方便客户，不用光顾多家网站，一揽子解决，使回访率大大提高。

再例如，柯达公司网站除了结合其网络用户特定的需要提供分类产品查询目录、搜索引擎和“网上摄影学院”等功能外，还专门设有佳作素材库，一方面可以作为摄影样板，另一方面可以作为背景，供用户自由选择下载后与自己的照片进行合成加工。在拍摄已经成为“傻瓜相机”之能事的时代，拍摄后的这一增值服务满足了传统企业无法满足的新的服务需要，无疑为柯达赢得了更加良好的口碑，如图1.3所示。

(3) 功能、经济性一致可行原则。

即在合理的成本条件下提供服务。著名的Amazon书店以周到的服务著称，但也因此而花费了大量的资金，这也是其亏本经营的原因之一。

5. 网站风格

网站的色彩搭配、字体与字号选择、背景修饰等艺术表现手段有时甚至需要专业的美工人员进行设计指导，但最终它是表现网站风格和展示企业网上形象的重要手段。可口可乐公司的网站在表现形式方面手段最为丰富，刻意追求光怪陆离的礼堂效果，如大量使用各类俚语、俏皮话、涂鸦文体及类似looooooong这样的变形文字，充分展现了美国文化中巨大的包容性、强烈的扩张欲和旺盛的生命力，可口可乐公司正是这样一个具有文化内涵的品牌。通用电气公司的网站则采用一幅幅亲情洋溢的画面自然地将通用电气的经营哲学升华到了母子关爱、祖孙同乐的人类博爱的高度。

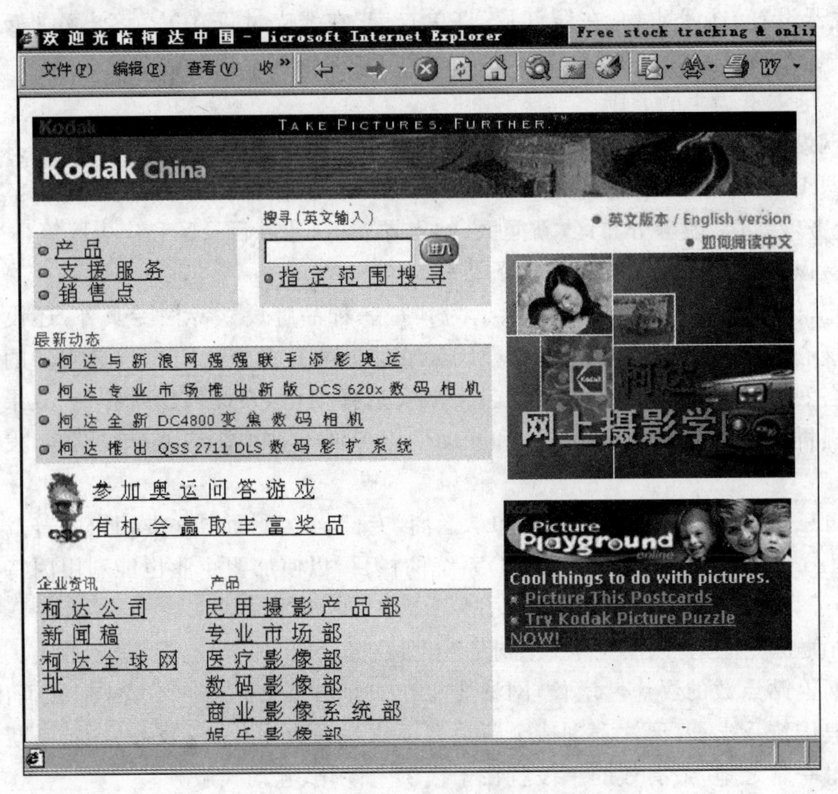

图 1.3 Kodak 公司网站的创新功能

规划过程中所确定的网站主题、结构、功能、内容和风格等应以书面形式记录下来，产生的规划书将是进行网站开发的重要依据。

电子商务网站策划阶段除了上述内容外，还应重点解决以下几个问题：

(1) ISP 的选择；

(2) 决定网站建立的方式；

(3) 确定并注册企业的域名。

1.2 申请注册企业域名

企业域名就像企业的商号或商标一样，在网络世界中是网络用户识别企业网站的唯一标识，一个成功的网站，其域名将成为企业的无形资产。

1.2.1 域名的定义和结构

如同每部电话都有一个号码以便于相互联系一样，Internet 上的每一个组成成员也都有自己的 IP 地址，拥有同一 IP 地址的计算机在其网络中都享有同样的权力，可以代表这一网络与 Internet 上的其他成员交流。但 IP 地址是一串数字，既不便于反映主机的特征，又不容易记忆，因而就有了域名这一替代方案。

域名(Domain Name)就是 Internet 上联网主机的地址或名称，它与 IP 地址是一一对应的，这一对应关系存储在一个专门的 Internet 服务器上，称为域名服务器（Domain Name Server，DNS）。IP 地址一定由 4 组十进制整数组成，如 202.120.144.2；而域名是由表达了一定含义的字母组成的，有时为了方便，在不会混淆的情况下，可以省略一组或两组。

域名的每一组字母称为一个子域，分别用 DN1、DN2 、DN3 和 DN4 表示各级子域。域名通常由至少两个子域组成，各级子域间用小数点“. ”隔开，如 www. microsoft. com 就是由三级子域组成的。

域名常被称作是企业在虚拟社会中的“名片”，与现实中通信地址不同的是，除了反映地理位置外，域名还能反映机构性质、机构名称。这就是各级子域所表达的含义。一般而言，各级子域代表了不同的含义，DN1 表示上网主机的性质，DN2 代表用户名，DN3 表示上网机构的类别，DN4 代表国家或地区。除了用户名通常由上网企业自行选择以外，其他子域都用相关的英文缩写表达不同的内容，具体如表 1.1～表 1.3 所示。

表 1.1 子域 DN1 的含义

DN1 内容	含 义	DN1 内容	含 义
www	www 服务器	ftp	文件服务器
bbs	电子公告牌		

表 1.2 子域 DN3 的含义

DN3 内容	含 义	DN3 内容	含 义
com	商业机构	net	网络服务业
edu	教育机构	nom	个人或个体组织
gov	政府组织	org	非盈利组织
int	国际组织		

表 1.3 子域 DN4 的含义

DN4 内容	含 义	DN4 内容	含 义
au	澳大利亚	jp	日本
ca	加拿大	sg	新加坡
cn	中国	su	独联体
de	德国	tw	中国台湾
fr	法国	uk	英国
hk	中国香港	空白	美国
it	意大利		

一般将域名最后有类似 cn、uk、au 和 hk 等代表地区标志的域名称为地区性域名，其中以 cn 结尾的域名就是所谓的“国内域名”。与此对应，域名没有以上述任何地区标志结尾的，习惯上都称为“国际域名”，它实际上是代表美国地区申请注册的域名。这同 Internet 的发展过程有密切的关系，众所周知，Internet 最初在美国产生，而后才逐渐扩展到全球范围，因此美国人在最初设定域名时，并没有考虑到全球应用的地区性问题，因而美国域名的结尾也就没有任何地区性标志。例如，国际商用机械公司的 www. ibm. com 和宝洁公司的

www. pg. com 都是国际域名。

域名系统采用的是层次型的命名机制，如 www. ibm. com 为国际顶级域名；www. dhu. edu. cn 是国内顶级域名；其下又进一步划分为两类一级域名，分别为类别域名和行政区划域名，例如 com、edu 等是一级类别域名，而. sh（上海）、. gz（广州）、. bj（北京）等称为一级行政区划域名，代表国内 34 个省、自治区、直辖市；而 dhu 则是 edu. cn 下的二级域名，即由用户自定的名称。

1.2.2 域名策略

域名也被视为企业的“网上商标”，是企业在网络世界中进行商业活动的基础。实际上取域名主要是选取用户名，其次是确定一级域名和决定注册国内域名还是国际域名。一般来说，取用户名有以下技巧：

(1) 域名同企业重要信息相关。

尤其对于传统知名企业，一个好的企业域名往往与企业名称、产品注册商标或广告语一致。这样不但节省宣传域名的广告费，更重要的是能使用户推测出你的域名，从而方便地找到你企业的网站。例如，波音公司的 Boeing. com，通用汽车公司的 gm. com，青岛海尔集团的 haier. com 等。

(2) 域名要有创意。

例如，7135. com 是“企业上网”的谐音；珠穆朗玛网站为 8848. com，选择世界最高峰的海拔高度作为网站的域名；新浪网代表新经济的浪潮，其英文名字 sina 是新浪的音译。

(3) 域名要简短易记。

域名不宜太长，一般来讲最好不要超过 15 个英文字母。如果企业的英文名称拼写太复杂，取名时就应该考虑一个既能代表企业形象，又便于记忆的新名字，免去用户拼写之累。

有时，为了营销的目的，让域名更响亮、更容易记忆、更吸引人，域名也可以和企业的名称没有任何关系。例如，Amazon. com 表达了其总裁 Jeffery Bezon 的期望——网上书店的业务量如世界上最壮观的亚马逊河一样庞大；“麦网 m18. com 就是卖网”就起到了这样的作用；多来米中文网 myrice. com 相比之下就逊色一些，其创意是“精神食粮”之意，但其中文名字常常被网民误解为是音乐网站。如果是传统企业在应用这条策略时，建议同时还要再注一个跟企业名称相关的域名。

企业注册域名还应该注意以下策略：

1) 多域名策略

企业注册多少个域名好完全取决于企业，一般主要出于以下两方面的考虑：

从企业树立形象的角度看，域名从某种意义上讲，和商标有着潜移默化的联系。所以，它与商标有一定的共同特点。想想商标注册的情形，成熟的企业为了保护自己的商标不受侵犯，会把分属于不同行业的，与自己商标相关或相似的一系列名称一同注册，或在不同的国家或地区对于同一商标进行注册。在网上也有同样的问题。例如 www. 163. net 与 www. 163. com 就是两个不同的网站。自我保护措施最完备的公司是英特尔，它在 104 个国家拥有自己的域名，仅在 4 个国家遭受抢注。

考虑给自己的企业多起几个网上的名字，还可以防止由于访问者的记忆发生一点偏差就找不到企业的网站，给那些网民多一些机会发现你企业的网站。例如，方正集团目前的域名是 founderpku. com,应该说很符合北大方正的名称,为了能使不知道方正英文名称的用户也能找到它的网站,方正集团还可以再注册两个域名: fangzheng. com 或 fangzheng. com. cn。

当然,如果企业仅注册了一个域名,也可以在使用中采取一些技术层面上的处理,采用"产品名. 企业名. com"的形式或 www. 企业名. com/栏目名的形式,使业务有差别的各个子公司或栏目可以拥有自己相对独立的网址,如索尼公司网站域名为 www. sony. com,其中其在线订购子网站为 www. sonystyle. com,产品中心网址为 pro. sony. com,3D 世界栏目为 www. sony. com/3d,索尼郎朗网络为 www. sony. com/langlang 等。既方便访问者找到公司网站,又便于专栏访问者直接浏览感兴趣的栏目,扩大了其单一域名的使用效率。

2) 国际域名与国内域名选择策略

选择国内域名和国际域名时,除了考虑注册费用上的差别外,还应该从功能上、从企业实际使用的策略角度来考虑,例如企业目前开展业务的地域范围、主要用户群的居住地、主要目标市场的地域和未来的发展及目标。

如果企业开展业务的地域范围、主要用户群、目标市场都在国内,并且在未来 10 年内没有拓展国际市场的计划,完全可以只申请国内域名。当企业同时拥有国际和国内域名时,可以在依据该域名建立的站点上做这样的处理: 用户访问国内域名时,显示中文首页,同时提供到英文首页的链接。例如,中文 Yahoo!的域名为 cn. yahoo. com 或 www. yahoo. com. cn,而香港 Yahoo!的域名则为 hk. yahoo. com 或 www. yahoo. com. hk,相互之间都有链接。

但据权威的域名注册管理机构中国互联网络信息中心 CNN1C 2010 年 7 月发布的中国互联网络发展状况统计报告,我国域名总数为 1121 万,其中,cn 域名比例仍为最高,占 64.7%,但. com 域名比重从 16.6%升至 29.6%。

3) 一级域名的选择策略

目前我国可以注册的一级域名除了. com、. net、. org 和. gov 外,还有代表科研机构的. ac 和 34 个行政区划一级域名。企业一级域名是根据企业的性质或网站的类型来选择决定的,但如果是商务网站,. com 相对于. net 应当是首选,因为在不输入二级域名的情况下,大部分浏览器默认的都是. com。据了解,到目前为止,全世界以. com 登记注册的用户约占全球域名注册用户的 87%,而. net 次之,仅为 7%。

1.3 租用虚拟主机

企业可以通过三种方式拥有自己的独立网站:

(1) 自营主机方式。即购置软硬件设备、租用数据通信专线,自行创建和维护网站。这是所有方式中成本最高、代价最大的一种。

(2) 主机托管方式。即委托 ISP 存放和管理维护企业服务器主机,并通过专线入网。如果企业网站规模较大,拥有自己的服务器,可以考虑由 ISP 代为管理,服务器托管是按照访问者数量收取费用的。

(3) 租用虚拟主机方式。即租用 ISP 的主机磁盘空间。如果企业网站规模不大,可以租用 ISP 的虚拟主机空间,一般是按照企业站点所占磁盘空间收取费用的。

对于一个经济实力有限的中小型企业来说,租用虚拟主机方式将是首选。下面重点介绍如何租用虚拟主机。

1.3.1 虚拟主机的概念

网络上通常有两类计算机，将用于访问别人信息的计算机称为客户端，而将为别人提供信息服务的计算机称为服务器，又称主机。主机拥有自己永久的 IP 地址，时刻与 Internet 相连，以便被访问；而客户端离线时，临时的 IP 地址即被收回。所谓虚拟主机，实际上是一台服务器上分成的多块磁盘空间，每块磁盘空间拥有独立的域名和 IP 地址（或共享 IP 地址）后，就具有了完整的 Internet 服务器功能。

1.3.2 租用虚拟主机建立网站的好处

相对于购置自己的软硬件设备架设专线建立网站来说，企业向 ISP 租用虚拟主机建立网站具有以下优点：

- 虚拟主机具有 Internet 主机的所有功能；
- 无须租用或架设昂贵的数据通信专线，大大降低了建设成本；
- 多台虚拟主机共享一台主机资源，每一台虚拟主机承受的硬件费用、通信线路费用和网络维护费用大幅下降；
- 无须自己进行日常维护，提供服务器磁盘空间的 ISP 会统一管理和维护。

1.3.3 租用虚拟主机考虑的因素

向 ISP 租用虚拟主机空间时通常考虑如下因素：

(1) 租用国内主机还是国外主机。一般应根据网站是面向国际还是国内的访问者来确定租用国外还是国内主机。例如，外贸企业网站的主要访问者是面向全球的，应选择放置在国外的虚拟主机，以避免由于出口带宽“瓶颈”效应影响信息传输速度。

(2) 租用的磁盘空间的大小。企业应根据其网站的规模和信息量的大小来决定租用多大的磁盘空间，一般普通网页为 50～200KB，因此 10MB 空间就可以放置 50～400 个网页；而存放数据库的虚拟主机空间则相对要大，才能满足信息存取和处理的需要。

(3) 需要的 E-mail 信箱数量多少。电子信箱未必是越多越好，主要是根据企业网站运营的实际需要。

(4) ISP 提供的连接 Internet 的速度快慢。这是关系到网站传输速率的最直接因素，为保证网站能应付交易高峰时的负荷，应尽量选择掌握宽带高速通信技术并且出口带宽总量大的 ISP。但要注意 ISP 的实际带宽，也就是说，ISP 提供服务的对象越多，实际带宽则越小。

(5) ISP 技术可靠性。ISP 应依靠其开发实力强劲的专业技术队伍最大限度地提供更多的技术支持，并凭借服务信誉和备用硬件等最大限度地提供最低的停机时间，以确保企业的电子商务系统正常运行。

(6) 安全性。ISP 提供的安全措施和手段能否确保网络、系统、企业及经营信息的安全。

(7) 成本。ISP 是否提供多种定价方案供选择。

本章小结

本章介绍了商务网站策划阶段的三项主要工作：网站开发总体规划、域名注册和虚拟主机租用。首先从技术、管理和经济等角度介绍了建立网站可行性分析、明确网站定位，在此基础上介绍了对网站主题、结构、内容、功能和风格等进行总体规划的方法；其次，介绍了域名的命名机制、成功的企业域名选取与注册策略；最后，介绍了中小企业建立独立网站的首选方案——租用虚拟主机主要考虑的因素。

第2章 商务网站策划实验

学习目标

通过实验操作和在线调研，掌握商务网站策划阶段的几项主要工作，包括域名的申请、虚拟主机的租用、企业级网络接入方案选择和利用 Visio 的 Web 图表工具描绘站点地图反映网站结构的策划结果等。

2.1 域名注册

网站是企业及合作伙伴、客户等访问企业各种资源的统一入口，是企业实现电子商务的技术手段之一。企业建立自己独立的网站并在网络世界中取得长足发展，需要注册一个好的域名。好的域名通常具有易懂、易记和精简等特点，一个成功的域名如同企业的著名品牌或商标，是一种无形的资产。为企业的网站选取一个好的域名至关重要。

2.1.1 实验要求

通过在线调研达到以下实验目标：

- 了解为什么要申请注册域名；
- 熟悉申请注册域名的程序；
- 了解申请注册域名的费用；
- 了解申请注册域名的规定；
- 了解出现域名争议时的解决办法；
- 了解域名注册完成后的注意事项。

2.1.2 实验环境设置说明

- 主流的计算机配置（如 Intel 奔腾双核 E5200 2.5GHz/DDR2 2GB 内存/512MB 独立显卡）；
- Windows XP 操作系统；
- 便捷的宽带互联。

2.1.3 调研内容与操作步骤

1. 域名及其用途

域名是 Internet 上的一个服务器或一个网络系统的名字，在全世界，没有重复的域名，域名具有唯一性。从技术上讲，域名只是 Internet 中用于解决地址对应问题的一种方法，可以说只是一个技术名词。但是，由于 Internet 已经成为了全世界人的 Internet，域名也自然地成为了一个社会科学名词。

Internet 域名如同商标，是用户在因特网上的标志之一。Internet 上的域名是非常有限的，因为每个域名都只有一个。域名申请的原则是“先来先注册”，因而著名公司的域名申请并没有什么优先权，只不过他们动手早而已。在美国等发达国家和地区，连街头上的小百货店和小加油站都在注册他们的域名，以便在网上宣传自己的产品和服务。作为有头脑、有远见的商人，越早行动，越有可能获得自己所需要的域名。

详情可以登录互联中国万网域名客户服务链接页面：http://www.net.cn/service/faq/yuming/ymzc/200603/305.html。

2. 注册域名的费用

域名注册的费用是以年费的方式进行收取的，到期时需要续订，否则域名有可能被别人抢注，这时就比较麻烦了。一般来说，你的域名注册服务商会提醒你续订，所以也不用太当心续订的问题。

另外，域名注册的费用一定程度上由用户所选择的扩展域名来决定(更多关于扩展域名的知识，请参见 1.2.2 节)。对于不同的扩展域名，其对应注册费用是不同的。总体上来说，.com和.net 之类的扩展域名比较便宜，其年费一般在 50～70 元之间；而一些新兴的扩展域名价格则较高，如.mobi 的年费则超过 100 元。另外，相同的扩展域名在不同的公司也不大相同，有些公司由于其注册量大或者是为了拉客户的原因，提供了一个比较低的域名注册价格，还有一个原因就是不同的国家的公司注册所在国家的国家级的扩展域名，其价格有较大的差异。比如在美国的域名注册公司注册.com.cn 的扩展域名，其价格可能会达到 250 元人民币，而通过国内公司注册.com.cn 就会比较便宜，绝大部分是 60 元左右。不过总体上来说，域名注册的费用还是比较低的。

图 2.1 所示是几种不同类型域名的收费标准。

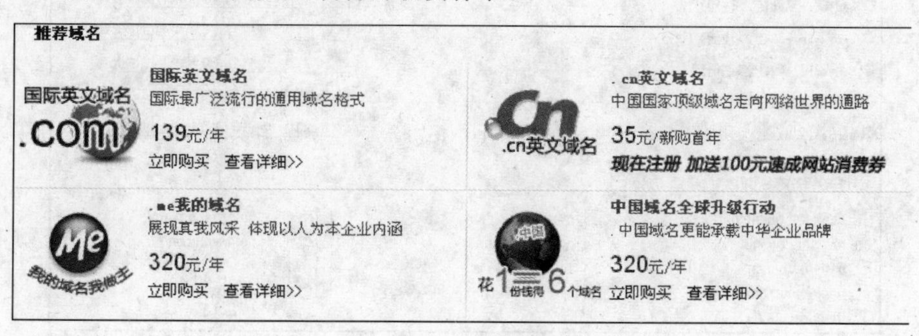

图 2.1 中国万网的域名收费标准

3. 域名的申请流程

登录互联中国万网 http://www.net.cn/static/domain/index.asp，进入其主页，如图 2.2 所示。

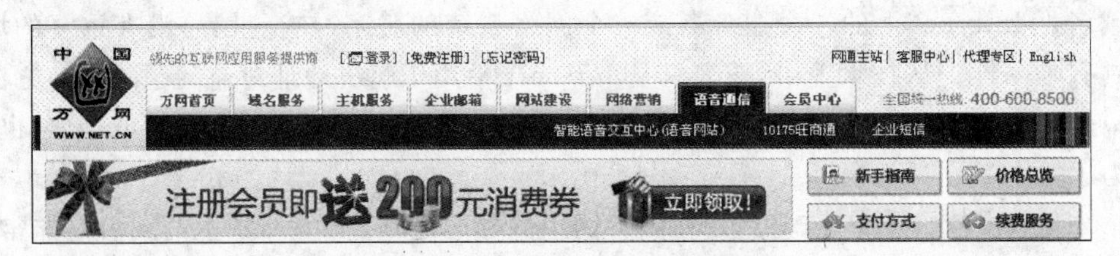

图 2.2　中国万网的主页

注册前需要进行中英文域名查重。英文域名是长期以来国际通用的域名格式。中文域名是含有中文的新一代域名。同英文域名一样，中文域名全球通用，具有唯一性。

下面以申请用于个人主页的英文域名 www.benjamin.cn 或者 www.benjamin.com 为例来说明域名的在线申请注册流程。

1) 域名查重

按照“先来先注册”的原则是不可以重复申请的。所以，首先必须确保该域名没有被申请。在搜索框中输入“benjamin”，如图 2.3 所示，域名后缀选择了.cn、.com、.net 和.com.cn 等后，单击“查询”按钮就可以得到查询结果，如图 2.4 所示。

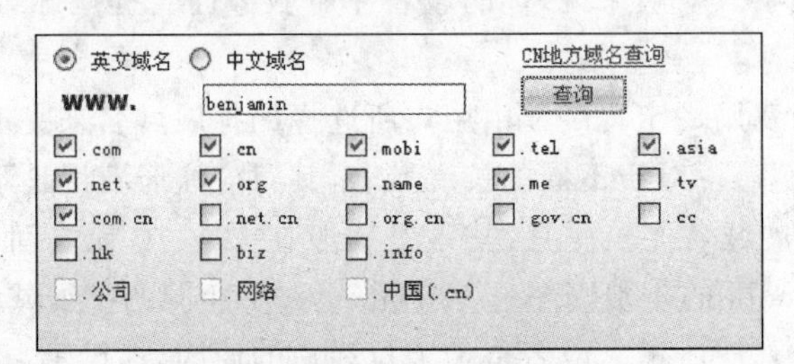

图 2.3　中国万网的域名查重页面

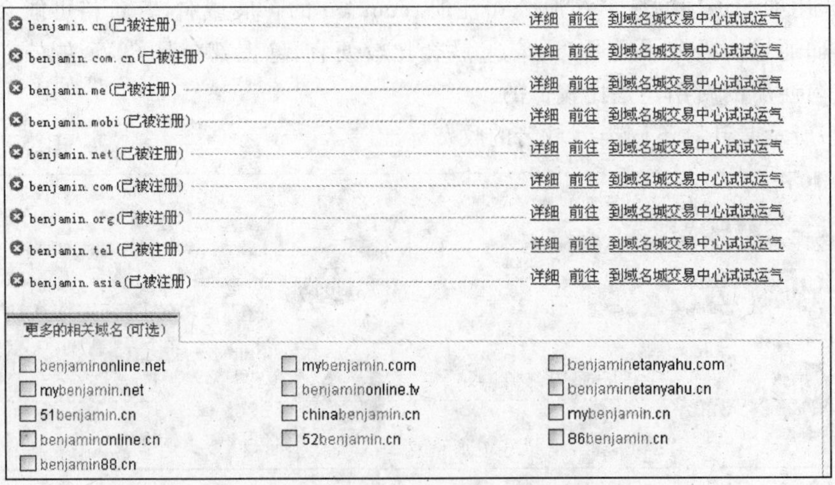

benjamin.cn(已被注册) 详细 前往 到域名城交易中心试试运气
benjamin.com.cn(已被注册) 详细 前往 到域名城交易中心试试运气
benjamin.me(已被注册) 详细 前往 到域名城交易中心试试运气
benjamin.mobi(已被注册) 详细 前往 到域名城交易中心试试运气
benjamin.net(已被注册) 详细 前往 到域名城交易中心试试运气
benjamin.com(已被注册) 详细 前往 到域名城交易中心试试运气
benjamin.org(已被注册) 详细 前往 到域名城交易中心试试运气
benjamin.tel(已被注册) 详细 前往 到域名城交易中心试试运气
benjamin.asia(已被注册) 详细 前往 到域名城交易中心试试运气

更多的相关域名(可选)

benjaminonline.net　mybenjamin.com　benjaminetanyahu.com
mybenjamin.net　benjaminonline.tv　benjaminetanyahu.cn
51benjamin.cn　chinabenjamin.cn　mybenjamin.cn
benjaminonline.cn　52benjamin.cn　86benjamin.cn
benjamin88.cn

图 2.4　benjamin 域名的查重结果

发现 benjamin.cn 已被注册，因此需要选择参考域名或重新自拟域名进行注册。选择第一个域名备选项，然后重复刚才的查询过程，查重结果如图 2.5 所示。

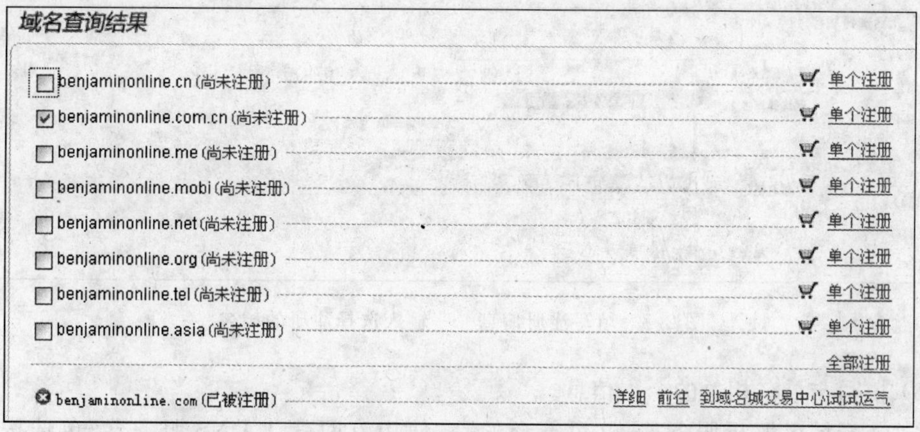

域名查询结果

- ☐ benjaminonline.cn(尚未注册) 单个注册
- ☑ benjaminonline.com.cn(尚未注册) 单个注册
- ☐ benjaminonline.me(尚未注册) 单个注册
- ☐ benjaminonline.mobi(尚未注册) 单个注册
- ☐ benjaminonline.net(尚未注册) 单个注册
- ☐ benjaminonline.org(尚未注册) 单个注册
- ☐ benjaminonline.tel(尚未注册) 单个注册
- ☐ benjaminonline.asia(尚未注册) 单个注册

全部注册

benjaminonline.com(已被注册) 详细 前往 到域名城交易中心试试运气

图 2.5　第一备选域名的查重结果

2) 选择注册年限

选择查询结果的第二项，即 benjaminonline.com.cn 进行单个注册。图 2.6 列出了所需购买产品的年限和价格明细单，单击“继续下一步”按钮，完成“选择产品”步骤。

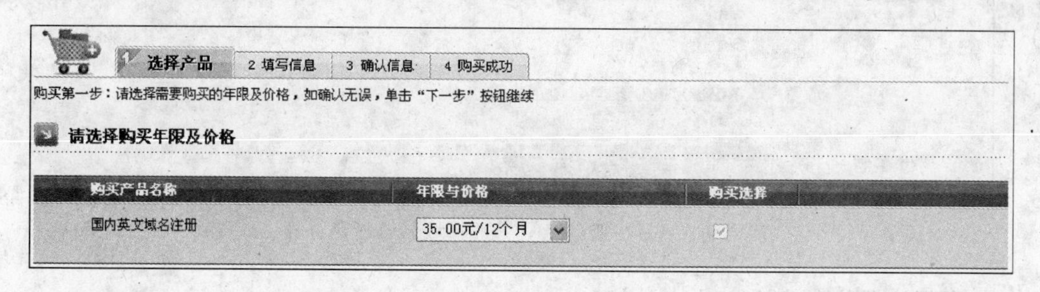

图 2.6　选择注册年限

3) 填写注册信息

(1) 进入注册信息填写界面，首先选择登录身份，由于是初次使用，因此选择“我不是万网会员”单选按钮，如图 2.7 所示。

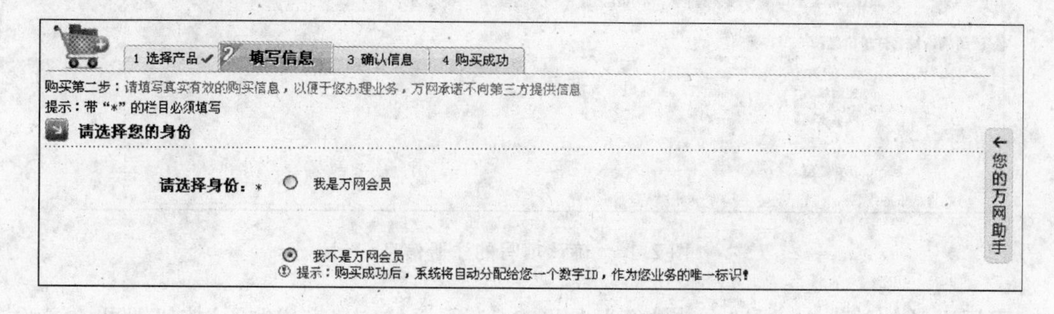

图 2.7　填写注册信息——选择会员身份

(2) 填写域名的相关信息，如果还想添加其他的域名，可以在这里使用 whois 查询，如图 2.8 所示。

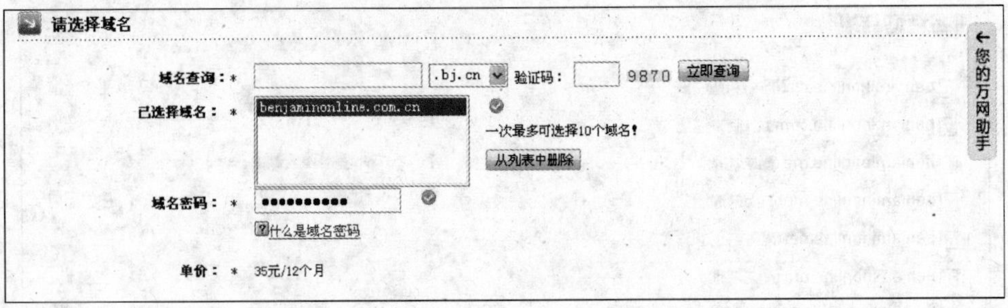

图 2.8　填写注册信息——输入选择注册的域名

(3) 填写与域名相关的个人信息。

(4) 选择域名解析服务器，这里选择的是“使用万网默认 DNS 服务器”单选按钮，如图 2.9 所示。

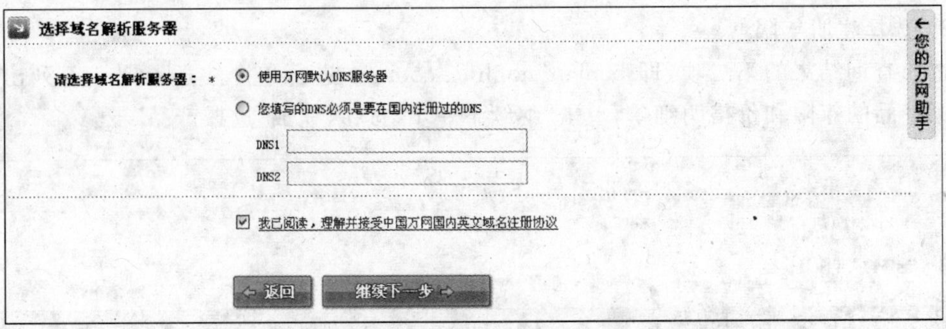

图 2.9　填写注册信息——选择域名解析服务器

4) 进行注册信息确认

单击“继续下一步”按钮，进入注册信息显示页面，如图 2.10 所示。检查在线填写的注册信息内容，如果发现某些信息填写失误，可以及时返回前面的页面进行修正。

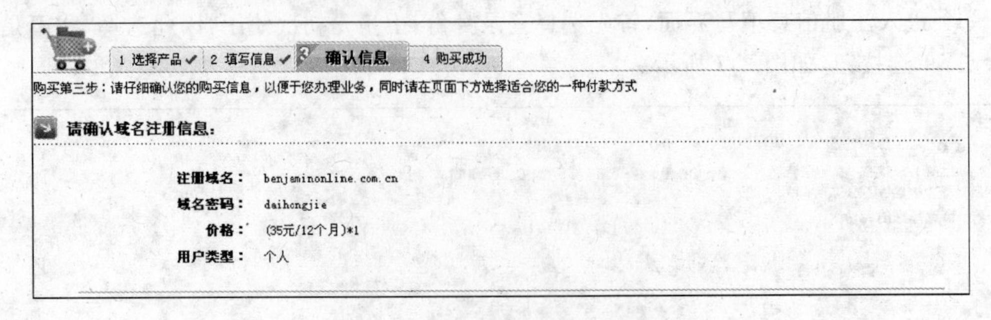

图 2.10　确认填写的注册信息

万网默认的结算方式是“自动结算”，如图 2.11 所示，单击“完成购买”按钮即可。注意：此操作是申请域名的实验，此处请谨慎单击“完成购买”按钮。

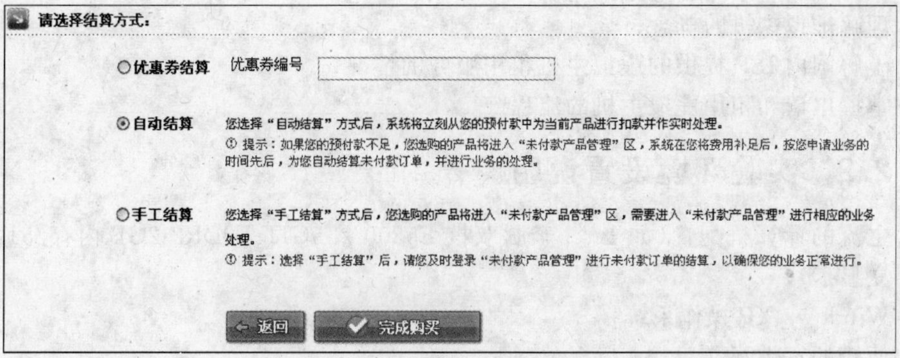

请选择结算方式：

○优惠券结算 优惠券编号

◉自动结算 您选择"自动结算"方式后，系统将立刻从您的预付款中为当前产品进行扣款并作实时处理。
① 提示：如果您的预付款不足，您选购的产品将进入"未付款产品管理"区，系统在您将费用补足后，按您申请业务的时间先后，为您自动结算未付款订单，并进行业务的处理。

○手工结算 您选择"手工结算"方式后，您选购的产品将进入"未付款产品管理"区，需要进入"未付款产品管理"进行相应的业务处理。
① 提示：选择"手工结算"后，请您及时登录"未付款产品管理"进行未付款订单的结算，以确保您的业务正常进行。

返回 完成购买

图 2.11 在线支付注册费用

4. 域名注册时的注意事项

(1) 用户是否对域名拥有所有权。这个可以通过 whois(http://www.internic.net/whois.html)查询得知，看 whois 信息中的"所有人"一项是否跟你注册时一致。

(2) 用户是否对域名拥有管理权。即域名注册商是否提供域名管理后台让客户实现自主管理，对 DNS、A 记录、MX 记录、域名转发各有什么限制。

(3) 域名转入转出是否自由。即域名注册商对用户域名的转入转出(即更换服务商)是否收取额外的附加费，或者对转入转出有额外的限制，如果有，请仔细衡量，最好不要选择。

(4) 考察域名注册商的资质。是否是 ICANN、CNNIC 的认证域名注册服务商，国内注册商，更要考察其是否是获得 ICP 互联网经营许可证的正规网络公司。

(5) 价格是否合适。包括初次注册价格和以后续费的价格，防止陷入初次注册费用较低，但续费价格高的陷阱。

2.1.4 实验报告

(1) 进入 CNNIC 的网站，了解有关域名注册的情况，包括注册的程序、规定、收费、一级域名的种类、DNS 解析的设置方法、认证的注册服务商等情况，记录其中重要信息，完成调研报告。

(2) 选择一个经认证的注册服务商或某著名的注册服务商，自拟一个域名进行模拟注册，熟悉域名注册流程，截取注册信息确认页面的图片。

2.2 租用虚拟主机

虚拟主机是将一台运行在因特网上的服务器主机设置为多个具有独立 IP 地址、存储空间，并共享 CPU 等服务器资源的功能完整的 Internet 服务器。虚拟主机之间完全独立，它提供了存储网页和数据的场所，用以建立不同域名的站点，并可由用户自行管理每一台虚拟主机。由于多个企业用户共享 ISP 的一台服务器设备，因而与自营主机和主机托管实现独立网站的方式相比，租用虚拟主机经济高效，是中小企业建立独立网站的首选方式。

2.2.1 实验要求

通过在线调研达到以下实验目的：

- 理解虚拟主机的概念；
- 了解国内 ISP 提供的虚拟主机租用服务的情况；
- 掌握申请和租用虚拟主机的流程。

2.2.2 实验环境设置说明

- 主流的计算机配置(如 Intel 奔腾双核 E5200 2.5GHz/DDR2 2GB 内存/512MB 独立显卡)；
- Windows XP 操作系统；
- 便捷的宽带互联。

2.2.3 调研内容及操作步骤

1. 查询虚拟主机服务提供商信息

登录虚拟主机测评网 http://www.fat32.cn,进入其主页,如图 2.12 所示,查询虚拟主机服务的服务商网址及服务评价。

图 2.12 虚拟主机测评网

也可以通过百度或者谷歌搜索查找提供虚拟主机租用服务的服务商。

在虚拟主机测评网主页上单击“中国信网”链接,查看详细信息和用户评价,如图 2.13 所示。

2. 申请租用虚拟主机的步骤

在此以中国信网为例,介绍申请租用虚拟主机的主要流程。

1) 会员注册登录

单击中国信网网址的链接 http://www.isoidc.com 进入其首页面,按提示要求注册新用户,确认并提交注册信息,如图 2.14 所示。

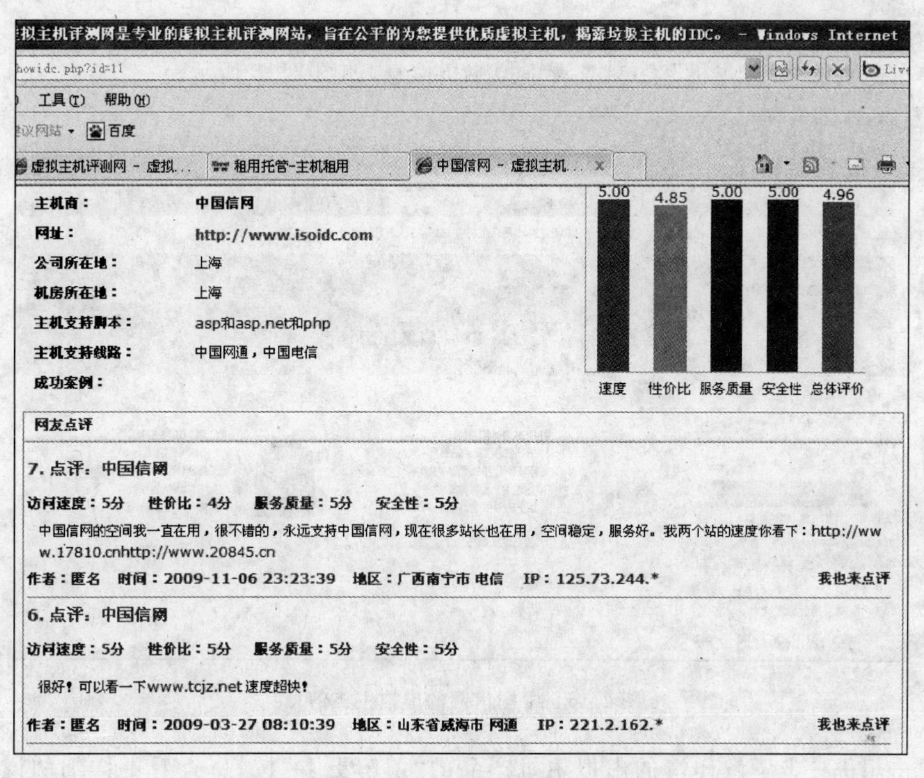

图 2.13　查看中国信网的测评结果

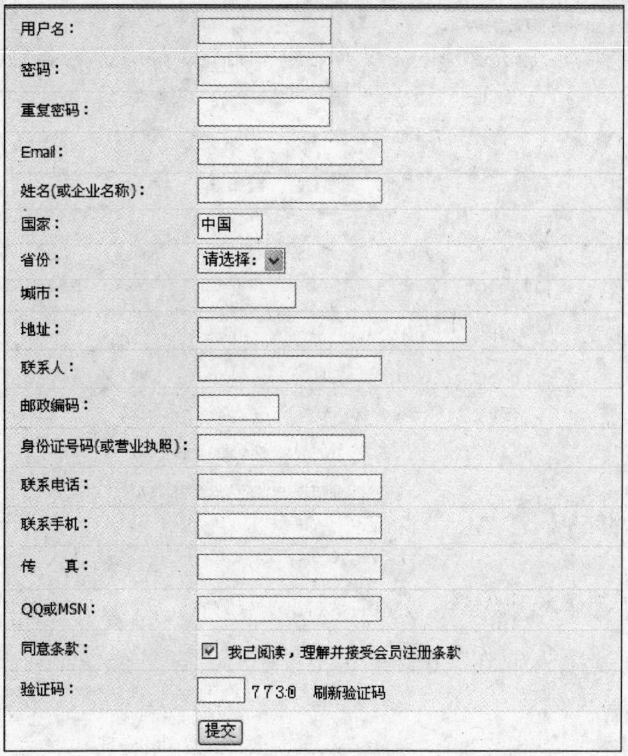

用户名：
密码：
重复密码：
Email：
姓名(或企业名称)：
国家：　中国
省份：　请选择：
城市：
地址：
联系人：
邮政编码：
身份证号码(或营业执照)：
联系电话：
联系手机：
传　真：
QQ或MSN：
同意条款：　☑ 我已阅读，理解并接受会员注册条款
验证码：　7730　刷新验证码
提交

图 2.14　中国信网的用户注册页面

2）选择虚拟主机服务

单击主页的“虚拟主机”菜单，查看虚拟主机信息，如图 2.15 所示。

图 2.15　中国信网的虚拟主机信息

单击想进一步了解详情的虚拟主机产品的“了解更多”按钮，查看更详细的说明，如图 2.16 所示。

主机价格[热推美国linux空间无需备案]							
主机型号	PHP200型	PHP300型	PHP400型	PHP500型	PHP800型	PHP1000型	PHP2000型
全国零售价	150元/年	180元/年	280元/年	380元/年	580元/年	780元/年	1200元/年
购买多年优惠价	两年九折	两年九折	两年九折	两年九折	两年九折	两年九折	两年九折
	订购	订购	订购	订购	订购	订购	订购
主机配置							
独立网页容量	150Mb	200Mb	300Mb	500Mb	800Mb	1000Mb	2000Mb
赠送免费邮箱	1000Mb/10用户	1000Mb/10用户	1000Mb/10用户	1000Mb/10用户	1000Mb/10用户	1000Mb/10用户	1000Mb/10用户
主机绑定域名数	10个	10个	10个	10个	10个	10个	10个
IIS并发连接数	100个	200个	300个	400个	500个	800个	1000个
网络流量	无限	无限	无限	无限	无限	无限	无限
操作系统	WindowsServer2003 操作系统						
服务器放置机房	浙江双线/北京双线/上海双线机房						
三天免费试用[满意再付款]	√	√	√	√	√	√	√
主机支持							
HTML脚本	√	√	√	√	√	√	√
Asp脚本	×	×	×	×	×	×	×
PHP脚本	√	√	√	√	√	√	√
NET1.1与NET2.0或NET3.5脚本	×	×	×	×	×	×	×

图 2.16　查看虚拟主机租用详细配置信息

在会员专区进一步查询产品信息和订购流程，如图 2.17 所示。

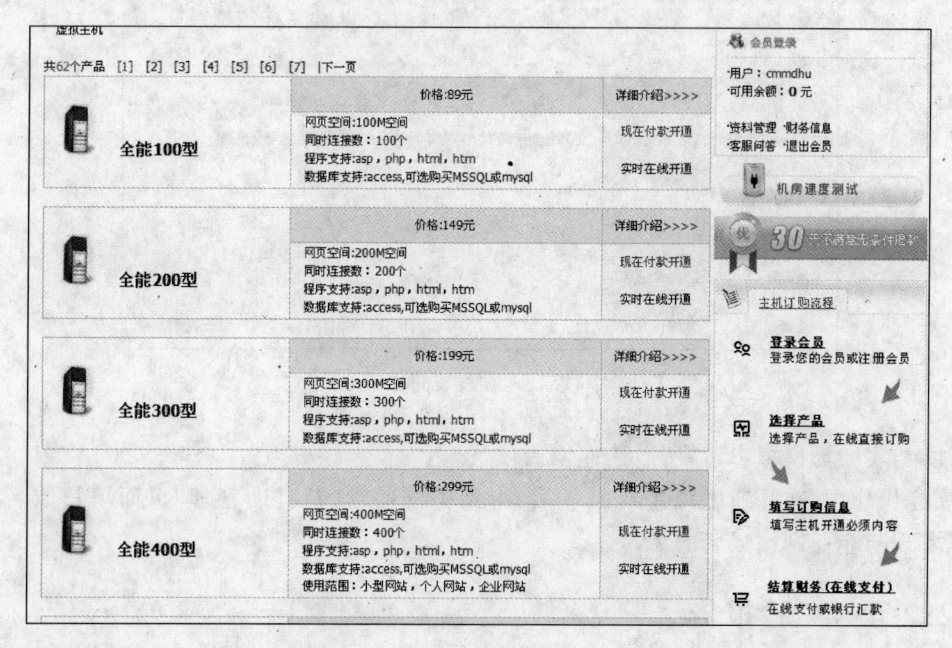

图 2.17 进入会员专区查询产品信息和订购流程

3）在线订购

选择“全能 200 型”虚拟主机服务，单击右侧的“实时在线开通”链接，进入虚拟主机自助开通页面，按提示操作即可，如图 2.18 所示。

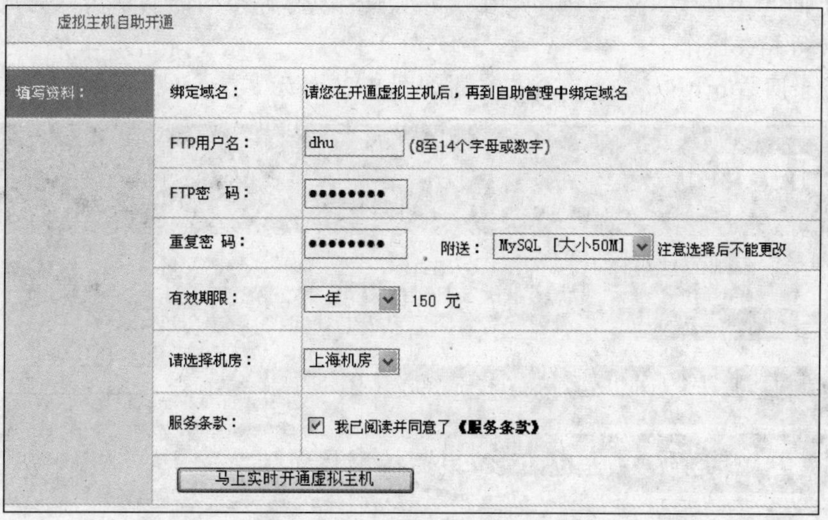

虚拟主机自助开通

填写资料：

绑定域名：请您在开通虚拟主机后，再到自助管理中绑定域名

FTP用户名：dhu (8至14个字母或数字)

FTP密 码：●●●●●●●●

重复密 码：●●●●●●●● 附送：MySQL [大小50M] 注意选择后不能更改

有效期限：一年 150 元

请选择机房：上海机房

服务条款：☑ 我已阅读并同意了《服务条款》

马上实时开通虚拟主机

图 2.18 虚拟主机自助开通页面

4）在线支付

如果单击虚拟主机服务信息右侧的“现在付款开通”链接，则直接进入在线支付页面，如图 2.19 所示。

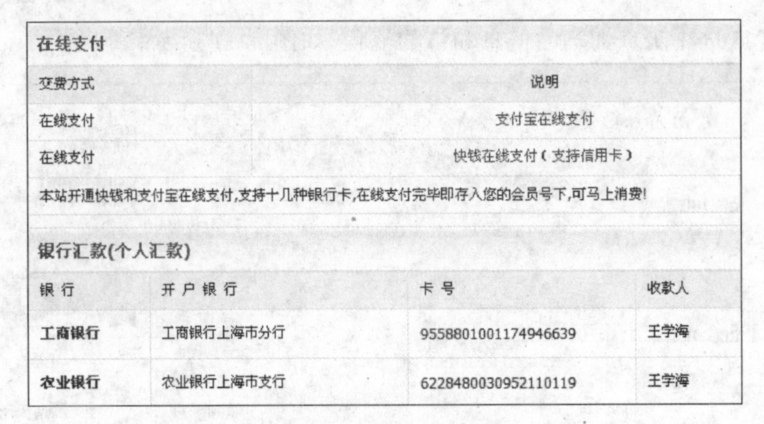

在线支付

交费方式	说明
在线支付	支付宝在线支付
在线支付	快钱在线支付（支持信用卡）

本站开通快钱和支付宝在线支付,支持十几种银行卡,在线支付完毕即存入您的会员号下,可马上消费!

银行汇款(个人汇款)

银 行	开 户 银 行	卡 号	收款人
工商银行	工商银行上海市分行	9558801001174946639	王学海
农业银行	农业银行上海市支行	6228480030952110119	王学海

图 2.19　在线支付页面

注意,实验为模拟申请,所以请谨慎操作。

实际操作中,在开通虚拟主机服务后,再到中国信网的“自助管理”页面填写域名信息等,以实现与企业网站域名的绑定。

2.2.4　实验报告

(1) 了解几个国内 ISP 提供的虚拟主机租用服务的情况,记录并对比其方案和价格等信息,完成调研报告。

(2) 进入 http://www.5944.net“我就试试”网站,在线进行域名及免费网站空间的申请注册,将实验报告 1 上传到免费存储空间,以网页形式呈现。

请按下面 http://www.5944.net 在线申请域名及存储空间的基本步骤完成上述实验报告的上传等相关操作。

(1) 登录网站 http://www.5944.net,如图 2.20 所示。

图 2.20　登录 5944.net 网站

(2) 进行用户注册，如图 2.21 所示。

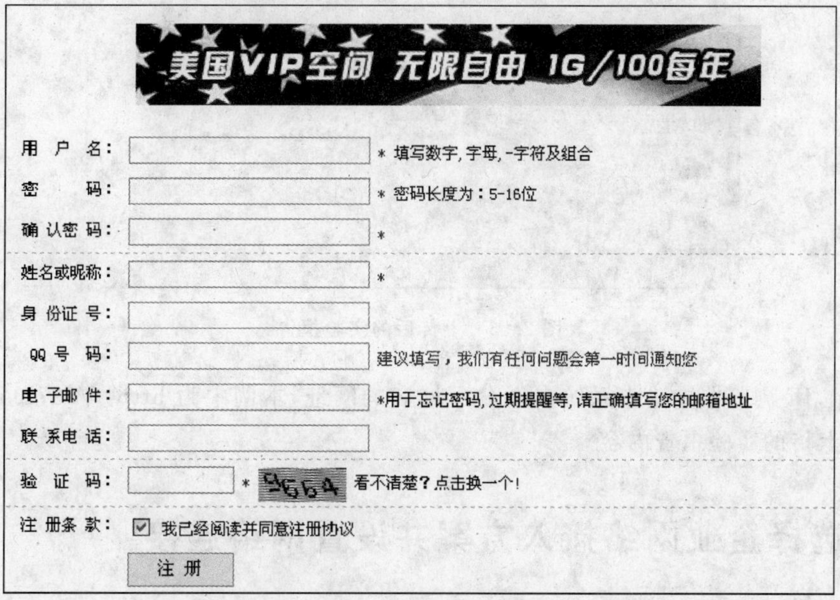

美国VIP空间 无限自由 1G/100每年

用 户 名： * 填写数字，字母，-字符及组合

密 码： * 密码长度为：5-16位

确认密码： *

姓名或昵称： *

身份证号：

QQ 号 码： 建议填写，我们有任何问题会第一时间通知您

电子邮件： *用于忘记密码，过期提醒等，请正确填写您的邮箱地址

联系电话：

验 证 码： * 看不清楚？点击换一个！

注册条款： ☑ 我已经阅读并同意注册协议

注 册

图 2.21 用户注册

(3) 在注册成功提示页单击“确定”按钮，进入使用说明页面，如图 2.22 所示。

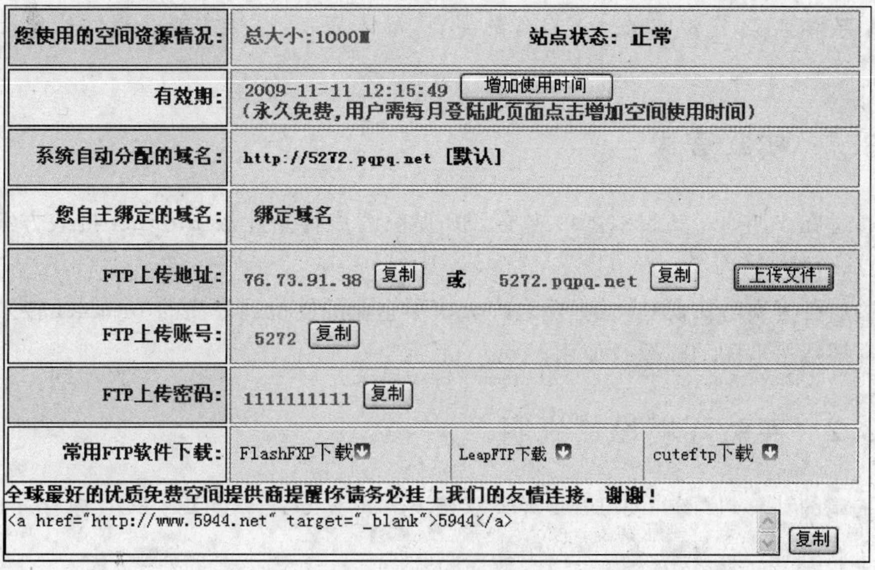

您使用的空间资源情况：	总大小：1000M 站点状态：正常		
有效期：	2009-11-11 12:15:49 增加使用时间 (永久免费，用户需每月登陆此页面点击增加空间使用时间)		
系统自动分配的域名：	http://5272.pqpq.net [默认]		
您自主绑定的域名：	绑定域名		
FTP上传地址：	76.73.91.38 复制 或 5272.pqpq.net 复制 上传文件		
FTP上传账号：	5272 复制		
FTP上传密码：	1111111111 复制		
常用FTP软件下载：	FlashFXP下载	LeapFTP下载	cuteftp下载

全球最好的优质免费空间提供商提醒你请务必挂上我们的友情连接。谢谢！

<a href="http://www.5944.net" target="_blank">5944</a> 复制

图 2.22 免费网络空间使用说明页面

注意，请有效地记录并保存有关的重要信息，如系统自动分配的域名、FTP 上传地址、账号及密码等。

(4) 在 Dreamweaver 中导入实验报告的.doc 文档到一个新的 HTML 页并编辑，以自己的学号命名.html 网页文件，并以 FTP 方式传至免费存储空间，上传后的效果如图 2.23 所示。

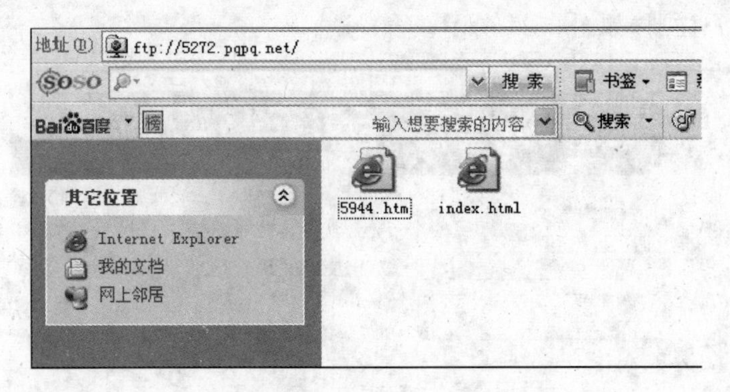

图 2.23 上传后的实验报告

(5) 在 IE 浏览器中输入系统自动分配域名的网址,本例中为 http://5272.pqpq.net,则可显示上传的实验报告内容。

2.3 选择企业网络接入方案并设置网络连接

网站只有在连接因特网后才能真正发挥它的作用。接入 Internet,首先需要选择网络服务供应商(ISP)。目前国内的 ISP 主要有电信、联通(已与网通合并)和移动(已合并铁通)三家。在 Internet 接入方式和接入费用上,不同地区之间存在着一定的差异。企业在选择接入方案前,首先要估量一下自身的需要,量体裁衣,这样才能获得性价比高的接入方案。

2.3.1 实验要求

- 通过在线调研了解目前国内主要 ISP 提供的多种企业级 Internet 接入方案及其特点、价格。
- 通过各方案对比研究,选择适合广大中小企业的性价比最高的 Internet 接入方案。
- 掌握拨号上网的配置及使用。

2.3.2 实验环境设置说明

- 主流的计算机配置(如 Intel 奔腾双核 E5200 2.5GHz/DDR2 2GB 内存/512MB 独立显卡);
- Windows XP 操作系统;
- 便捷的宽带互联。

2.3.3 操作步骤

目前主要的企业级网络接入方案有多种,其原理及特点如表 2.1 所示。

表 2.1 主要的企业级网络接入方案的原理及其特点

网络接入方案	接入方案的特点
普通拨号方式	以这种方式拨号上网需要一个名为调制解调器(Modem)的设备,中文俗称"猫"。 普通的电话网络传输的是模拟信号,而计算机处理的是数字信号。把数字信号转变成模拟信号的过程叫做调制,相反的过程就是解调。调制解调器就起着这个作用。 调制解调器分为内置式与外置式两种。内置 Modem 是插在计算机主板上的一个卡,很多品牌计算机都预装了内置 Modem。如果是后来添加,很多人会选择外置式 Modem。预装的内置 Modem 通常已经安装好了驱动程序,只需将电话线接头接入主机箱后面的 Modem 接口即可。外置 Modem 是将电话线接头插入 Modem,随设备自带了一条 Modem 与计算机的连接线,该连接线一端接 Modem,一端接计算机主机上的串行接口。 Modem 属于 PnP(Plug and Play,即插即用)设备,Windows 会自动探测与安装。由于技术的发展,这种传统的方式已逐渐被取代
一线通(ISDN)	ISDN(Integrated Service Digital Network,综合业务数字网)是数字传输和数字交换综合而成的数字电话网,是 20 世纪 80 年代末在国际上兴起的新型通信方式,通过一个称为 NT 的转换盒就能实现用户端的数字信号进网,并且能提供端到端的数字连接,从而可以用同一个网络承载各种话音和非话音业务,彻底解决了过去利用普通电话线拨号上网时不能同时接听或拨打电话的问题。 因为仍是利用普通电话线,NT 转换盒却能提供给用户两个标准的独立工作的 64KB 的 B 数字信道和一个 16KB 的 D 数字信道,即所谓的 2B+D 接口,一个 TA 口接电话机,一个 NT 口接计算机,所以中国电信将其俗称为"一线通"。 它允许的最大传输速率是 128Kb/s,是普通 Modem(若 Modem 的传输速率为 28.8Kb/s)的 3~4 倍,成为目前拨号上网的首选方式,所以应用较为普及。到电信局的营业网点申请,装机和通信费用与普通电话相近
ADSL	ADSL(Asymmetrical Digital Subscriber Loop,非对称数字用户环路)技术是运行在原有普通电话线上的一种新的高速宽带技术,它利用现有的一对电话铜线为用户提供上、下行非对称的传输速率(带宽)。非对称主要体现在上行速率(最高 640Kbps)和下行速率(最高 8Mbps)的非对称性上。上行(从用户到网络)为低速的传输,可达 640Kbps;下行(从网络到用户)为高速传输,可达 8Mbps。它最初主要是针对视频点播业务开发的,随着技术的发展,逐步成为了一种较方便的宽带接入技术,为电信部门所重视。通过网络电视的机顶盒,可以实现许多以前在低速率下无法实现的网络应用。该接入方式在中小型企业和家庭中应用较为普遍
DSL	DSL(Digital Subscriber Line,数字用户环路)技术是基于普通电话线的宽带接入技术,它在同一铜线上分别传送数据和语音信号,数据信号并不通过电话交换机设备,减轻了电话交换机的负载;并且不需要拨号,一直在线,属于专线上网方式。DSL 包括 ADSL、RADSL、HDSL 和 VDSL 等
VDSL	简单地说,VDSL(Very-high-bit-rate Digital Subscriber loop,高速数字用户环路)就是 ADSL 的快速版本。使用 VDSL,短距离内的最大下载速率可达 55Mbps,上传速率可达 19.2Mbps,甚至更高
光纤接入网	光纤接入网(Optical Access Network,OAN)是采用光纤传输技术的接入网,即本地交换局和用户之间全部或部分采用光纤传输的通信系统。光纤具有宽带、远距离传输能力强、保密性好、抗干扰能力强等优点,是未来接入网的主要实现技术。FTTH 方式是指光纤直通用户家中,一般仅需要 1~2 条用户线,短期内经济性欠佳,但却是长远的发展方向和最终的接入网解决方案

续表

网络接入方案	接入方案的特点
FTTX+LAN接入方式	这是一种利用光纤加五类网络线方式实现宽带接入方案，实现千兆光纤到小区(大楼)中心交换机，中心交换机和楼道交换机以百兆光纤或五类网络线相连，楼道内采用综合布线，用户上网速率可达10Mbps，网络可扩展性强，投资规模小。另有光纤到办公室、光纤到户、光纤到桌面等多种接入方式满足不同用户的需求。FTTX+LAN方式采用星型网络拓扑，用户共享带宽

1. 接入方案的选购

此处以上海宽带网为例来说明企业级网络接入方案选购的方法。

(1) 登录 http://www.021kd.com 进入上海宽带网，如图 2.24 所示。

图 2.24 上海宽带网主页

(2) 在该网站上可以查询各大接入服务商情况并选择适合企业自身需求的接入方式套餐类型，如图 2.25 所示。

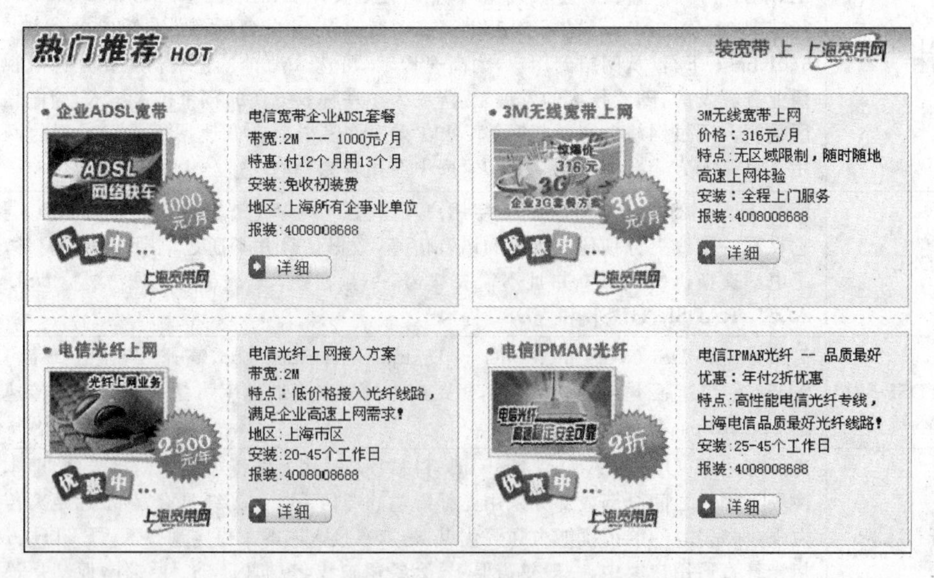

图 2.25 上海宽带网的企业级接入方式套餐信息

单击想了解的接入方案信息的“详细”按钮，进一步查看有关详细说明，如图 2.26 所示。

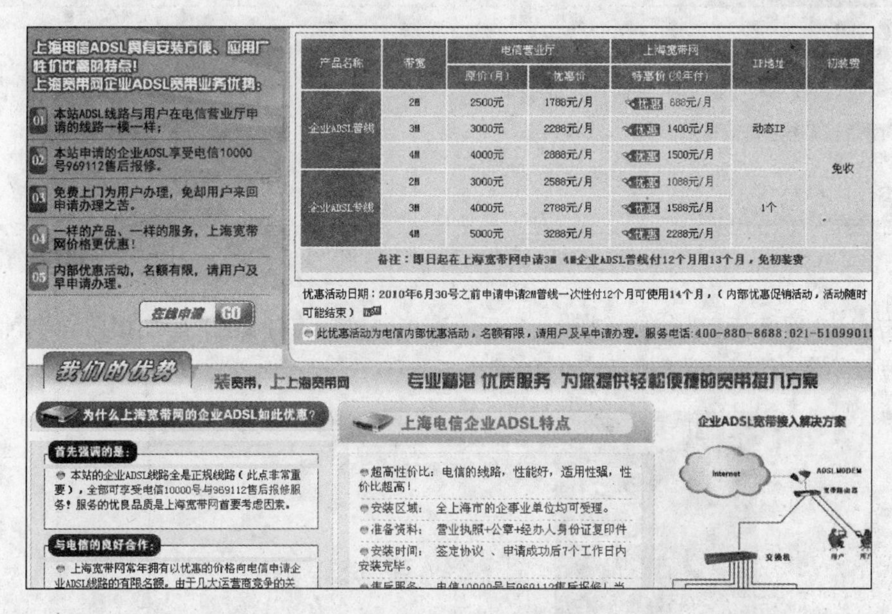

图 2.26　接入方案详细信息

(3) 单击“在线申请”按钮，可以通过填写图 2.27 所示的申请表发出接入请求，或者直接电话联系提供商要求接入网络。

上海宽带网
客服不在线，请留言
您好，现在客服不在线，请留言。如果没有留下您的联系方式，客服将无法和您联系！
姓名:
E-mail:
电话:
QQ:
MSN:
单位:
*留言内容:
提交留言
上海宽带网
上海宽带网：www.021kd.com
上海宽带业务申请安装中心
服务热线：4008808688 021-51099015
联系传真：021-23010509
网址：www.021kd.com
装宽带，上上海宽带网！
上海宽带网，专业装宽带！
WELCOME >>
上海宽带网
装宽带上 www.021kd.com

图 2.27　上海宽带在线申请网络接入服务

接入服务提供商为企业安装好相关的设备实现了网络的接入之后，需要进入网络连接的设置，下面以拨号上网的接入方案为例说明网络连接设置的操作方法。

2. 虚拟拨号上网的连接及配置

(1) 右击服务器桌面上的“网上邻居”图标，然后从弹出的快捷菜单中选择“属性”命令，将弹出图 2.28 所示的“网络连接”窗口。

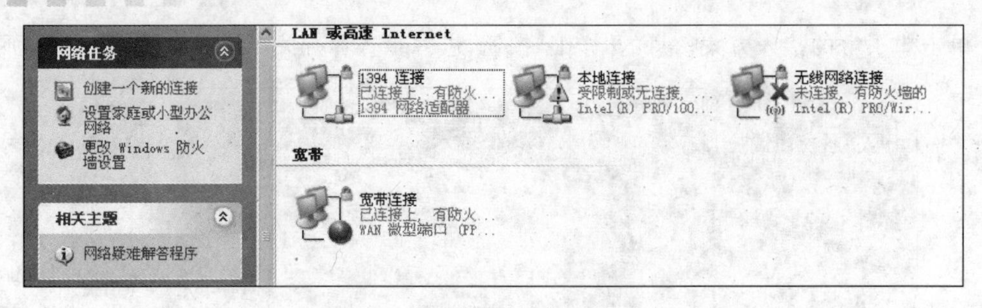

图 2.28　服务器的“网络连接”窗口

单击左边“网络任务”中的“创建一个新的连接”链接，将弹出“新建连接向导”对话框，如图 2.29 所示，单击“下一步”按钮。

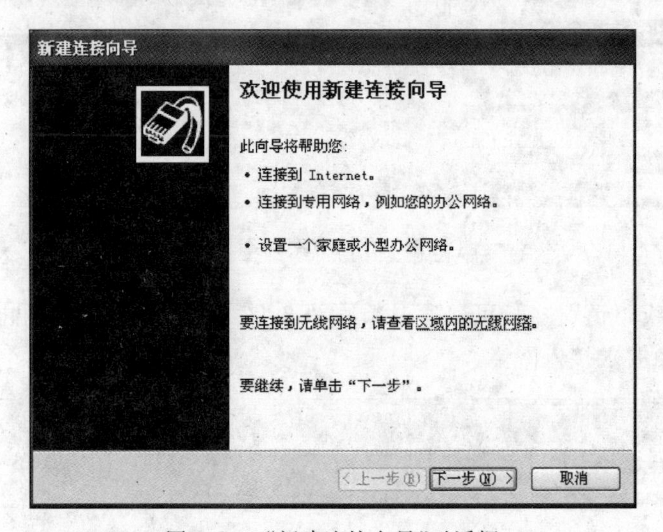

图 2.29　“新建连接向导”对话框

(2) 在弹出的对话框中选择“网络连接类型”为“连接到 Internet”，如图 2.30 所示，然后单击“下一步”按钮。

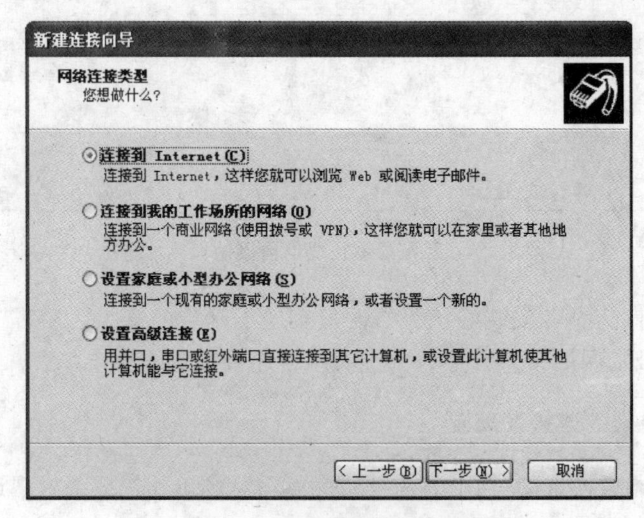

图 2.30　选择网络连接类型

(3) 在弹出的对话框中选择“手动设置我的连接”单选按钮，如图 2.31 所示，然后单击“下一步”按钮继续。

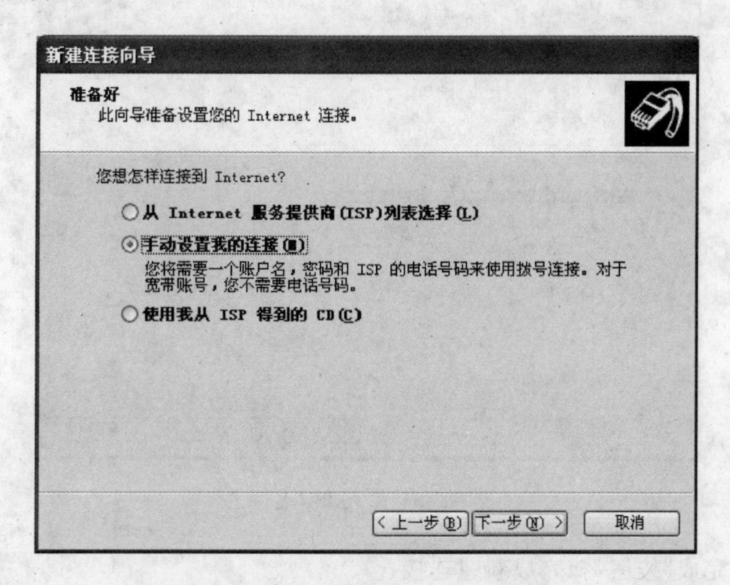

图 2.31　选择连接到 Internet 的方式

(4) 选择“用要求用户名和密码的宽带连接来连接”单选按钮，如图 2.32 所示，然后单击“下一步”按钮继续。

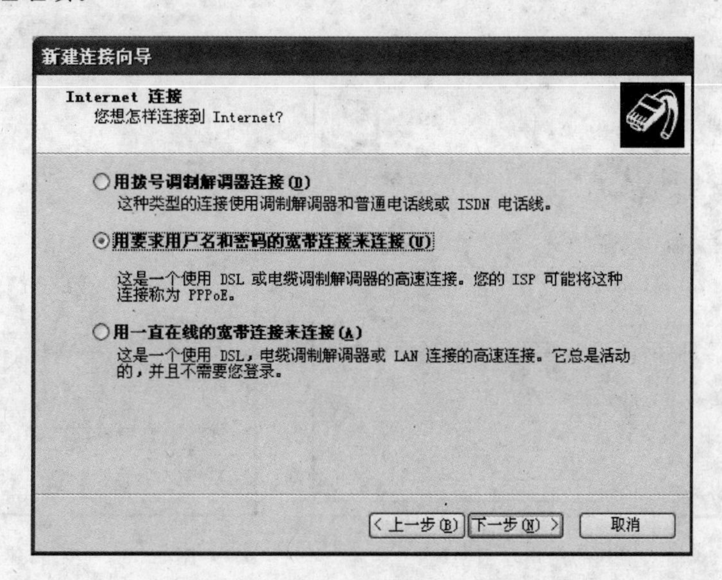

图 2.32　选择怎样连接 Internet

(5) 输入网络接入服务提供商(ISP)名称，如图 2.33 所示，然后单击“下一步”按钮继续。

(6) 输入 ISP 的用户名和密码，并确认密码，如图 2.34 所示，然后单击“下一步”按钮继续。该用户名即为上网账号，可以通过购买上网卡或到 ISP 申请获得。

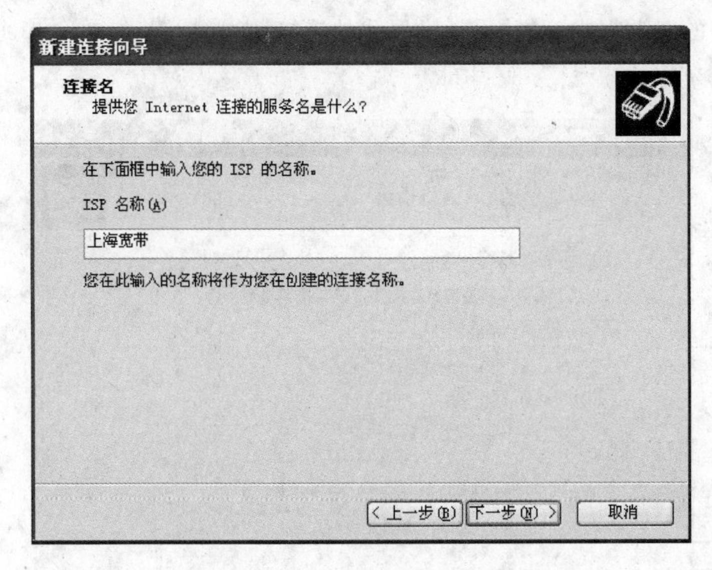

图 2.33　输入 ISP 名称

(7) 单击“完成”按钮,即完成新建连接。

(8) 双击刚建立的拨号连接图标,在“用户名”和“密码”文本框中输入上网的账号和密码,单击“连接”按钮。连接成功后,在计算机右下角的任务栏处有一个会闪动的小图标,表示网络连接的状态,单击图标可以显示网络连接的详细情况,如图 2.35 所示。

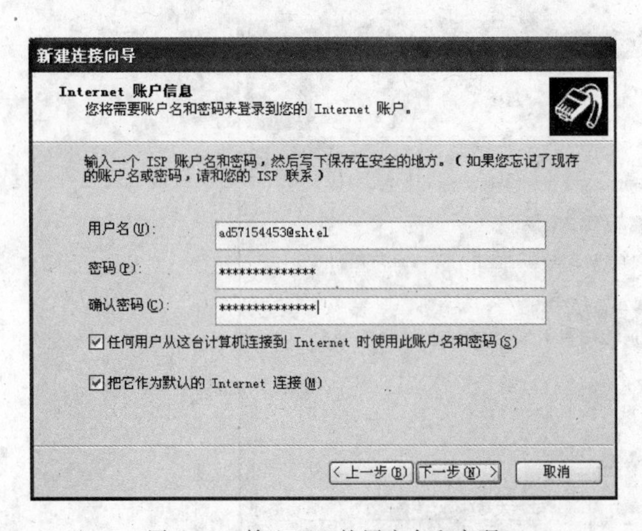

图 2.34　输入 ISP 的用户名和密码

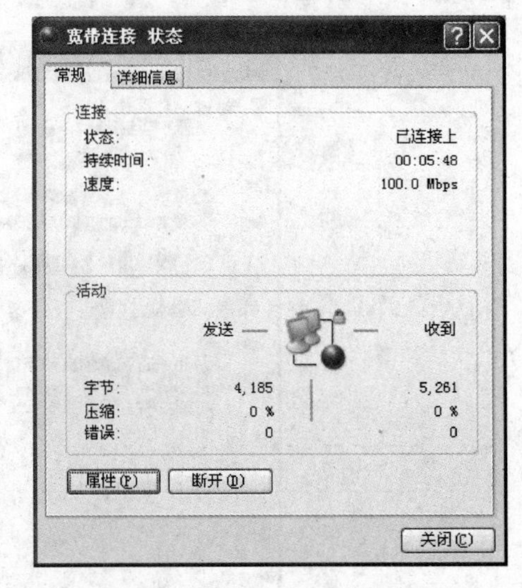

图 2.35　查看新建连接的状态

2.3.4　实验报告

列出 4 种以上不同的企业级 Internet 接入方案,通过对比研究,利用表格反映各接入方案的主要特点。

2.4 利用 Visio 的 Web 图表描绘站点地图

Visio 是一个系统规划与管理的可视化解决工具，提供了强大的图形化设计功能和文件管理工具，其主要作用表现为以下三方面：

- 支持网站设计人员方便地规划未来系统的结构，促进组织内部对规划中系统的重要信息进行交流并达成共识；
- 是网站开发人员实现网站的重要依据；
- 支持网站维护人员或 Web 内容经理进行网站的维护管理。

2.4.1 实验要求

- 了解 Visio 软件的 Web 图表工具的作用和基本功能；
- 学习生成现有站点的“网站图”及利用其进行网站管理的方法；
- 学习使用“网站总体设计图”功能描绘网站内容与结构规划的结果。

2.4.2 实验环境设置说明

- 主流的计算机配置（如 Intel 奔腾双核 E5200 2.5GHz/DDR2 2GB 内存/512MB 独立显卡）；
- Windows XP 操作系统；
- Microsoft Office Visio 2003 版图形软件。

2.4.3 操作步骤

1. 规划新网站的站点地图

虽然网页制作都是交由开发人员来实现的，但在制作之前所进行的网站整体规划工作并不一定都由技术开发人员完成。所以，需要借助 Visio 所提供的网站总体设计功能创建网站总体设计图，显示新网站可能的层次结构、组织和流程，用以明确网站的用途、内容和总体组织结构，提供可视化的网站说明文件及图标，令与开发人员的沟通更加简单。从一定意义上说，它是规划人员和开发人员进行沟通的桥梁。

(1) 打开“Web 图表”下的“网站总体设计形状”模板。

选择“文件”→“新建”命令打开一个新的绘图页；然后再选择“文件”→“形状”→“Web 图表”命令，如图 2.36 所示。“Web 图表”模板下主要有两类形状：

- 网站总体设计形状：用于表示一般内容，如网页、网页组合以及相关网页等。
- 网站图形状：用于表示特定内容，如 ActiveX 控件、文件、多媒体以及图像等。

选择“文件”→“形状”→“Web 图表”→“网站总体设计形状”命令，工作界面左侧的“形状”窗口中出现“网站总体设计形状”模具相关的形状。

(2) 拖曳形状添加到网站总体设计图。

从“形状”窗口的“网站总体设计形状”模具中拖曳想要的形状到新打开的绘图页，以描

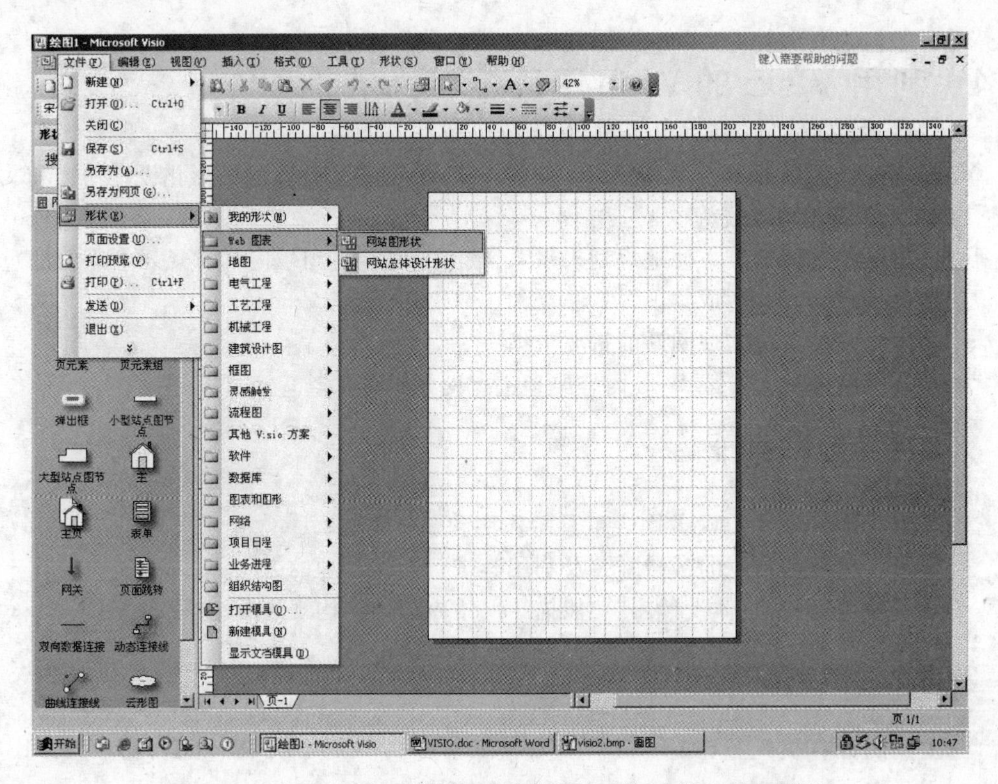

图 2.36 “Web 图表”下的“网站总体设计形状”和“网站图形状”

绘所策划的网站结构。

使用“指针”工具进行拖曳形状或改变其位置等操作。通过拖动标注形状的选择手柄可以调整标注文本块的宽度。

在形状中输入相应的文字只需要双击标注形状；或单击“文本”工具 A，再单击相应形状，就可输入文字了。

可以将鼠标悬停于某形状图上以显示该形状的详细说明，以便正确、合理地利用，如图 2.37 所示。

(3) 创建页间链接关系。

利用“动态连接线”或“连接线”工具进行两个形状间的连接，以显示页间的链接关系。将标注形状上的终点拖到要将标注信息与之关联的形状中心或形状上的连接点“✕”即可。

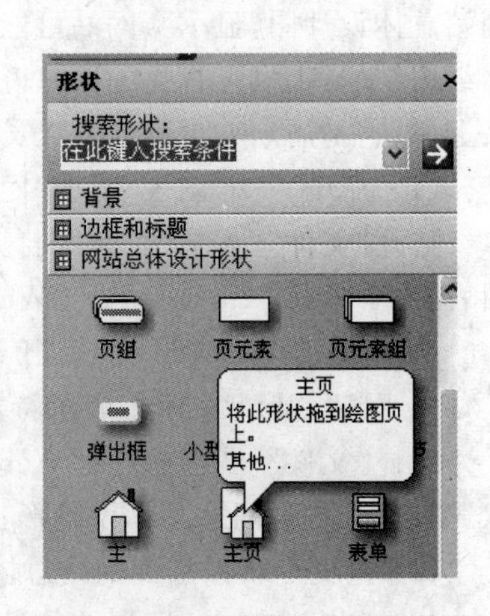

图 2.37 显示形状图的详细说明

图 2.38 的实例中显示了某网站的一个名为“宴会”的栏目的内容、链接结构和页面设计要求，其中包括 A、B 和 C 三个产品的相关页。以产品 C 为例，又具体说明了产品页的内容和制作要求：采用柜架页的形式，右侧包括 Log 的图片和链接菜单，左侧除了上方的网站主题外，主柜架部分动态显示产品介绍的相关内容，即每一个产品除主页外还包括介绍该产品市场情况和特色的页面，以

及成品的效果图和制作过程的视频。

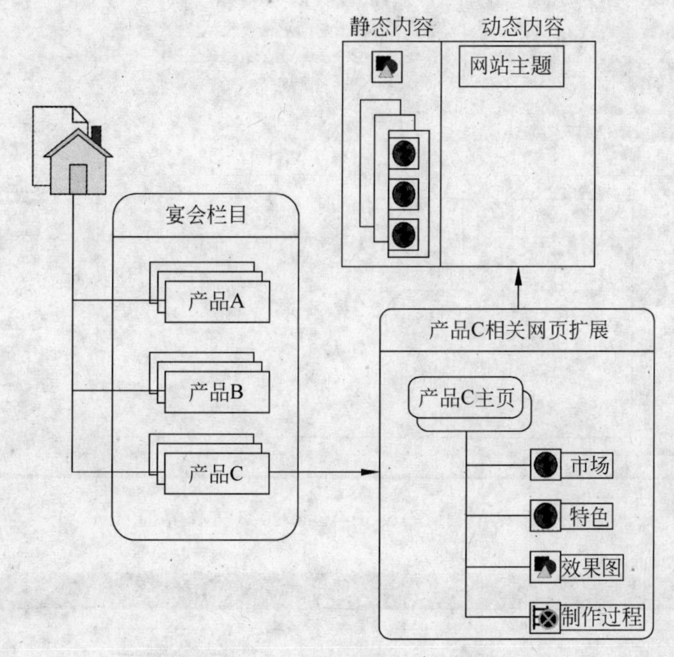

图 2.38　“宴会”网站的站点地图实例

(4) 建立详细说明文本注释。

如果需要详细说明该页的具体设计要求，可选中表示该页的形状，选择“插入”→“注释”命令，并在提示框中输入内容，详细说明该页的具体设计要求。注释的效果如图 2.39 所示。

网站地图形象地表达了网站的内容、链接结构和网站不同区域之间的数据通信，是开发人员实现该网站并合理地编制文件、图片、数据和内容的目录的依据。

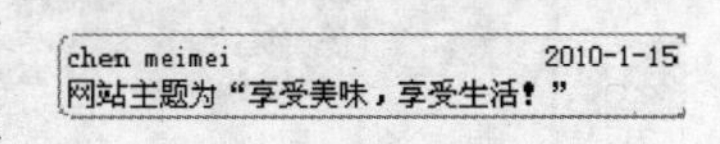

图 2.39　插入的“注释”

2. 利用网站图管理网站

使用 Visio 的网站图工具可以帮助维护人员在网站日常运营时清楚地了解网站的总体结构和内容，以便随时跟踪、监视其变化并修复错误的超链接。

1) 生成现有站点的网站图

对现有的站点生成网站图其实就是以图形化的方式来呈现现有网站的结构，形象地表示 Web 内容的不同位置和分布方法，以便网站维护人员或 Web 内容经理分析当前站点的链接结构，结合事件查看器的超链接错误提示有效地进行内容的分类管理和跟踪管理，这是管理网站的第一步。

下面介绍利用 Visio 工具生成“网站图”的具体操作。

(1) 打开“生成站点图”对话框。

在 Microsoft Visio 2003 工作界面中选择绘图类型中的“Web 图表”，如图 2.40 所示。

单击其中的“网站图”功能，弹出图 2.41 所示的“生成站点图”对话框。

这时 Visio 的菜单栏也会出现“网站图”菜单，如图 2.42 所示。单击其中的“生成站点图”子菜单，也可弹出图 2.41 所示的“生成站点图”对话框。

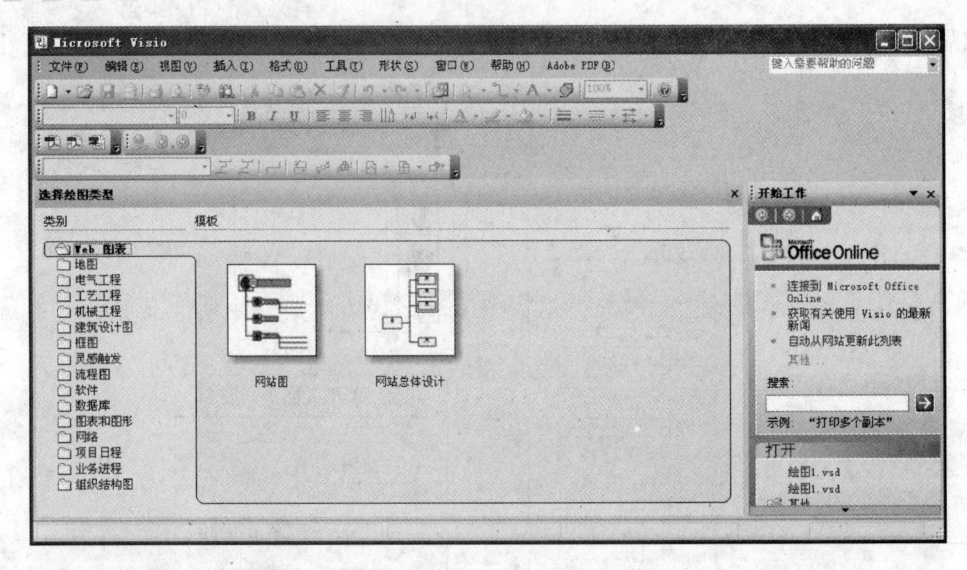

图 2.40　Microsoft Visio 2003 工作界面

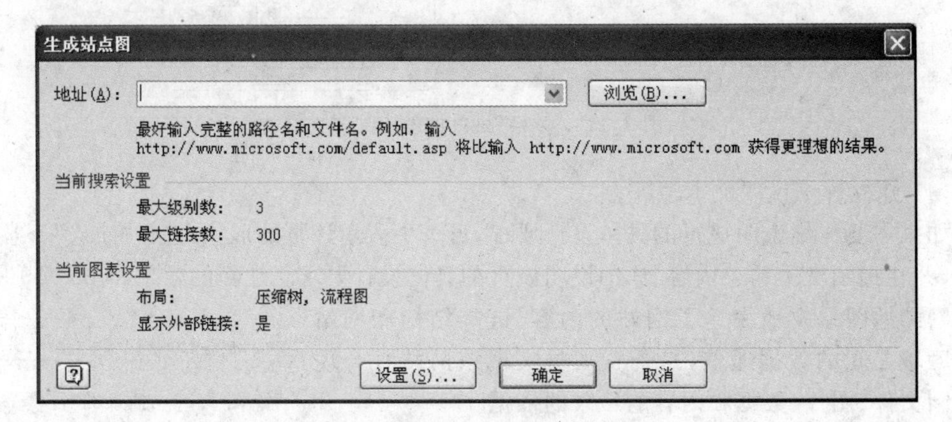

图 2.41　"生成站点图"对话框

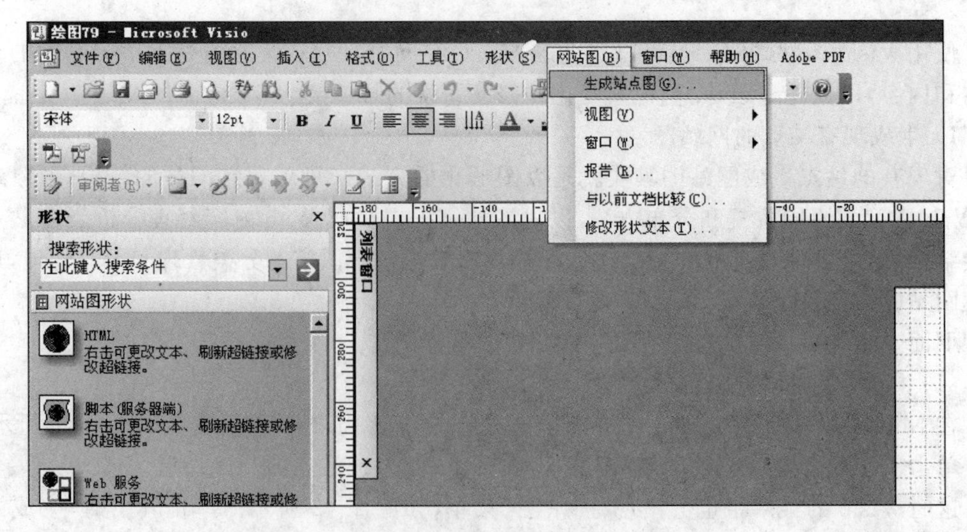

图 2.42　"网站图"菜单中的"生成站点图"子菜单

(2) 输入网站地址。

如果网站位于 HTTP 服务器上，则在“生成站点图”对话框的“地址”文本框中输入要绘制网站图的网站的地址，如图 2.43 所示。如果网站位于网络服务器或本地硬盘上，则单击“浏览”按钮，找到要生成站点图的 html 源文件，然后单击“打开”按钮。请注意必须输入完整的路径或文件名，如 http://www.dhu.edu.cn/index.html，而不要仅输入 http://www.dhu.edu.cn。

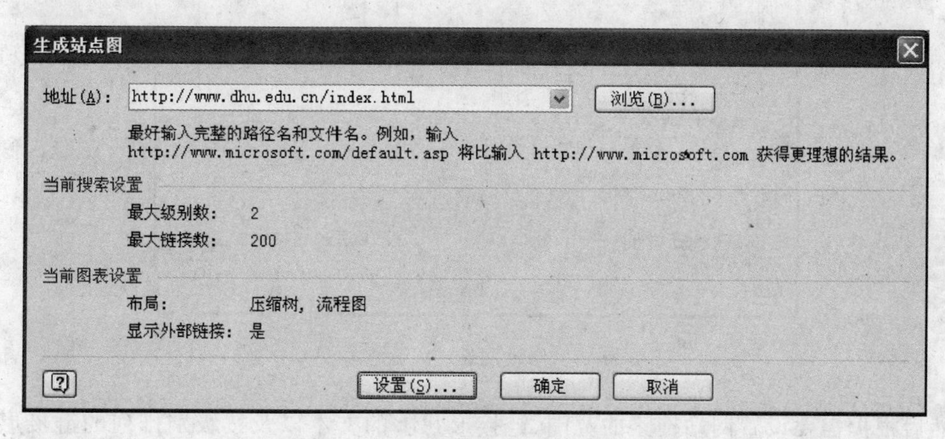

图 2.43　输入要绘制网站图的网站的地址

(3) 设置搜寻条件。

接下来需要限制搜寻条件以便提高站点图生成的速度。例如，只显示网站中一部分的超级链接形状。单击“设置”按钮，弹出图 2.44 所示“网站图设置”对话框进行网站搜索条件的自定义。

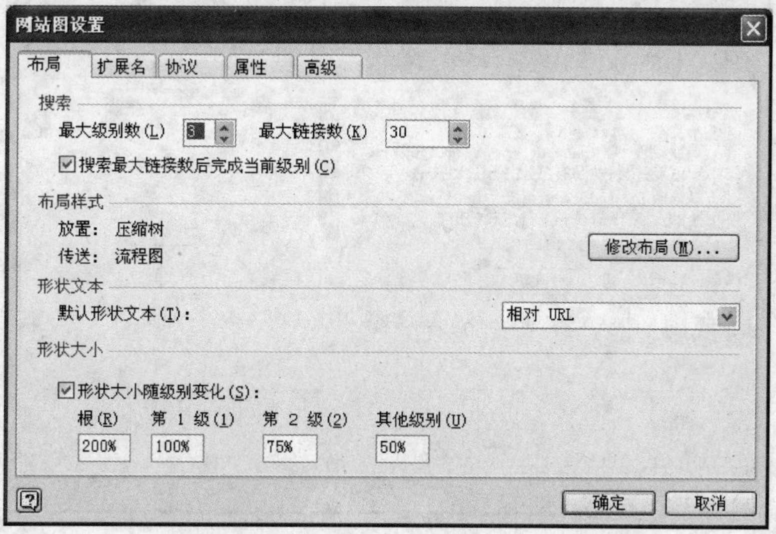

图 2.44　“网站图设置”对话框

选择“布局”选项卡，首先查看将要搜索的级别和链接的最大数量，如在“最大级别数”微调框中选择 3，表示需要绘制地址下三级的站点图。

在“布局”选项卡中还可以单击“修改布局”按钮更改要生成的网站图的布局样式，如图 2.45 所示。

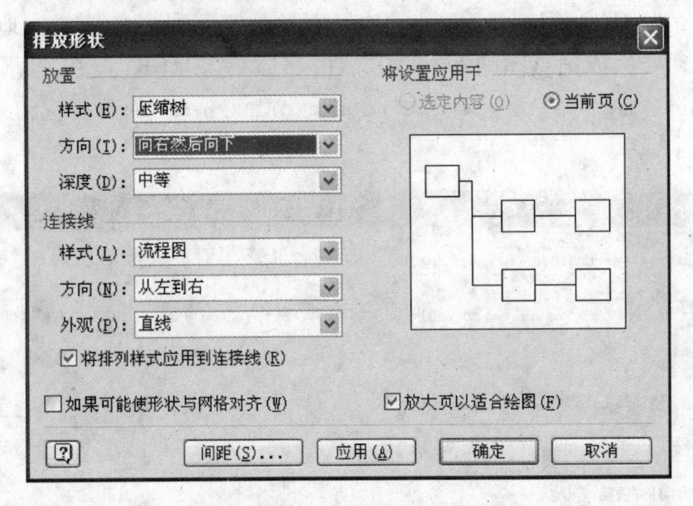

图 2.45 修改网站图设置参数(1)

然后根据需要设置网站搜索的范围、链接形状上的文本以及按级别排列的链接形状的大小等限制条件。

在“生成站点图”对话框的“扩展名”选项卡中选择要绘制网站图的扩展名组合，即在绘制网站地图时要包含哪些扩展名的文件类型，如图 2.46 所示。默认情况下包含有 ASP、Archive(压缩文件)、Audio(声音)、Document(文件)、FrontPage、Generic(标准)、Graphic(图形)、HTML 以及最新的 XML 等 10 余种名称及对应形状。

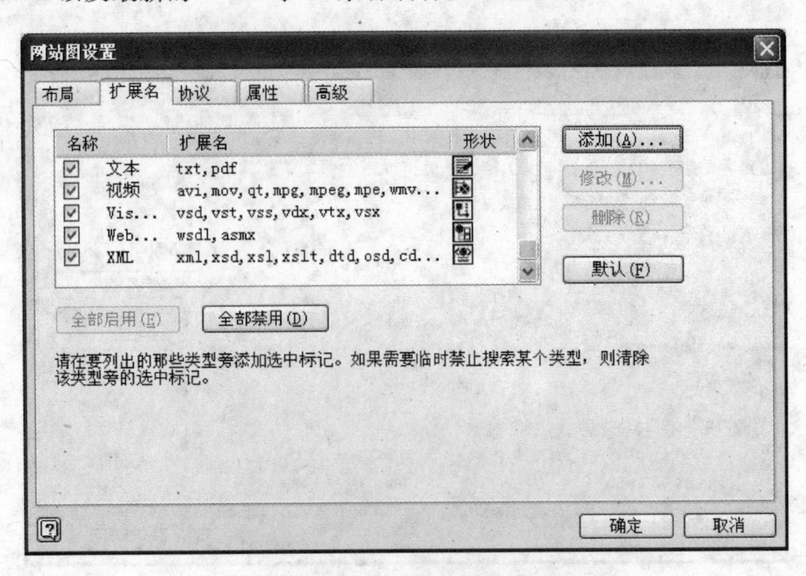

图 2.46 修改网站图设置参数(2)

在“协议”选项卡中选择要绘制网站图的协议组合，例如 mailto、ftp 或 NNTP，如图 2.47 所示。

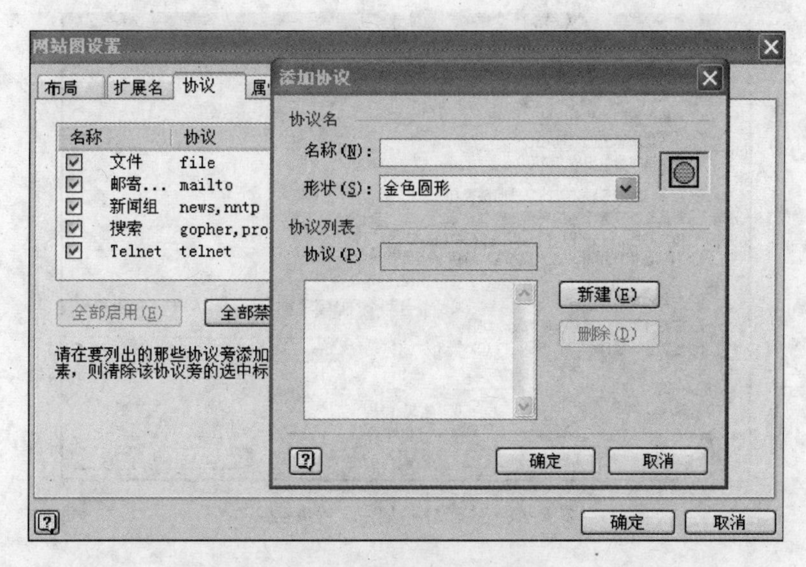

图 2.47　修改网站图设置参数(3)

在"属性"选项卡中可以选择要用于搜索链接的属性，例如 HREF、SRC 或 CODE，如图 2.48 所示。

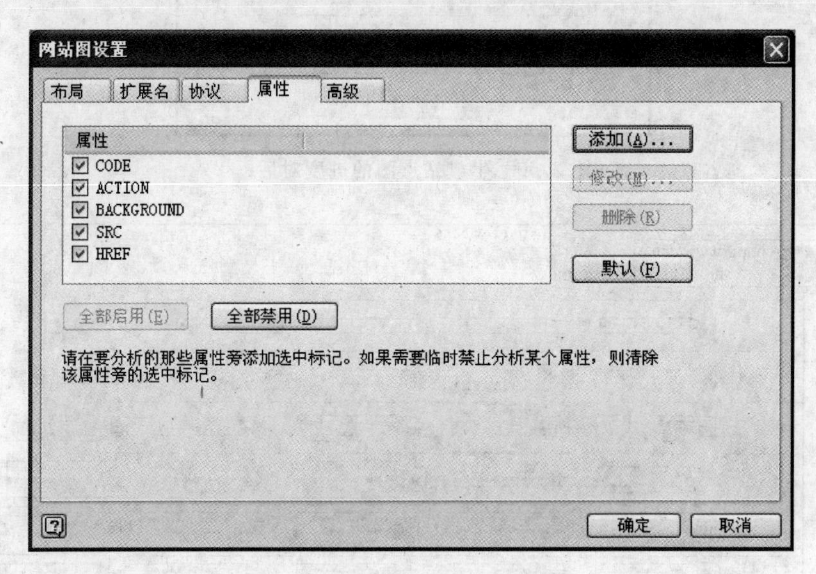

图 2.48　修改网站图设置参数(4)

在"高级"选项卡中选择可进一步优化搜索条件的选项，如图 2.49 所示。

(4) 生成站点图。

完成后，在"生成站点图"对话框中单击"确定"按钮。在网站图模板生成存储模型以及排放正在生成的站点图时，将显示图 2.50 所示的进度对话框。

(5) 保存网站图。

选择"文件"→"保存"命令，生成的站点图如图 2.51 所示。

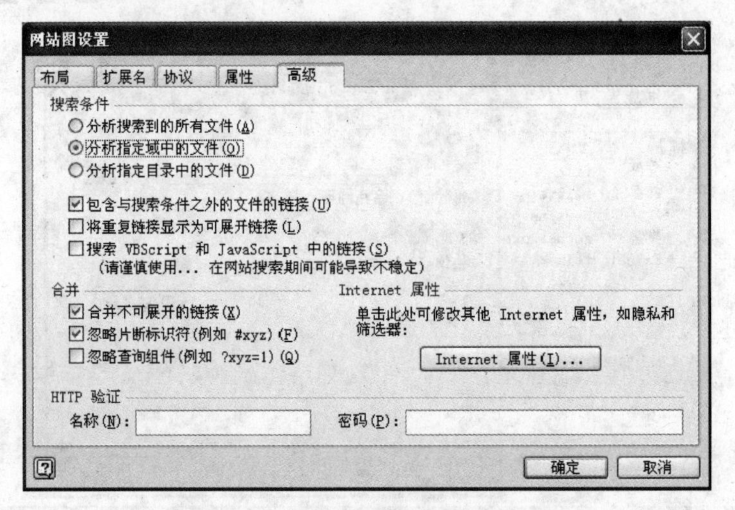

图 2.49 修改网站图设置参数(5)

图 2.50 生成站点图的进度对话框

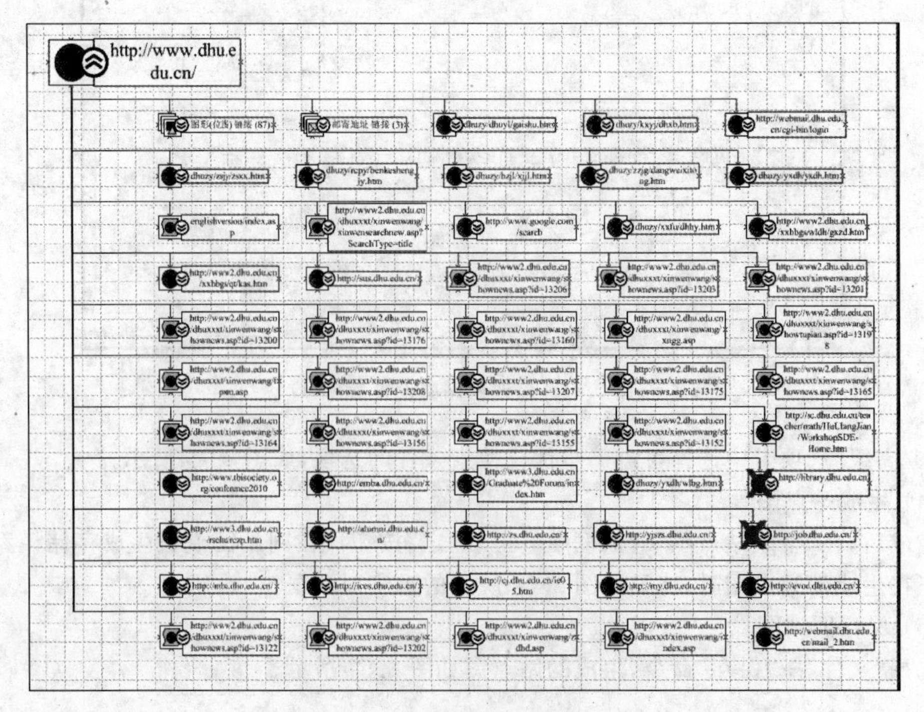

图 2.51 生成的某网站的站点图

（6）显示或隐藏 HTML 和 ASP 形状的链接。

只有已包含链接的 HTML 或 ASP 形状才能被展开或隐藏。要显示或隐藏 HTML 或 ASP 形状下的更多链接，可双击形状；或右击形状，然后从弹出的快捷菜单中选择隐藏"地址"命令。

2）分析生成的站点图

（1）自动检查网站错误。

网站管理中一项重要的任务就是保持其中的链接处于活动状态且没有错误。生成网站图时，Visio 将按设置的参数对现有网站内的每个链接进行搜索，出现在网站图上"筛选器"窗口和"列表"窗口中，并将追踪到的有错误链接的页面形状上标识一个红色的×。

（2）利用窗口查看站点图。

选择"网站图"→"窗口"→"列表窗口"命令，通过"列表窗口"列出所有已构成该网站的组件以便查看，如图 2.52 所示。

如果需要按不同的网页文件类型显示构成该网站的文件，可以使用"筛选器窗口"，如图 2.53 所示，更便于发现问题情况。单击"+"节点，可按类查阅分析文件情况。

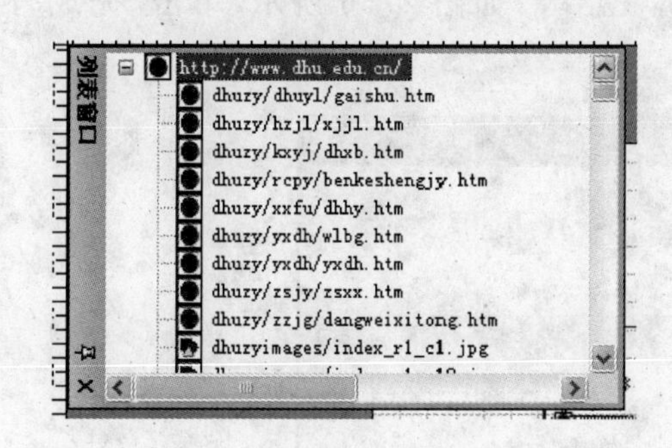

图 2.52　通过"列表窗口"查看构成网站的文件

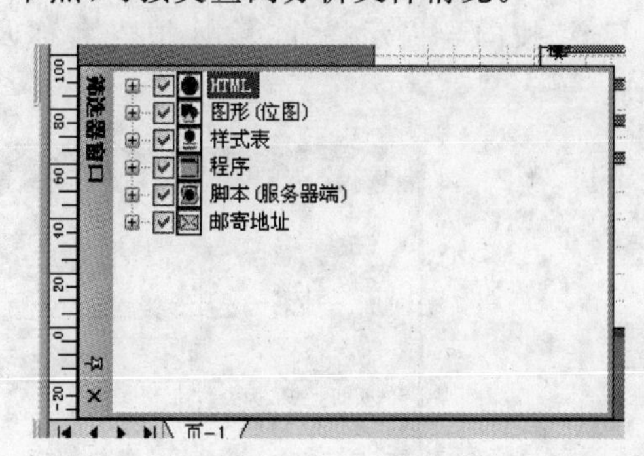

图 2.53　使用"筛选器窗口"查看构成网站的种类组件

3）创建网站错误链接的报告

要生成网站链接报告，选择"网站图"→"报告"命令，在弹出的"报告"对话框中单击"新建"或"修改"按钮，如图 2.54 所示。

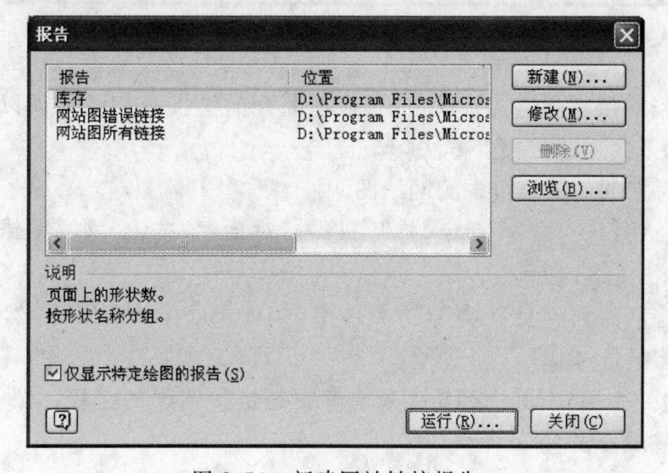

图 2.54　新建网站链接报告

然后选中“所有页上的形状”单选按钮，单击“下一步”按钮，如图 2.55 所示。

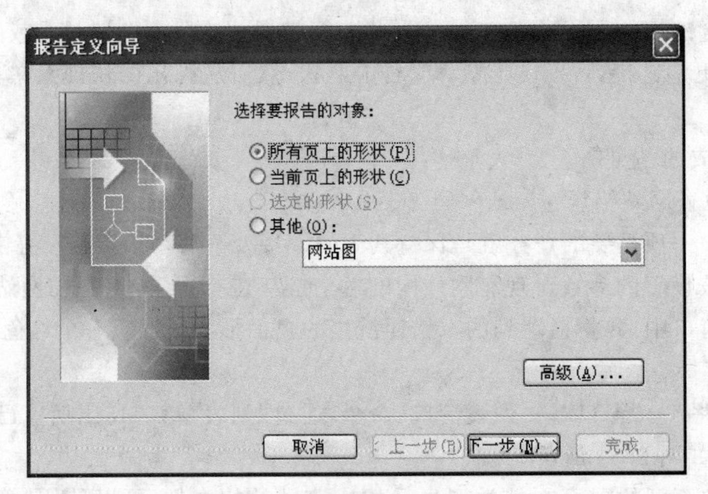

图 2.55　定义网站链接报告(1)

继续按向导提示操作，输入报告名称及说明文字等，如图 2.56 所示，单击“完成”按钮。

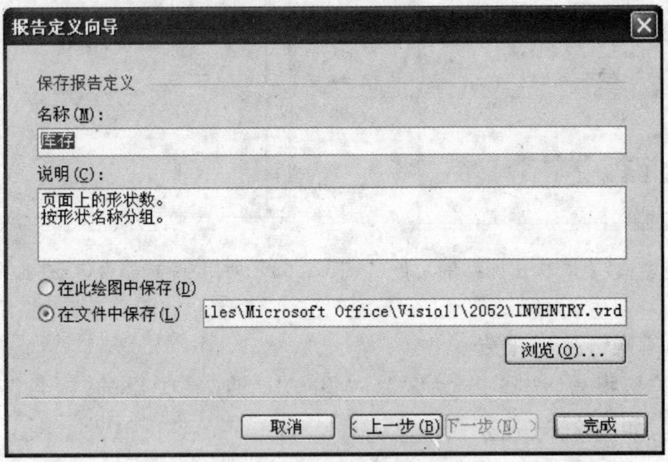

图 2.56　定义网站链接报告(2)

如果要了解当前带有超链接错误情况，显示断开的链接及相关错误以便进行必要的修复，则需要创建如下错误链接报告方法：

(1) 打开要为之创建错误报告的网站图。

(2) 选择“网站图”→“报告”命令，打开“报告”对话框，选中“网站图错误链接”，然后单击“运行”按钮，如图 2.57 所示。

(3) 选择将信息保存到什么类型的文件中(例如 Excel 或 XML)，然后单击“确定”按钮，命名并保存该报告，如图 2.58 所示。

Visio 将创建一个报告，其中列出了所有存在超链接错误的链接。图 2.59 所示为打开的 Excel 格式的错误报告。

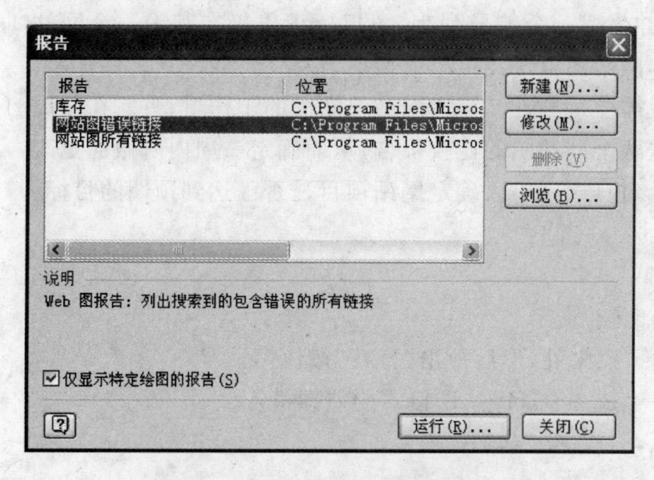

图 2.57　创建错误链接报告

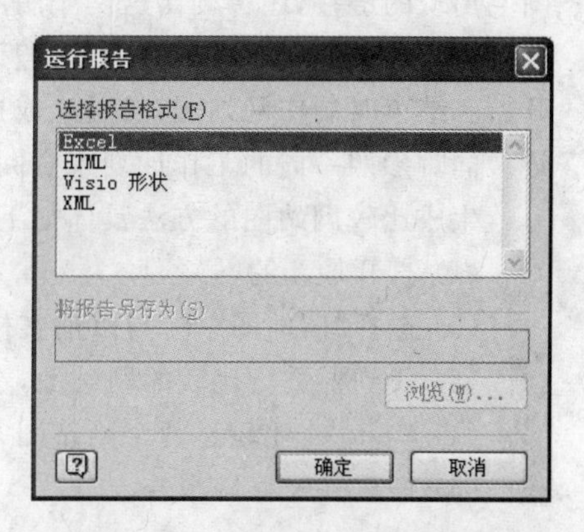

图 2.58　以 Excel 格式导出报告

Microsoft Excel - Book1

	A	B	C	D	
1				网站图错误链接	
2	错误	错误描述	形状	链接	
3	无	无	HTML	http://alumni.dhu.edu.cn/	http
4	无	无	HTML	http://biomedtextile.dhu.edu.cn/	http
5	无	无	HTML	http://cj.dhu.edu.cn/ie05.htm	http
6	无	无	HTML	http://emba.dhu.edu.cn/	http
7	无	无	HTML	http://evod.dhu.edu.cn/	http
8	无	无	程序	http://evod.dhu.edu.cn/download/WebPlayer.exe	http
9	无	无	HTML	http://evod.dhu.edu.cn/html/movie_910.html	http
10	无	无	HTML	http://ices.dhu.edu.cn/	http
11	无	无	HTML	http://job.dhu.edu.cn/	http
12	无	无	HTML	http://library.dhu.edu.cn/	http
13	无	无	HTML	http://mba.dhu.edu.cn/	http
14	无	无	HTML	http://my.dhu.edu.cn/	http
15	无	无	HTML	http://sus.dhu.edu.cn/	http
16	无	无	HTML	http://webmail.dhu.edu.cn/cgi-bin/login	http
17	无	无	HTML	http://webmail.dhu.edu.cn/mail_2.htm	http
18	无	无	HTML	http://www.dhu.edu.cn/	
19	无	无	HTML	http://www.dhu.edu.cn/dhuzy/dhuyl/gaishu.htm	http
20	无	无	HTML	http://www.dhu.edu.cn/dhuzy/hzjl/xjjl.htm	http
21	无	无	HTML	http://www.dhu.edu.cn/dhuzy/kxyj/dhxb.htm	http
22	无	无	HTML	http://www.dhu.edu.cn/dhuzy/rcpy/benkeshengjy.htm	http
23	无	无	HTML	http://www.dhu.edu.cn/dhuzy/xxfu/dhhy.htm	http

Sheet1 / Sheet2 / Sheet3
就绪

图 2.59　查看导出的错误报告

4）修复断开的链接

造成错误链接的原因包括“找不到网站”、“拒绝被访问”、“需要密码”、文件名不正确、文件位置不正确、缺少文件等，结果可能会触发 404 错误消息或“找不到文件”错误消息，所有这些链接都必须在网站内进行修复。但某些断开的错误链接是由于超时造成的，要更正这些错误，则右击链接，然后从弹出的快捷菜单中选择“刷新”或“刷新父级”命令。

网站和网站图之间不是动态链接的，因此修复网站上断开的链接之后，右击表示断开的链接的形状，然后从弹出的快捷菜单中选择“刷新超链接”命令，这样便可以更新网站图，红色×将消失。

5）生成比较报告跟踪网站的变化

如果有多个技术人员同时开发或维护网站，就需要专门跟踪网站的变化来了解他们的工作。网站图比较报告针对两个版本并生成一个差异列表，不仅标识出仅在其中一个网站图上出现的链接，还将列出这两个版本网站图上链接更改的情况，包括错误状态、文件标题、文件大小和文件修改日期。例如，假设需要每周计算一次网站上完成的工作量，只需在每周开始和结束时制作网站图，然后生成这两个网站图的比较报告，从而确定一周内所做的更改量。同时参照一周的工作计划来查阅该报告，就可以确定网站项目是否已达到预期的目标。

生成比较网站图的方法具体如下：

(1) 打开最新的网站图。

(2) 选择“网站图”→“与以前文档比较”命令。

(3) 找到要进行比较的网站图，选择该文件，然后单击“打开”按钮。

(4) Visio 将比较这两个网站图并生成一个 HTML 格式的差异报告。

(5) 命名并保存该报告。

2.4.4 实验报告

(1) 选择著名的网站生成 HTML 页的链接数为 50 和 100 的二级网站图并分析其网站结构。

(2) 策划一个 bookstore 网站，用站点地图描绘该网站的结构，站点地图不少于三个层次。要求所设计出的站点地图对实际开发能够起到规划和指导的作用。

学以致用

XYZ 公司是一家提供观赏性植物和相关园艺产品的公司。由于公司主要为本市的客户提供服务，同时公司还处于起步阶段，资金有限，没有能力建立覆盖全市的专卖店。因此公司希望能够利用 Internet 开展销售，直接面向消费者。公司将采用会员制的方式进行经营，主要面向本市的各个公司、企业和商业楼宇提供园艺服务，同时公司还希望能够通过提供园艺知识等手段吸引更多的潜在顾客。

公司希望能够在 3 个月内建立自己的电子商务网站，初步的预算为 20 万元。网站投入运营后，顾客应该能够在网站上管理自己的信息，采购商品；公司人员能够分析销售情况、管理库存等。

要求完成以下策划工作，并形成书面的文档：

(1) 通过调研分析该公司建立网站实现在线销售的可行性；

(2) 规划网站的基本功能，画出功能结构图；

(3) 利用 Visio 画出网站的站点地图；

(4) 设计网站的主题和风格特点；

(5) 为公司确定一个简单易记且反映经营范围与理念的域名；

(6) 根据公司网站今后的发展制定网站开发的技术方案，包括网络接入方案；

(7) 为该公司制定开发电子商务网站的项目计划，包括项目目标、工作流程、任务分解、开发人员组成和进度计划等。

第二篇

开发篇

商务网站开发概述

学习目标

- 了解网站开发过程中涉及的三个环境，理解本地站点、远程站点和测试服务器的概念，理解实体站点和物理站点的概念；
- 了解网站开发技术基础知识，理解静态网页和动态网页的概念；
- 了解基于 Web 应用的商务网站开发的步骤和方法，理解站点标识、主目录、虚拟目录、数据源与数据库连接等概念。

3.1 商务网站的开发环境

从开发流程来讲，Web 应用开发过程涉及不同的三种环境，即本地站点、测试服务器和远程站点。本地站点是 Dreamweaver 的工作目录，属于开发环境，站点开发者先在本地站点编辑、修改和存储文件，它不是真正的实体站点，只是它的一个副本；远程站点表示实体站点的位置和具体内容，属于生产环境，对来自于客户端对网站的请求做出响应，经测试满意的站点文件才上传到远程服务器上的实体站点；测试服务器则是 Dreamweaver 用于测试站点的位置，属于测试环境，它可以是本地计算机、专门的测试用服务器或生产服务器。

任意两个环境都可能存在于一台物理设备中，例如简单的开发项目中，一般选择生产服务器作为测试服务器；甚至还有三个环境同处一个机器的情况，例如本书后续实验中就采用本地开发、本地测试的方法。

3.2 商务网站的开发技术概述

3.2.1 电子商务应用系统的体系结构和 Web 应用编程模型

一个真正意义上的电子商务应用系统，绝不仅仅是由前台网站与后台数据库服务器构成的典型的三层 B/S 体系，即由 Browser、Web 服务器和数据库服务器组成，因为其他逻辑上虽然包括表示层、业务逻辑层和数据存储层，但物理上只有两个服务器。为确保商业运营，系统必须具有高稳定性和高安全性，通常采用多层 B/S 体系结构，即 Web 应用服务器为电子商务应用的业务逻辑提供了运行环境；HTTP 服务器或 Web 服务器属于表示层，从而支持实现了"瘦"客户,客户端通过浏览器将应用产生的结果显示给用户。此外,为支持电子商务业务,需要将新增的业务逻辑与企业原有的应用和数据集成,这些应用和数据是企业日常业务开展所依赖的并且是多年积累的重要商务资源,连接器提供了一种机制以安全可控的方式实现原有应用和数据与新增 Web 应用的无缝连接。可见,Web 应用服务器是电子商务应用系统体系结构中的核心。

一个 Web 应用可以看作为一个客户与 Web 站点的一系列交互作用,Web 应用的交互模型包括以下三个层次:

- 业务逻辑层:记录和处理用户输入的部分,如通过商品信息录入表单输入商品详细信息后数据库更新的操作;
- 用户界面层:构造 HTML 页面的部分,决定操作结果显示的形式和风格;
- 交互控制层:处理 HTTP 请求、选择相关的业务逻辑组件、选择构造响应页面的组件等操作。

不同的层通常采用不同的开发技术和工具,这也正是经典的 M/V/C(Model/View/Control)Web 应用编程模型的核心。

3.2.2 网页制作与服务器端脚本开发技术

商务网站最大的特点就是交互性,因而组成商务网站的页面除了大量的静态页面外,还有很多是动态页面。所谓动态页面,是指页面内容是服务器根据用户操作而动态生成的,而不是像静态页面那样从服务器端的文件系统中直接读取,更不是指增加动感效果的页面。例如,通过 IE 浏览器或超链接访问到的 HTML 文件、图片文件和声音文件等,即使其中包含了 Flash 动画或游移的按钮广告等动感效果的元素,它仍然属于静态页面。当用户通过搜索框输入关键词并单击"查询"按钮后得到的查询结果页面就是典型的动态页面。所以,动态页面才能帮助商务网站的用户实现与服务器之间的交互,如针对在线消费者的用户注册、登录、商品查询、购物车等功能以及针对在线企业用户的订单管理、用户管理、商品管理等功能。

静态网页制作的技术基础是超文本标记语言(Hyper-Text Markup Language,HTML),目前主流的支持服务器端实现动态页面的技术主要有 ASP、JSP、PHP 和 ASP. NET 等。

ASP(Active Server Pages)技术提供了 VBScript 和 JavaScript 脚本引擎,使技术开发人员直接在 HTML 文件中插入可执行的脚本代码,结合数据库操作脚本等来处理数据并实现动态页面的生成。ASP 技术使用常规的文本编辑器即可进行代码编辑,且无须编译即可由 IIS(Internet Information Server)解释执行。当用户发出相关请求时,服务器将脚本程序解释为标准的 HTML 代码,通过客户端浏览器显示出执行结果。

ASP. NET 是用于编写动态网页的一项功能强大的新技术,相比 ASP 技术,它能提供更高的开发效率和提升 Web 应用的可重用性。由于程序是由服务器在第一次执行时进行编译,因此有利于提高执行速度和服务器性能。

Dreamweaver 提供了脚本开发和网页制作的集成环境,允许开发人员所见即所得地进行网页设计和实现基本的动态功能,尤其适合不熟悉 HTML 和 ASP 技术的初学者,但 ASP 技术只适用于 Windows Server 环境下。

JSP(Java Server Pages)是一种基于 Java 的脚本技术,主要优势是可将 HTML 编码从

Web 页面的业务逻辑中有效地分离出来，通过 JSP 可访问可重用的组件和基于 Java 的 Web 应用程序等，还支持在 Web 页中直接嵌入 Java 代码。

3.2.3 Web 应用开发技术与集成开发环境

Java 是一种面向对象、分布式、解释型、可移植、跨平台的开发语言，更是一种服务器端的标准开发平台，是 Web 应用开发的主流技术。

由于电子商务应用的发展要求系统开发必须做到代码高可维护性和高可重用性，因此需要在完善的电子商务集成开发体系下进行，目前主流的集成开发环境有微软公司的 Windows DNA、IBM 公司的 Websphere 和 BEA 的 Weblogic 等。

IBM Websphere 是一套典型的电子商务应用开发工具和运行环境，产品系列不仅包括构建和管理站点的工具及 HTML、JavaScript、JSP 等的编辑器，还包含 Web 服务器和集成了 JSP 与数据库连接技术的 Web 应用服务器。

BEA 的 Weblogic 是专门面向电子商务应用的平台软件，用于开发、集成、部署和管理大型分布式 Web 应用、网络应用和数据库应用的 Java 应用服务器，Amazon、Federal Express、E-Trade 和 Nokia 等一些著名网站的复杂、高可靠性、高性能关键业务应用系统都是通过该产品来构造的。

3.3 基于 Web 应用的商务网站建设步骤

3.3.1 利用 Dreamweaver 建立实体 Web 站点

1. 新建 Web 站点

实体站点是用于存储网站所有页面文档和相关素材的文件夹，在设计实现商务网站之前，应该首先利用 Dreamweaver 建立实体站点。如图 3.1 所示，在“文件”面板下选择“站点”选项卡，选择“文件”→“新建”命令，即可打开“My Site 的站点定义为”对话框，如图 3.2 所示。按向导的提示进行操作，如图 3.3～图 3.5 所示。

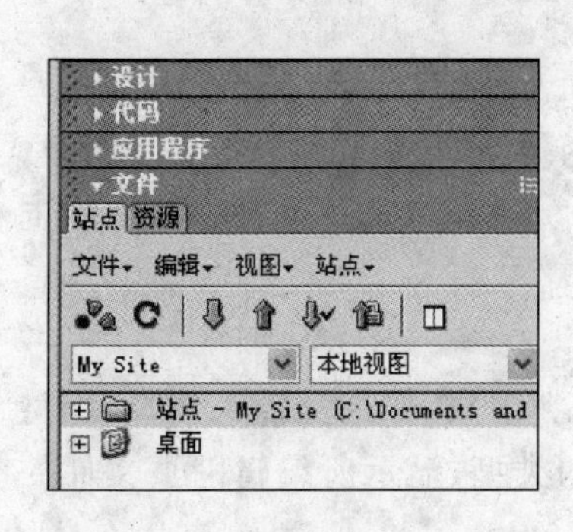

图 3.1 建立名为 My Site 的实体站点

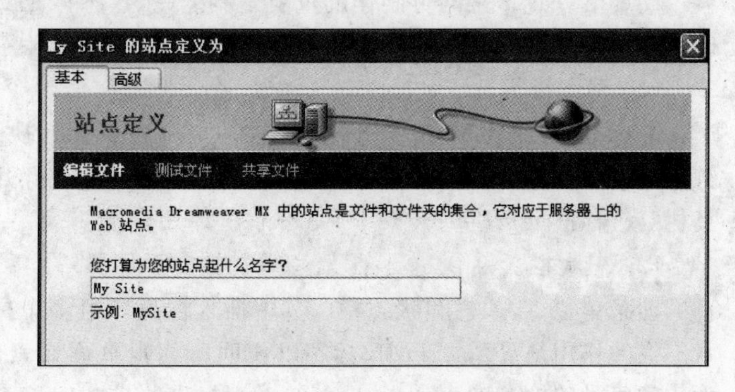

图 3.2 输入站点名称

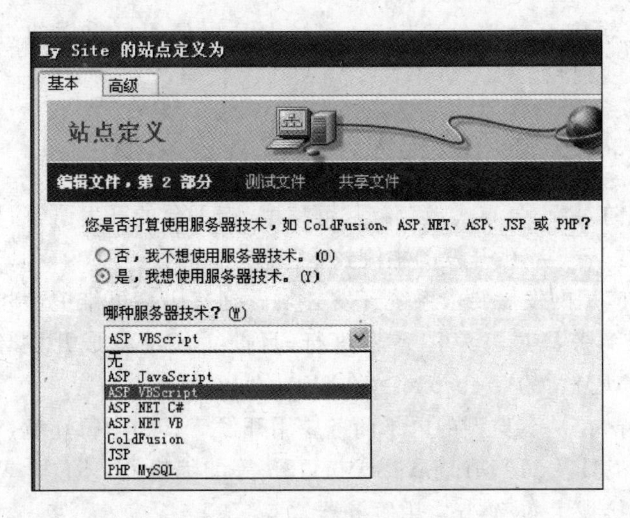

图 3.3　选择使用的服务器技术

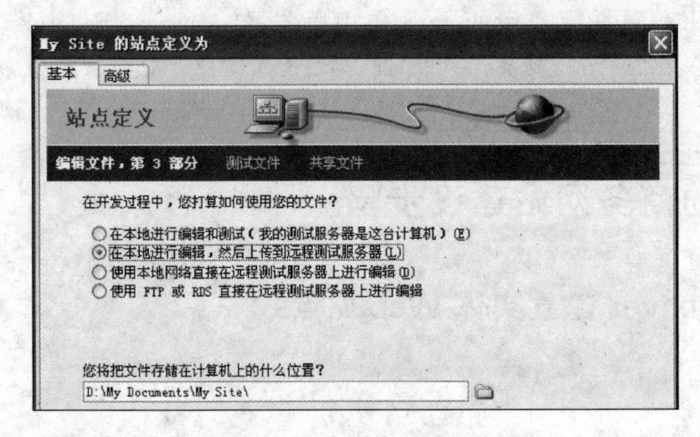

图 3.4　选择编辑测试方式

图 3.5　站点定义结果

2. 制作静态网页

Dreamweaver 是网页制作的重要工具之一，熟悉该工具的工作界面是灵活运用它的基础。其工作界面如图 3.6 所示，由以下几部分组成：

(1) 两大工具。

即标准工具栏和文档工具栏。其中文档工具栏包括视图转换、预览和刷新等常用功能。打开工具栏的方法具体为：选择“菜单”→“查看”命令，打开“工具栏”子菜单，选中“文档工具栏”或“标准工具栏”。

(2) 三大栏。

即菜单栏、插入栏和状态栏。其中插入栏由一组多个标签组成，作用是插入网页元素；状态栏的作用是显示 HTML 标签以说明所编辑页面元素的类型、显示所编辑网页文件的大小和每秒传输速度。

(3) 多组工具面板。

常用的面板工具包括设计组、代码组和文件组。其中设计组包括 CSC 样式、HTML 样

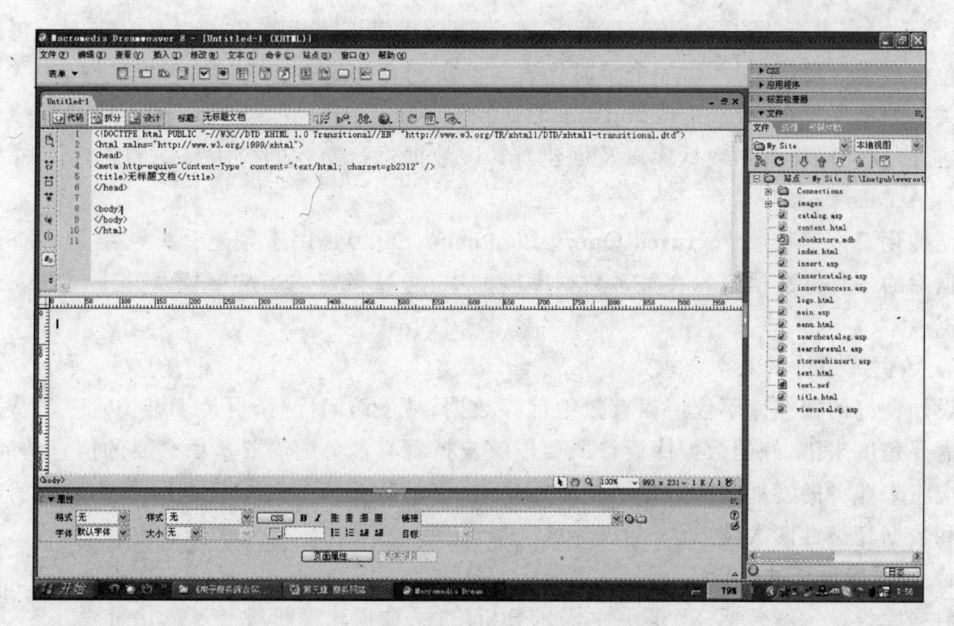

图 3.6 Dreamweaver 8 的工作界面

式和行为等标签；文件组则包括站点和资源两个标签。

打开面板组的方法有三种：一是单击面板组右上方的小三角；二是按 F4 快捷键；三是在“查看”或“窗口”菜单中选择“取消隐藏面板”命令。

(4) 一个编辑区和一个属性检查器。

Dreamweaver 的编辑区相当于一个舞台，网页元素就是舞台上表演的演员，而每种元素都有自己的属性检查器用于编辑该元素，就好像每个演员都有专用的化妆师一样。

通常，静态网页制作应该事先建立实体站点，并在相应的文件夹下添加相关的分类目录，如 images、music 和 flash 等用以存储网页制作中需要用到的图片、声音和动画文件。首先制作首页，其次才是不同栏目的其他页面。同一栏目的网页风格相同，所以为统一风格并提高网页制作的效率，一般先制作模板页 template. dwt，利用模板页批量生产其他网页。

3.3.2 建立 Web 数据库并定义数据源

1. 设计并创建数据库

1) 数据库类型

通常，存在操作型和解析型两种类型的数据库。操作型数据库保存的是业务过程中的动态数据，如库存管理数据库、订单维护数据库和商品管理数据库等；解析型数据库则保存某一时间的历史数据，这些静态数据主要用于统计或趋势预测等目的。

2) 关系数据库模型的基本概念

在关系数据库模型中，数据以关系(relation)的形式保存在表(table)中，所以表是关系数据库中的主要结构。一个表表示一个特定的实体，即对象或事件，对象表示某种客观事物，拥有一组特征，如商品名称、单价和库存量等是商品对象的特征；事件表示发生在一个特定时间的事情，如购买商品、数量和购买人等是购物事件的特征。存储数据的表称为数据表,每个数据表由一些记录(record)组成,一条记录代表该表实体的一个唯一实例。每条记录又包含多个字段(field),第一个字段代表与该实例有关的事实或它的一个属性。

关系数据库管理系统(Relationship Database Management System,RDBMS)是一个用于创建、修改和操作关系数据库以及创建与其中数据进行交互的应用程序的软件。如 SQL Server、Access 等。

结构化查询语言(Structured Query Language,SQL)是用于创建、修改、维护和查询关系数据库的一种标准语言。在关系数据库模型中,通过指定适当的字段及其隶属的表来访问数据。

3) 数据库设计的基本要求

设计良好的数据库不仅可以有效地保存数据,易于访问信息,更易于维护管理。从满足业务需要角度来讲,好的数据库设计既要能够支持现有业务的需要提供必要的信息访问,还要适应将来业务的发展。从数据结构角度来讲,好的数据库设计应该同时具备最小的数据冗余和数据完整性两大特点。

4) 数据库设计的阶段

数据库设计一般包括三个阶段:需求分析阶段、数据建模阶段和规范化阶段。

需求分析主要是通过调查相关业务、与相关业务人员或管理人员交流等方法总体上确定该业务的信息需求。

数据建模阶段的核心工作是要建立数据库结构模型,包括概念设计和逻辑设计。通常根据需求分析的结果利用实体关系图(E-R 图)的方法抽象出数据库的概念模型;然后根据用户要求和选择的 DBMS 的具体特点,将概念结构转换为该 DBMS 所支持的逻辑结构,即要定义字段并使其与适当的表关联,指定表的主键,确定并实现各级数据完整性,通过指定适当的外键建立关系。一旦设计完最初的表结构,并根据数据模型创建了关系,该数据库设计过程即可进入规范化阶段。

规范化阶段的核心工作是进行数据模型的优化,即将大表分解成小表的过程,利用范式测试表结构,以便消除冗余数据和重复数据,避免插入、更新或者删除数据时出现问题。通常利用第三范式(Third Normal Form,3NF)来测试表结构的合理性,当且仅当任何时候每个元组(tuple)都由一个主键(Primary Key)及一组多个相互独立的属性(attribute)值所组成,主键用以标识某个实体(entity),而属性值则以某种方式来描述该实体,就说该关系满足第三范式,即一个表应该包含唯一识别每一条记录的字段,并且表中的每一个字段都应该描述该表所表示的实体。

5) 数据库设计步骤

数据库设计的步骤主要如下:

首先是数据库概念模型的建立,需要根据 E-R 图明确业务开展过程中涉及的实体及其属性,如在线书店业务开展过程中至少需要涉及的实体包括书目、购物车、订单和客户。

然后是建立逻辑数据库,即根据数据库概念模型定义数据表结构:需要什么数据表,需要多少个数据表完全取决于业务开展对数据的需求,所以,根据 E-R 图为这些实体创建相应的数据表,并确定相应的字段以表征其属性。因而,上例中需要建立至少 4 个数据表,以书目数据表为例,至少应包含以下主要属性:书名、单价、库存量和书目类别等。

建立逻辑数据库过程中还需要根据 3NF 改进数据表结构,以消除冗余数据和重复字段。冗余数据是指一个字段中重复的数值，重复字段是指出现在两个或两个以上表中的字段。当为了将两个数据表关联起来而出现重复字段时，这种冗余数据是可授受的，如购物车数据表中的书目编号、客户编号与书目数据表和客户数据表中的字段重复就属于这种情况。除此之外，任何重复字段都可能带来冗余数据而引发数据的一致性和完整性问题。例如，购物车数据表中如果出现书名、客户名、单价这些重复字段就会导致冗余数据产生，虽然在线用户在网站上自己的购物车中会看到书名、数量、单价、总价等信息，但这只是方便用户查看或操作从多个数据表中提取的数据组成的数据视图而已。

最后就是按选定的 RDBMS 进行物理数据库设计，即明确数据的存储规则，如每一个字段的字段类型、长度、是否可为空等。

2. 定义数据源

动态功能的实现需要连接数据库，一种方法是利用程序直接建立与数据库的连接；另一种方法是利用 Dreamweaver 等开发工具提供的功能实现与数据源的连接，这就需要事先使用 ODBC DSN 定义数据源，如图 3.7 所示。

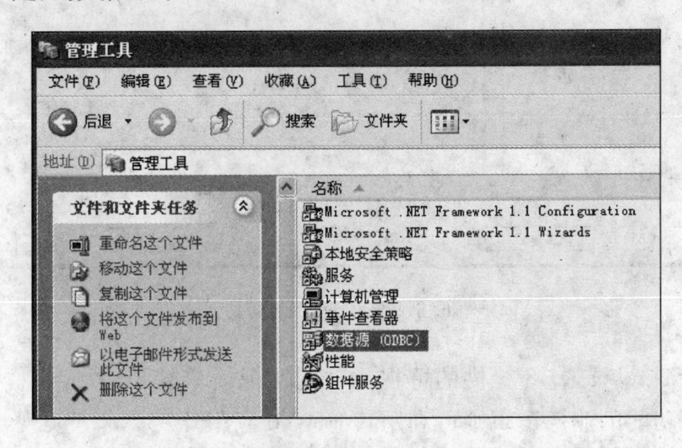

图 3.7　服务器端配置数据库的 ODBC DSN

开放式数据库连接(Open Database Connectivity，ODBC)用于安装连接数据库的驱动程序和设置数据源的名称及位置，数据源名称(Data Source Name，DSN)定义的数据源信息保存在系统的注册文件中。

3.3.3 建立数据库连接

1. 利用 Dreamweaver 建立数据库连接

利用 Dreamweaver 8 面板组中的“应用程序”面板，在“绑定”选项卡中单击“+”按钮打开菜单，选择“获取数据源”命令，如图 3.8 所示。

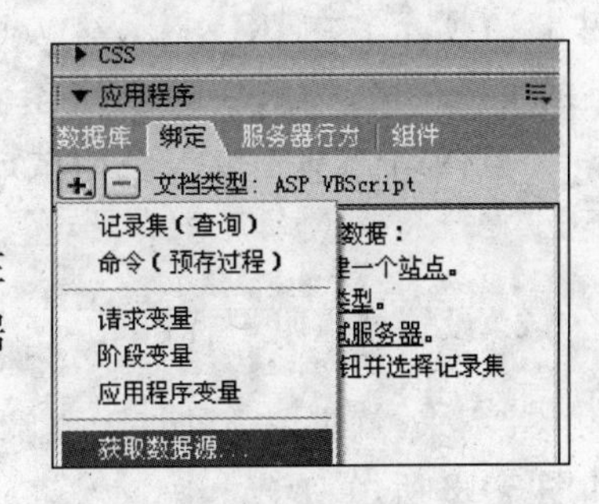

图 3.8　利用 Dreamweaver 8 建立数据库连接

2. 通过接口程序实现与数据库的连接

通过接口程序可以不用事先定义数据源而直接实现

与数据库的连接。例如 ASP 技术路线中的 ADO(ActiveX Data Objects)就提供了 Web 数据库开发的有效方案,利用 ADO 中的 Connection 对象可以方便地连接 Access、SQL Server 等数据库。

3.3.4 实现 Web 应用

简单的或基本的 Web 应用功能的实现可以利用 Dreamweaver 提供的服务器行为功能。首先,创建一个采用 VBScript 语言的 ASP 新页,如图 3.9 所示。

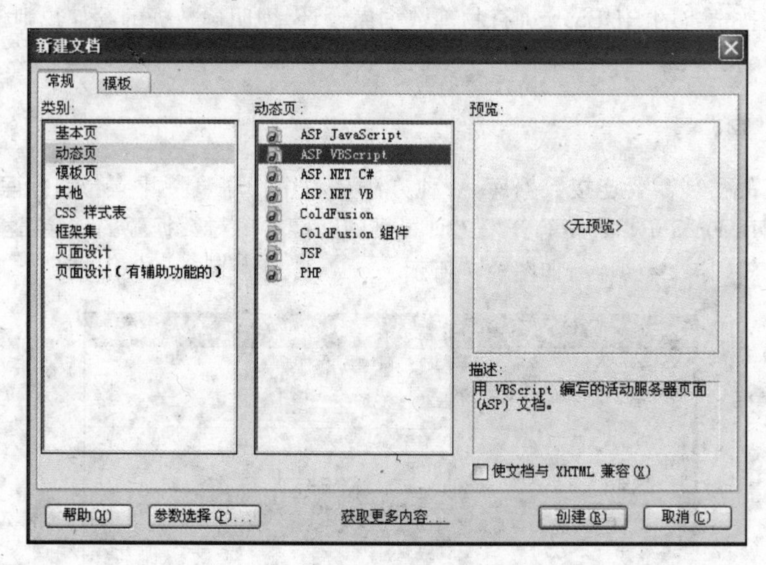

图 3.9 新建动态页

然后,利用 Dreamweaver 8 提供的可视化功能实现简单的 Web 应用。

更复杂的动态功能的业务逻辑则可利用其他 Web 应用开发技术来实现,如 ASP、JSP 等。

3.3.5 建立 Web 服务器

1. 在服务器端建立物理 Web 站点

首先应在服务器端建立物理 Web 站点,如图 3.10 所示。在 IIS 中新建 Web 站点作为今后网站的生产环境,为响应用户的各种访问请求做好准备,一旦网站开发完成并经测试成功运行即可上传至此。

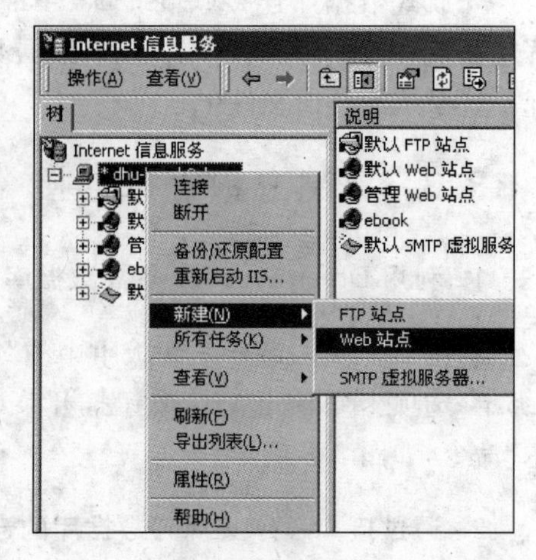

图 3.10 Windows 2000 环境下的 IIS 服务器端新建物理 Web 站点

2. 设置站点唯一标识

接下来,就应为该站点建立唯一标识,如图 3.11 和图 3.12 所示。

根据实际需要,有时候要在一个 IP 地址上建立多个 Web 站点,IIS 允许通过简单的设置达到这个目标。

因此在IIS中，每个 Web 站点都应该具有唯一的标识用以接收和响应相应的访问请求。

站点的唯一标识由以下三个部分组成：

- IP 地址：IP 通常是区分不同站点的重要标识，但利用相同的 IP 地址建立多 Web 站点时就需要利用端口号或主机头名来进一步区分不同的站点。
- 端口号：通常默认的 HTTP 服务请求的接收端口为 80，FTP 服务请求的接收端口则为 43。
- 主机头名：在专用网络上，主机头可以是 Intranet 站点名。在 Internet 上，主机头必须是公共的可用域名系统（DNS）名称。

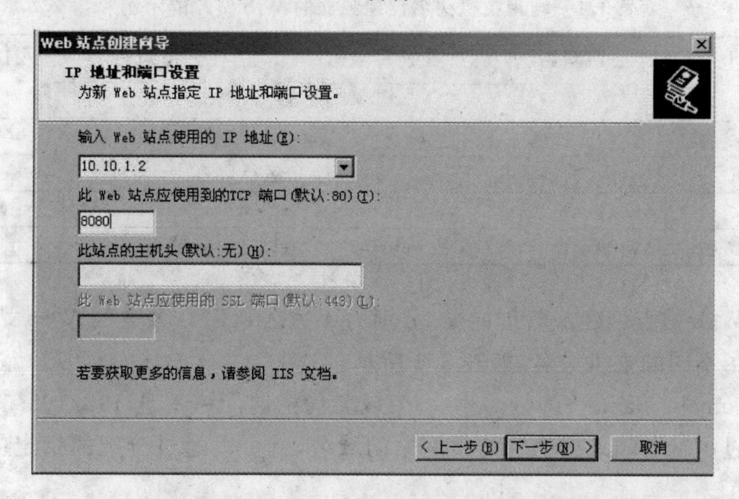

图 3.11　在新建 Web 站点时，利用创建向导提示设置站点唯一标识

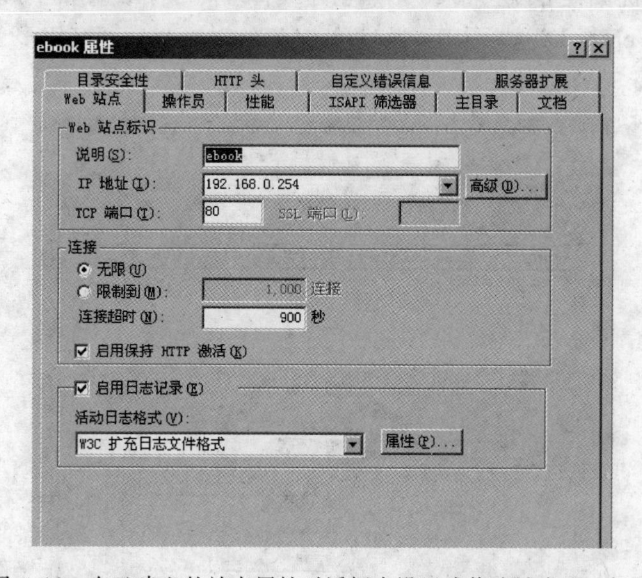

图 3.12　在已建立的站点属性对话框中设置或修改站点唯一标识

在 IIS 中利用虚拟主机，即一个 IP 地址建立多个独立的 Web 站点的方法通常有两种：主机头法或端口号法。下面以主机头法为例说明建立专业虚拟主机的方法。

假设某 ISP(Internet Service Provider)公司利用一台 Windows 2000 服务器提供虚拟主机

服务，IP 地址是 192.168.1.10，该服务器已经安装了 Internet 服务(IIS)。现在公司要求网络管理员在服务器上使用一个 IP 为 A、B、C、D 这 4 个公司建立独立的网站，每个网站拥有自己独立的域名。4 家网站的域名分别为 www.a.com、www.b.com、www.c.com 和 www.d.com。

通过使用主机头，站点只需一个 IP 地址即可维护多个站点。客户可以使用不同的域名访问各自的站点，根本感觉不到这些站点在同一主机上。具体操作如下：

(1) 在 Windows 2000 服务器上为 4 家公司建立文件夹，作为 Web 站点主目录，如表 3.1 所示。

表 3.1 利用主机头名创建独立的 Web 站点的示例

	A 公司网站	B 公司网站	C 公司网站	D 公司网站
IP 地址	192.168.1.10			
TCP 端口	80			
权限	读取和运行脚本			
主机头名	www.a.com	www.b.com	www.c.com	www.d.com
站点主目录	d:\web\a	d:\web\b	d:\web\c	d:\web\d

(2) 使用 Web 站点创建或管理向导，分别为 4 家公司建立独立的 Web 站点，4 者最大的不同是使用了不同的主机头名，如表 3.1 所示。

在 DNS(Domain Name System)中，4 个域名均指向同一地址 192.168.1.10，这样，访问用户只要通过浏览器输入要访问的某网站的域名，就可以通过分配的指定主目录访问到该网站的内容了。

每个站点的主机头名可以在 Web 站点创建或管理向导中设置，也可以在该站点的“属性”对话框中的“Web 站点”选项卡下，通过单击“高级”按钮打开“高级多 Web 站点配置”对话框进行设置，如图 3.13 所示。

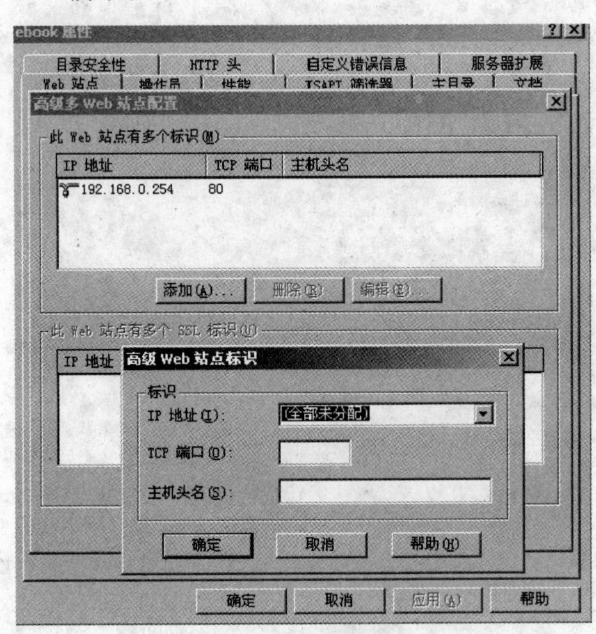

图 3.13 在“高级多 Web 站点配置”对话框中设置站点标识

如果终止主机头中请求的网站，则客户端将接收默认的网站。因此，Internet 服务提供商一般都将自己的 ISP 主页设置成默认网站，而不是自定义站点。

3. 设置站点主目录或虚拟目录

所有的网站都必须要有主目录，用以提供网站内容上传的存储空间。默认的网站主目录是 LocalDrive:\Inetpub\wwwroot。主目录映射为站点的域名或服务器名。例如，如果站点的 Internet 域名是 www.microsoft.com，而主目录是 C:\Website\Microsoft，浏览器将使用 URL http://www.microsoft.com 访问主目录中的文件。在内部网上，如果服务器名是 HRServer，浏览器将使用 URL http://hrserver 访问主目录上的文件。域名、主目录和 URL 三者的关系如表 3.2 所示。

表 3.2　域名、主目录和 URL 的关系

	域名或服务器名	主　目　录	URL
Internet 网站	www.microsoft.com	C:\Website\Microsoft	http://www.microsoft.com
内部网	AcctServer	C:\Website\Microsoft	http://acctserver

使用 Windows 资源管理器为网站内容创建主目录。根据需要创建存储 HTML 页面、图像文件以及其他内容的子目录。若要在相同的服务器上管理多个网站的主目录，则可以创建一个用于存储所有主目录的顶级目录，然后为每个站点创建子目录。利用 Web 站点的“属性”对话框的“主目录”选项卡进行主目录的设置，如图 3.14 所示。

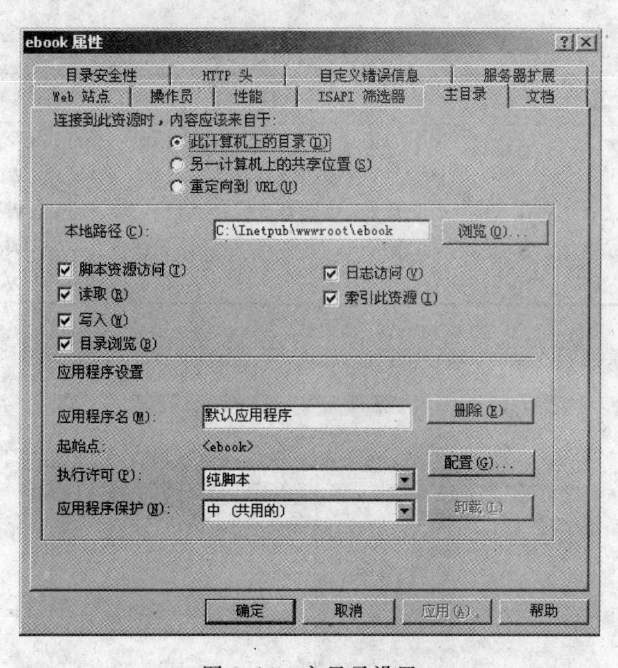

图 3.14　主目录设置

对于简单的网站，只需将所有文件放在该站点的主目录中即可，可能不需要添加虚拟目录。但要从主目录以外的其他目录中发布网站内容，就必须创建虚拟目录。虚拟目录不包含在主目录中，但在显示给客户端浏览器时就像位于主目录中一样。通常在以下几种情况

下需要定义虚拟目录：

- 复杂的网站，需要从主目录外的其他目录提供网站内容。
- 需要为站点的不同部分指定不同的 URL。
- 测试本机目录下的网站内容。
- 更新网页，需要使用重定向转发请求到存放新站点内容的虚拟目录。

当浏览器请求网站的网页时，Web 服务器将通过 URL 来定位这个网页，然后将其返回浏览器。当移动网站上的一个网页时，无法更正所有涉及该页上的旧的 URL 的链接。要确保浏览器能够使用新的 URL 找到网页，必须通知 Web 服务器为浏览器提供新的 URL。浏览器使用新的 URL 再次请求网页。该过程称为“重定向浏览器请求”或“重定向到其他 URL”。重定向网页请求与邮政服务中的转发地址很相似。转发地址可以保证将接收地址为原居住地址的信件和邮包投递到新的居住地址。当更新了网站并希望其中的部分内容暂时不被用户访问，或者当更改了虚拟目录的名称，希望使到原虚拟目录中文件的链接访问新的虚拟目录中相同的文件时，重定向 URL 非常有用。

虚拟目录有一个“别名”或名称，供 Web 浏览器用于访问此目录。由于别名通常要比目录的路径名短，更便于用户输入。使用别名更安全，因为用户不知道文件存在于服务器上的物理位置，所以便无法使用这些信息来修改文件。使用别名可以更方便地移动站点中的目录。无须更改目录的 URL，而只需更改别名与目录物理位置之间的映射。

例如，要在某公司的 Intranet 上为营销团队建立一个网站，表 3.3 显示了文件的物理位置与访问这些文件的 URL 之间的映射关系。

表 3.3 文件的物理位置与 URL 之间的映射关系

物理位置	别　名	URL
C:\Inetpub\Wwwroot	(无)	http://SampleWebSite
	\\Server2\SalesData	http://SampleWebSite/Customers
D:\Inetpub\Wwwroot\Quotes	无	http://SampleWebSite/Quotes
D:\Inetpub\Wwwroot\OrderStatus	无	http://SampleWebSite/OrderStatus
D:\Marketing\PublicRel	PR	http://SampleWebSite/PR

在 IIS 中设置虚拟目录的方法如图 3.15 所示。

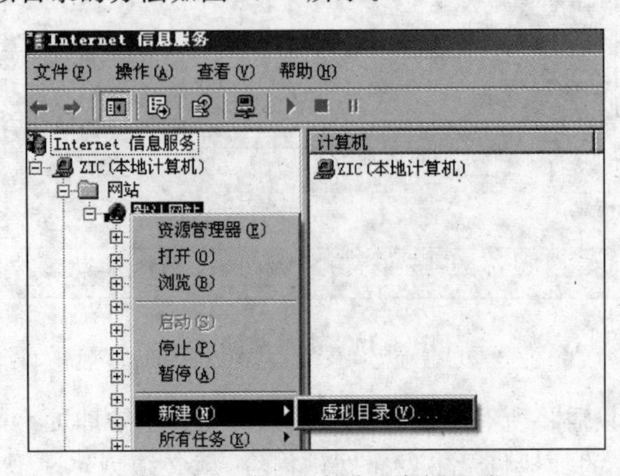

图 3.15 在 IIS 中设置虚拟目录

虚拟目录设置完毕后，就可以用以下三种方法来浏览本地的网页：

- http://127.0.0.1/(英文别名)；
- http://(英文计算机名)/(英文别名)；
- http://localhost/(英文别名)。

3.3.6　编辑与发布 Web 站点

网页制作、数据库建立和功能实现等网站开发工作结束之后，必须进行站点测试和评价，甚至网页上传至 Internet 后仍需进行反复测试，直到结果达到满意为止。

站点测试的内容主要包括以下几个方面：

- 信息内容检查；
- 文字校对；
- 版式检查，分段合理、段落间有一定距离、段首有缩进；
- 除修饰性图片外的图片、图形的说明性文字检查；
- 返回标识、导航条目、超链接指向清晰、醒目；
- 各页面美观度和协调性的检查；
- 不同浏览器显示效果测试；
- 不同分辨率显示器显示效果测试；
- 各种网站功能试用；
- 网页上传后的在线浏览速度及效果检查，网页的大小也影响其传输速度，一般一个网页在 50～200Kbps 之间为宜；
- 如果是运行过程中，还需要关注网络用户的反馈信息。

网站可用性直接影响商务网站的赢利目标和网上形象，因而可用性评价越来越受到重视。一般有以下衡量指标：

- 站点内容丰富新颖性；
- 查询信息快捷性：即下载速度；
- 拟人性：即界面友好程度；
- 交互性：为网络用户提供的交流和沟通的机会；
- 时效性：网页形式和内容及时更新；
- 功能完整性：配套服务和功能齐全；
- 链接有效性；
- 网页可读性：网页内容可方便读取并且读取正确；
- 网站兼容性：保证网页内容在不同分辨率的显示器或不同的浏览器上均能正常显示；
- 网站实用性：有自己独特的实用的信息、商品或服务功能。

经测试评价的网站内容需要被发布至与网络连接的服务器上才能真正投入运营。可以向某个 ISP 申请一个存放企业网页的硬盘空间，也可以购买自己的 Web 服务器。

网页要上传到 Web 服务器上，从而发布至因特网上，需要借助上传工具。Windows 提供的 Web 发布向导就是其中的一种，在“我的文档”中“文件和文件夹任务”下单击“将这个文件夹发布到 Web”链接，如图 3.16 所示，打开“Web 发布向导”对话框，如图 3.17 所示。

接下来只要按照对话框中的提示信息操作就可以成功地将保存网页的文件发布到 Web 服务器上。

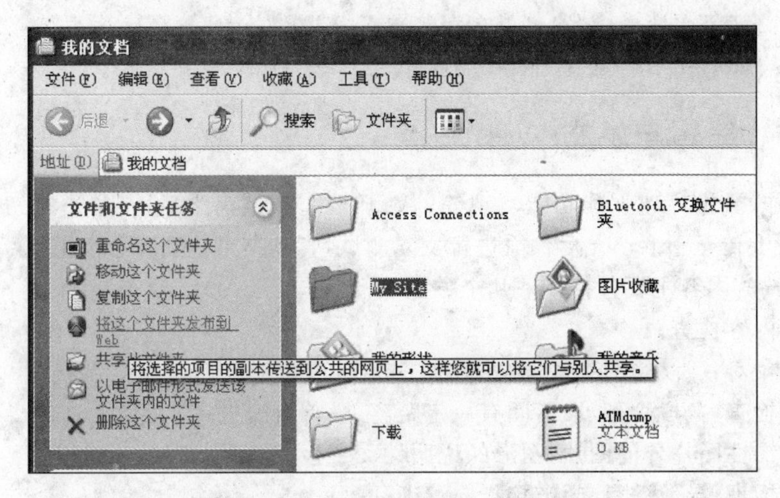

图 3.16 利用 Windows 提供的 Web 发布向导(1)

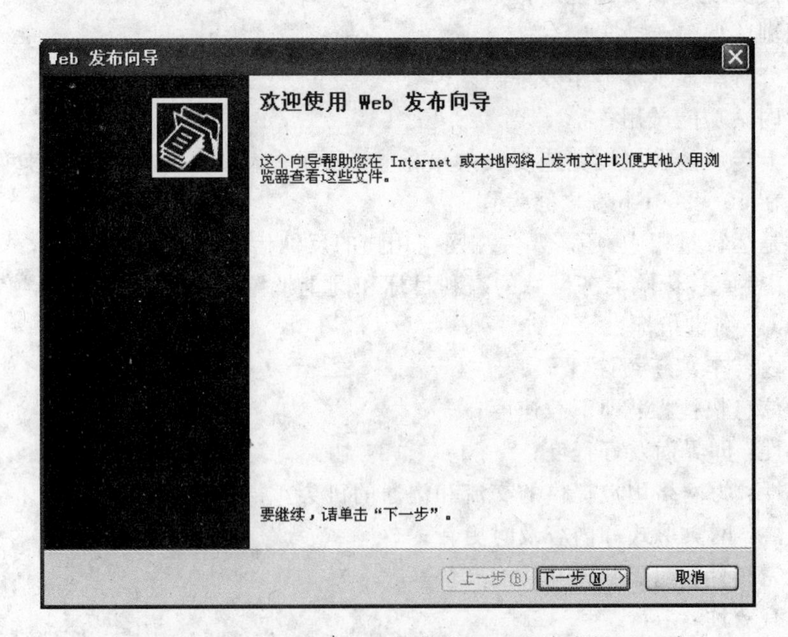

图 3.17 利用 Windows 提供的 Web 发布向导(2)

在网上还有许多可以免费下载的网页上传工具，如 Cute FTP、BulletProofFtp 和 WebDrive 等，其安装也非常方便，只需按照屏幕提示操作即可。

此外，利用 Dreamweaver 8 也可实现网站的手工和自动发布，具体方法详见相关实验。

无论使用何种应用软件，上传网页的方法都不复杂，但应该注意以下几点：

- 路径问题。所有的 HTML 档案和图形文档，无论是否都在同一个目录下，最好都依照原本硬盘中的目录路径或自定义的路径上传，以免因路径不对而发生找不到档案的情况。

- 文件名对应问题。在 Windows 系统平台下开发的各种文件，如果要传输到 UNIX 操作系统的 Web 服务器上，必须更改文档使用权限和注意文件名称的大小写。因为在 UNIX 系统中，档案名的大小写是严格区分的，所以要注意上传以后的大小写是否与 HTML 文件原始码中相同，以免 WWW 找不到该文件。
- 传输方式问题。FTP 在传输文档时一般使用 ASCII 和 Bin 两种格式。只有文本文件如. HTML 文档可以使用 ASCII 传输方式，其他文件如图形、音乐、执行及压缩文件等都使用 Bin 格式。

本章小结

本章在对 Web 应用的开发环境和相关开发技术进行简要介绍的基础上，重点阐述了 Web 应用实现的主要过程，包括实体和物理 Web 站点创建，数据库设计、创建与连接定义，动态功能实现与发布网站等。

第4章 商务网站开发实验

学习目标

通过实现具有数据录入、浏览和查询等基本动态功能的 eBookStore 这一综合性实验，了解商务网站开发的过程、所使用的工具和具体实现方法。

4.1 利用 Dreamweaver 建立实体 Web 站点

4.1.1 实验要求

学会利用 Dreamweaver 建立实体 Web 站点的具体方法。

4.1.2 实验环境设置说明

- 主流的计算机配置(如 Intel 奔腾双核 E5200 2.5GHz/DDR2 2GB 内存/512MB 独立显卡)；
- Windows XP 操作系统并安装了 IIS 组件；
- Dreamweaver 8。

4.1.3 操作步骤

1. 建立面向 Web 应用的站点

在 Dreamweaver 8 面板组中展开“文件”面板，在“文件”选项卡中的下拉列表中选择“管理站点”选项，或直接单击下拉列表框右侧的“管理站点”链接，如图 4.1 所示，进入“管理站点”对话框，如图 4.2 所示。

单击“新建”按钮，在下拉菜单中选择“站点”选项，进入“My Site 的站点定义为”对话框，如图 4.3 所示。按照提示首先输入站点名称。

然后选择服务器技术，如图 4.4 所示。

再定义开发过程中文件的编辑、测试和存储方式，本实验选择“在本地进行编辑和测试(我的测试服务器是这台计算机)”单选按钮，如图 4.5 所示。

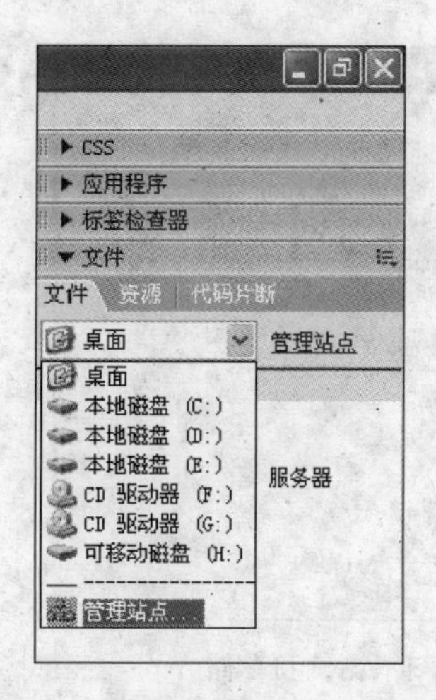

图 4.1 Dreamweaver 8 面板组中“文件”面板下“文件”选项卡中下拉列表中的“管理站点”

图 4.2 “管理站点”对话框

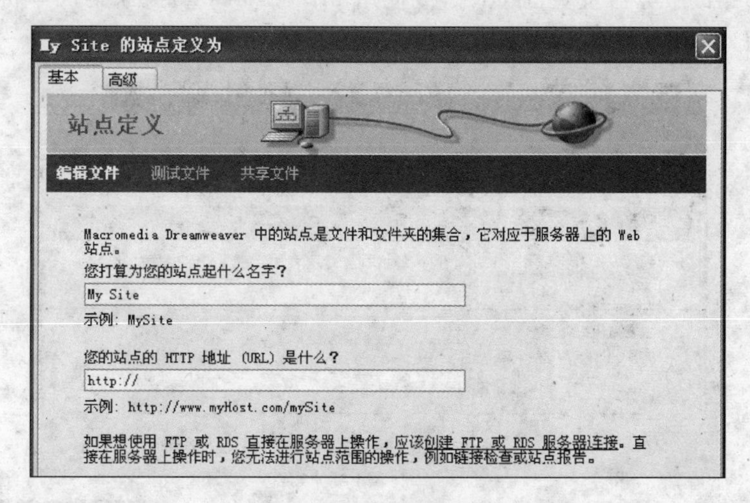

图 4.3 定义站点名称

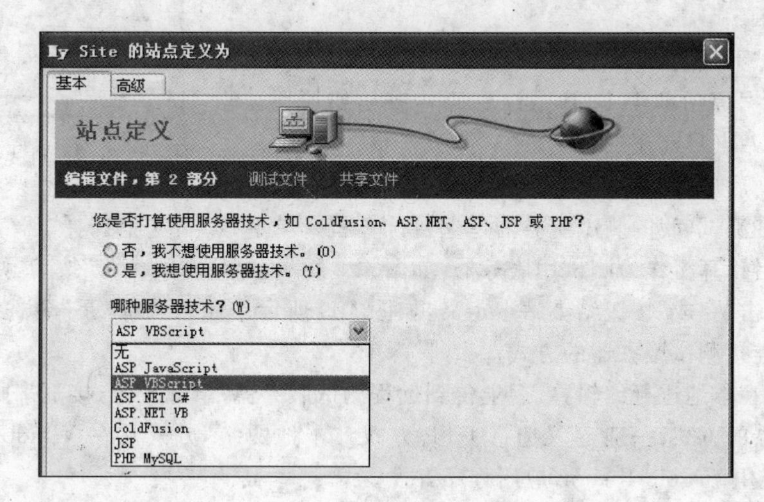

图 4.4 选择服务器技术

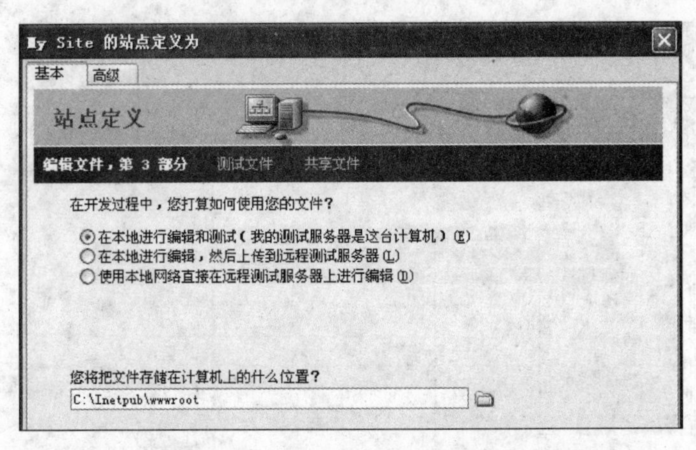

图 4.5 定义开发过程中文件的编辑、测试和存储方式

提供测试站点根目录的 URL 地址，一般输入在 IIS 服务器建立的物理 Web 站点的 IP 地址作为访问测试服务器主页的 URL，或使用 http://localhost/来访问本机测试服务器，如图 4.6 所示。

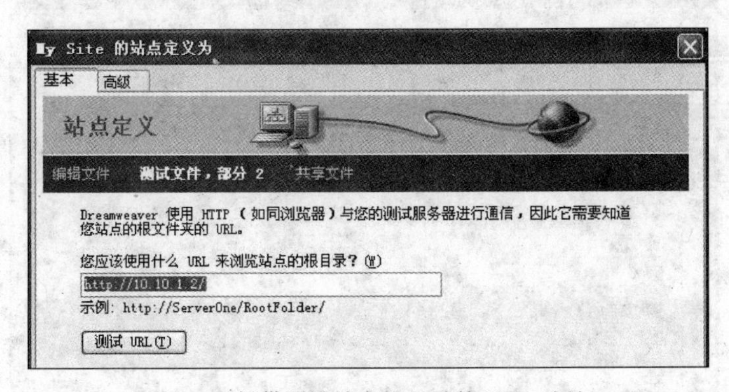

图 4.6 提供测试站点根目录的 URL 地址

单击“测试 URL”按钮，测试成功则显示如下提示信息，如图 4.7 所示。

图 4.7 URL 测试成功提示信息

如果测试不成功，可以打开浏览器直接输入 URL 访问主页，以便根据提示的 HTTP 错误代码检查出错原因。当然，也可能是站点目前还没有主页。

测试成功后单击“下一步”按钮，因为之前选择了“在本地进行编辑和测试(我的测试服务器是这台计算机)”单选按钮，这里选择“否”单选按钮，即不使用另一台计算机作为测试用服务器，如图 4.8 所示。单击“下一步”按钮，则显示站点定义的信息，单击“完成”按钮结束站点定义，如图 4.9 所示。如果选择“是”单选按钮，则需要按提示选择连接测试服务器的方式。

当选择“在本地进行编辑，然后上传到远程测试服务器”单选按钮，接下来则需要选择连接测试服务器的方式，一般建议选择 FTP 方式，“本地网络”方式只在 Windows 网络中才有，RDS 方式用于 Cold Fusion 应用程序开发。

选择 FTP 方式需要进行如下设置，如图 4.10 所示。

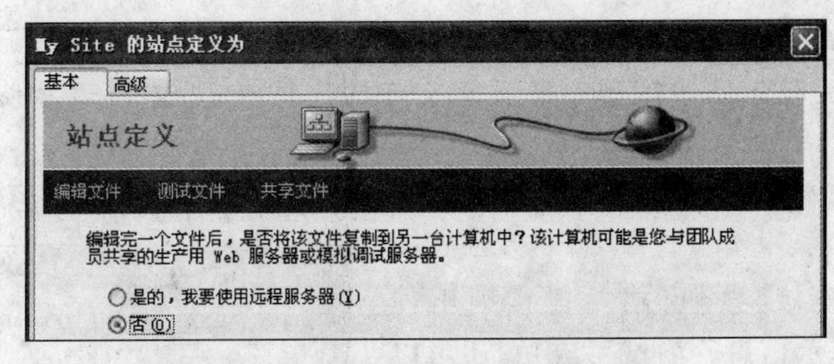

图 4.8　选择是否使用测试服务器

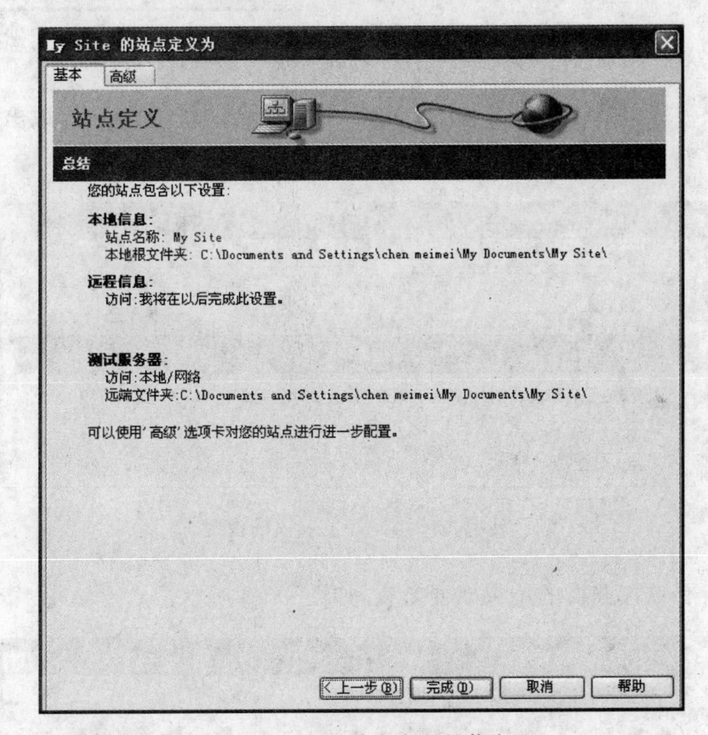

图 4.9　显示站点定义的信息

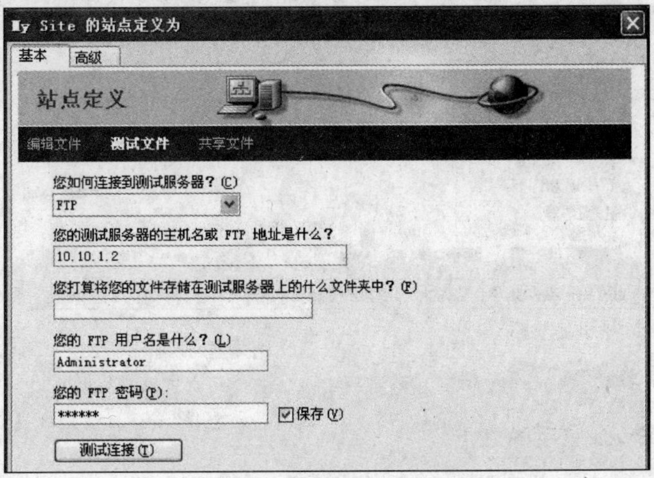

图 4.10　选择连接测试服务器的方式

(1) 提供测试服务器的主机名或 IP 地址；

(2) 提供测试服务器中用于存储站点文件的文件夹，不输入表示使用 FTP 用户主目录；

(3) 提供 FTP 用户名和密码。用户一定是对主目录有安全权限才可以保证今后更新文件的操作。

单击"测试连接"按钮，成功连接则出现图 4.11 所示的提示信息。测试不成功，还可以打开浏览器输入 URL 直接访问主页，以便检查 HTTP 的错误情况。也可能是站点目前还没有主页。

图 4.11　成功连接测试服务器的提示信息

下一步进入协同开发选项设置窗口，如图 4.12 所示。"启用存回和取出"选项适合于团队分工开发同一站点情况，单兵作战则不需要启用。

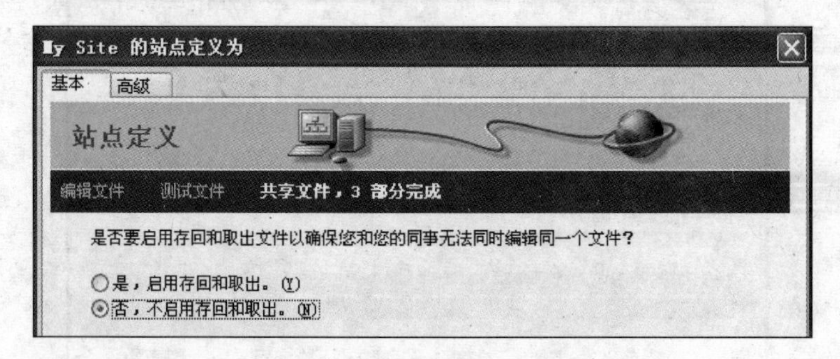

图 4.12　协同开发选项的设置

向导列出所有步骤选择的结果以便复查，如图 4.13 所示。

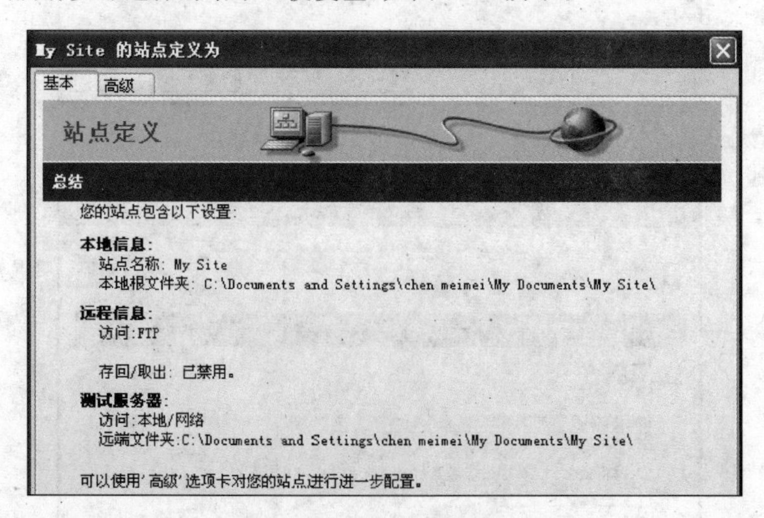

图 4.13　站点定义结果显示

2. 编辑面向 Web 应用的站点

在"管理站点"对话框中选择要编辑的站点名称并单击"编辑"按钮，如图 4.14 所示。

出现图 4.15 所示的对话框。

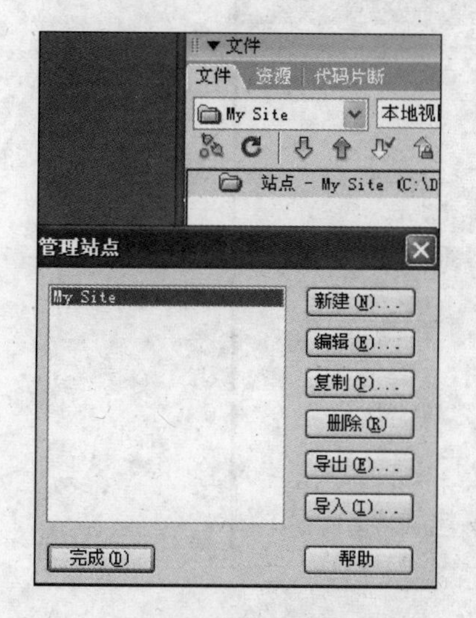

图 4.14 在"管理站点"对话框中打开编辑站点对话框的方法

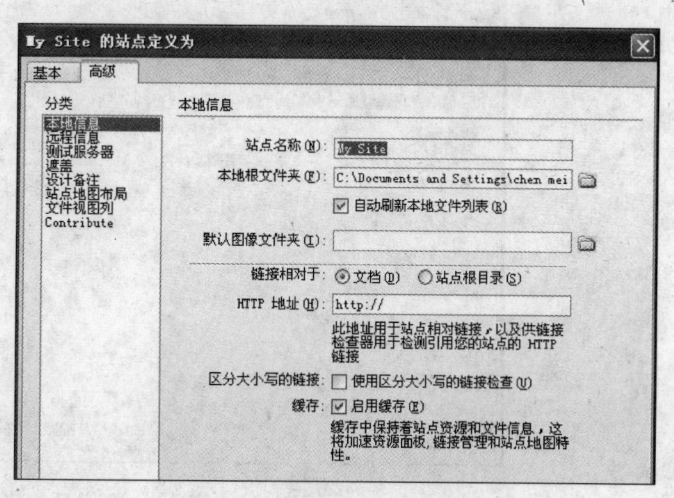

图 4.15 编辑本地站点的信息

在"高级"选项卡的"分类"列表框中分别选择本地开发环境、测试环境和远程生产环境，如图 4.15～图 4.17 所示。根据需要可以选择"基本"选项卡进入编辑状态重新编辑修改有关设置。

比较发现：三个环境可以是不同的三台机器。

请思考：图 4.15 中"本地根文件夹"是站点主目录吗？为什么？

如图 4.16 所示，远程站点定义中主目录是看不到的，请问在哪里可以找到？远程站点需要定义 URL 吗？为什么？

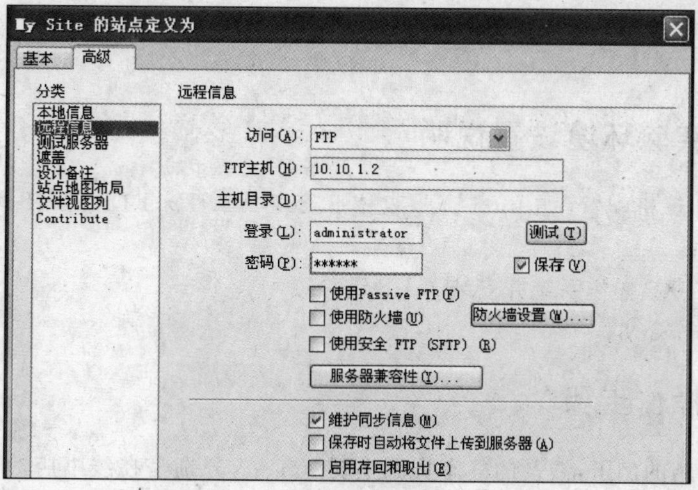

图 4.16 编辑远程站点的信息

本地服务器定义中的目录是指开发机上的目录，不是站点主目录；站点主目录可以在服务器上的 FTP 或 Web 站点定义中找到；远程服务器不需要定义 URL，它不用于测试。

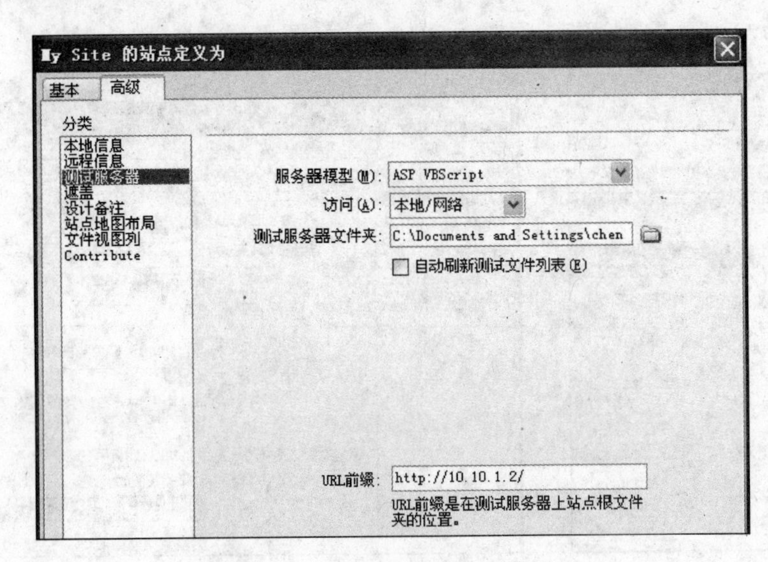

图 4.17 编辑测试服务器的信息

4.1.4 实验报告

为 eBookStore 的实现创建面向应用开发的实体 Web 站点。

4.2 eBookStore 静态网页的制作

4.2.1 实验要求

学会利用 Dreamweaver 8 制作静态网页的方法,包括文字、图片、表格和表单等主要网页元素的插入和编辑,框架、表格等基本网页布局方法的使用等,实现 eBookStore 网站相关的静态网页。

4.2.2 实验环境设置说明

- 主流的计算机配置(如 Intel 奔腾双核 E5200 2.5GHz/DDR2 2GB 内存/512MB 独立显卡);
- Windows XP 操作系统并安装了 IIS 组件;
- Dreamweaver 8。

4.2.3 操作步骤

结合在线书店的例子,涉及的静态页面主要有 4 个,分别是在线书店的主页、图书信息输入表单页、信息输入成功提示页和图书查询表单页。静态页面的文件后缀通常是.html,但是,为了后面实现如图书信息输入、查询等相关的动态功能,需要将有关的静态页面保存为.asp 文件。下面主要以框架主页和图书信息输入表单页为例,说明静态网页的制作方法。

1. 框架主页制作

(1) 创建一个采用 VBScript 语言的 ASP 新页，如图 4.18 所示。

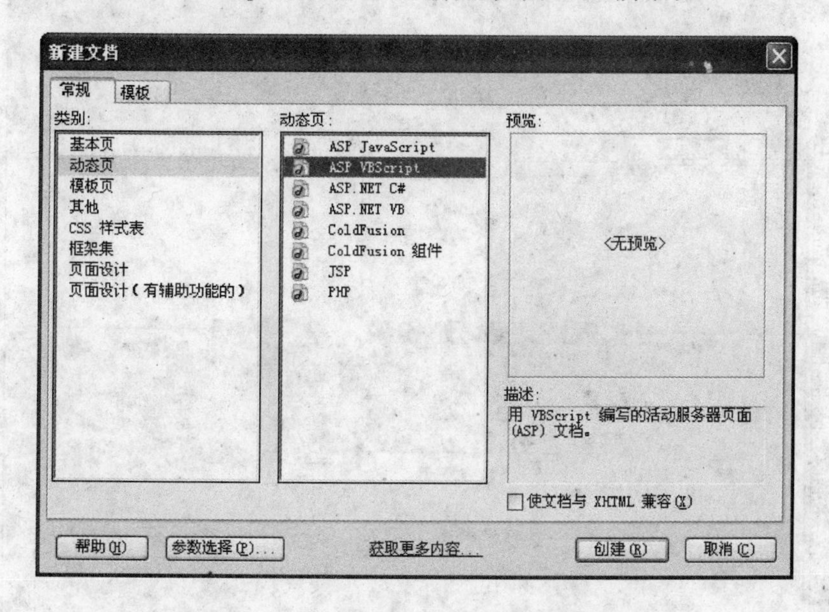

图 4.18　创建 VBScript 语言的 ASP 页

(2) 采用表 4.1 所示的框架格式。

框架是设计网页时经常用到的一种布局技术。利用框架可以将浏览器的窗口随意地分成多个子窗口。这里把主页面以 4 个框架来显示，如表 4.1 所示。

表 4.1　框架主页的格局

Logo	XXX 在线书店
功能菜单列表	主框架

可以直接插入“插入”菜单提供的框架模板，并在其基础上根据需要用鼠标拖动框架边框对其进行适当修改，如图 4.19 所示。选择“查看”→“可视化助理”→“框架边框”命令可以帮助实现框架边框的显示。

(3) 保存框架。

选择“文件”→“保存全部”命令，则将依次保存各框架页和整个框架集。Dreamweaver 8 用加粗边框提示目前被保存的框架页。

本实验中按表 4.1 要求，将左上角的框架页保存为 logo.asp，用于插入 eBookStore 网站的图标；右上角的框架页保存为 title.asp，用于插入书店名或主题；左下角的框架页保存为 menu.asp，用于添加相关菜单；右下角的框架页保存为 content.asp，用于根据用户请求显示变化的内容。主页就是由所有框架页构成的框架集，保存为 main.asp。

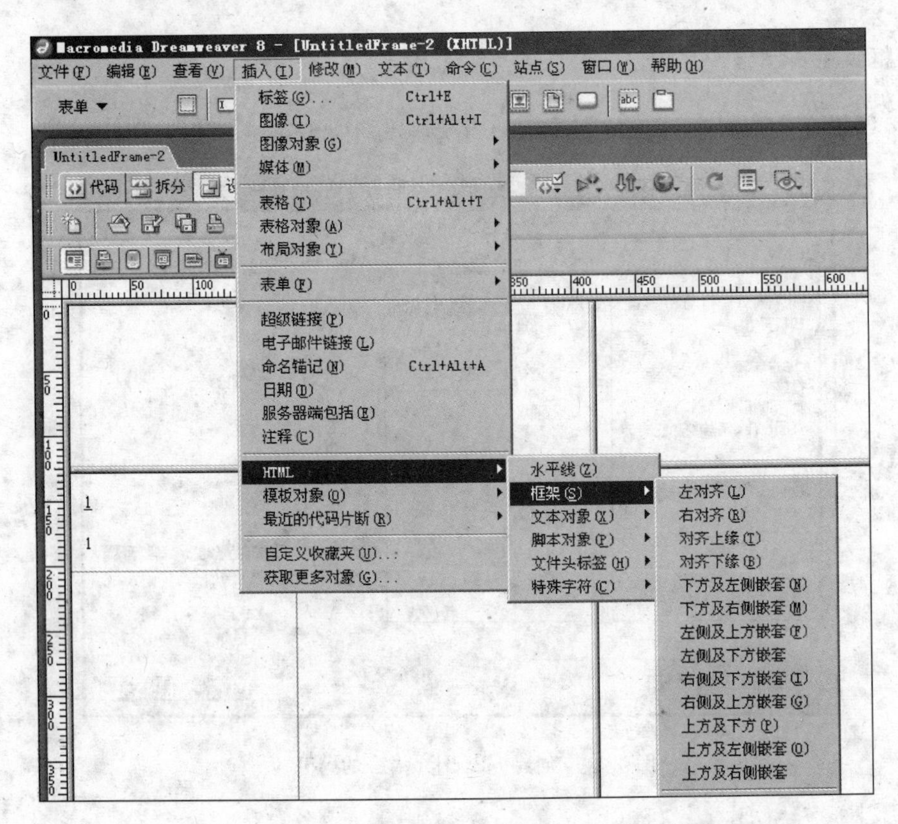

图 4.19 利用 Dreamweaver 8 的框架模板添加框架

(4) 用 Flash 文本制作书店名。

框架集中的每一个框架页都可以单独地进行编辑。打开 title.asp 页面,选择"插入"→"媒体"→"flash 文本"命令,在弹出的"插入 Flash 文本"对话框中的"文本"列表框中输入"XXX 在线书店",可用自己的中文姓名命名,并对文字进行相应的属性设置,如图 4.20 所示。

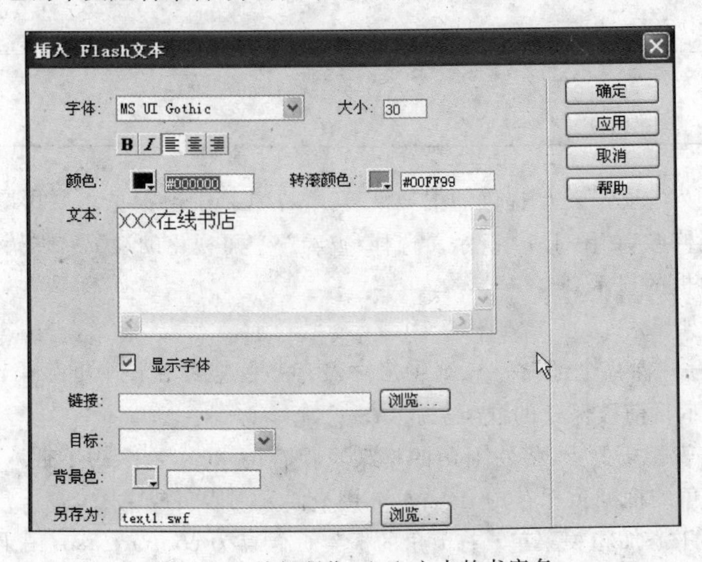

图 4.20 编辑制作 Flash 文本的书店名

(5) 制作在线书店的 LOGO。

打开 logo.asp,选择“插入”→“图像”命令,在相关的路径下选择图像源文件作为在线书店的 LOGO 图片,如图 4.21 所示。

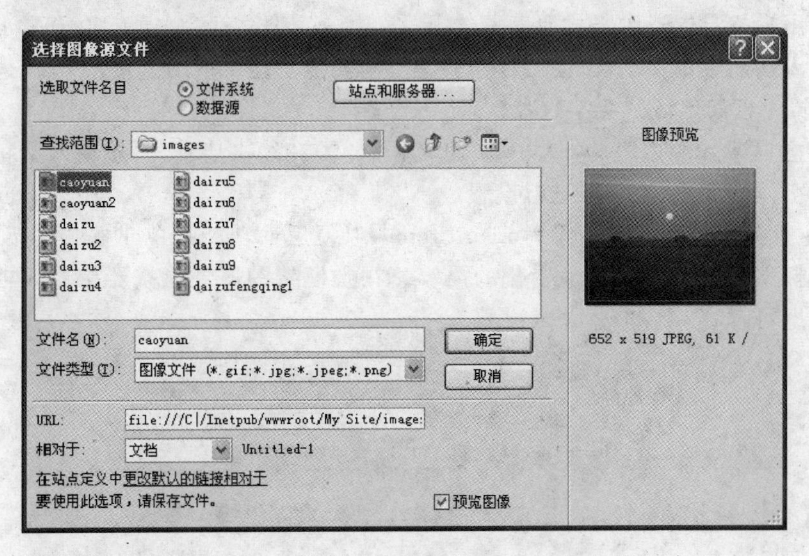

图 4.21　相对于文档方式插入书店 LOGO 图片

在“相对于”下拉列表中选择被链接文件相对于当前页面的地址。所谓相对,就是指以某文档作为参照物,既可以是链接和当前页面同级的文件地址,只要用“文件名”即可; 也可以链接当前页面下级子目录下的文件,用“目录名/文件名”; 链接当前页面上一级目录下的文件,用“../文件名”; 链接同级但在另外一个子目录中的文件,用“../目录名/文件名”。还可以链接站点根目录(并非硬盘根目录)下的文件,如图 4.22 所示。一般提倡使用相对地址,因为上传或复制的时候文件彼此之间的相对位置关系没有改变,所以能够确保正常显示。绝对地址则是固定的,如友情链接到其他网站地址就用到绝对地址。

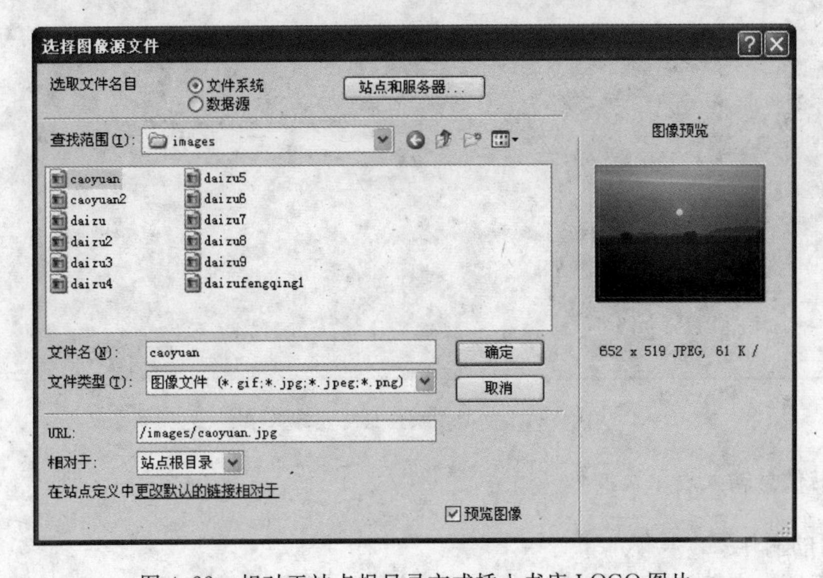

图 4.22　相对于站点根目录方式插入书店 LOGO 图片

(6) 制作功能菜单。

打开 menu. asp，根据在线书店的功能在其中插入相应的功能菜单，本实验中必须包括“输入图书信息”、“浏览图书信息”和“特定图书查询”三个功能菜单。

可以采用表格定位形成竖式列表。选择“插入”→“表格”命令，插入多行一列的表格，在单元格中输入功能菜单文字，以便后续实验建立与相应功能页面的链接。

(7) 编辑主框架区域的文字内容。

主页的主框架区域内容为“您好，欢迎光临 XXX 在线书店！”，直接输入文字并利用属性检查器对字体的颜色、大小等进行设置。

注意，主框架区域的名称应设为 mainFrame，以便后面功能菜单建立主框架链接，在此区域通过选择不同的菜单以呈现变化的内容。在主框架的属性检查器中修改框架名称为 mainFrame 即可，如图 4.23 所示。

图 4.23　在主框架中“属性”面板下编辑框架名称

打开主框架的属性检查器的具体方法如下：一是按住 Alt 键的同时用鼠标单击主框架区域；二是利用“窗口”菜单打开“框架”面板，用鼠标单击“框架”面板中的主框架区域。

利用框架实现的主页最终效果如图 4.24 所示。

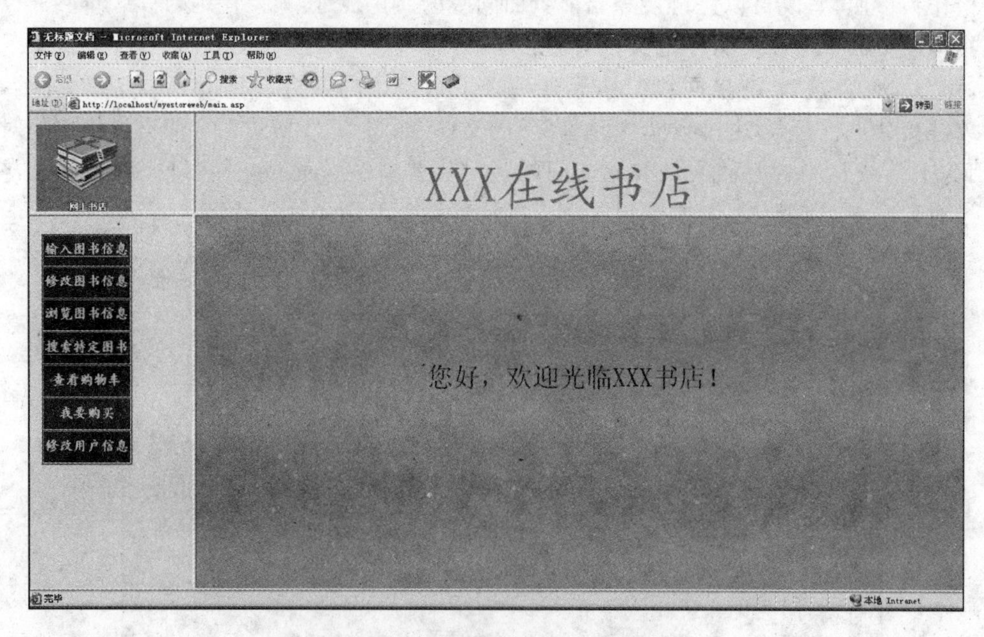

图 4.24　框架主页的最终实现效果

2. 新书信息输入表单页制作

该页面的制作要求具体如下：

- 利用原来定义的框架页，在主框架区域添加一个用于输入新书信息的表单，其中必须包括“图书 ISBN 号”、“图书名称”、“种类”、“作者”、“单价”、“库存数”和“图书描述”几项内容及“提交”按钮。

- 可利用表格对表单进行定位。
- 表单元素类型除文本域外，可利用“列表/菜单”为用户提供诸如“电子商务”、“计算机”和“管理科学”等列表值供选择。
- 保存该页为 insertcatalog. asp。

满足上述要求的新书信息输入表单页的制作过程具体如下：

(1) 创建一个表单域。

新建一个 asp 页面，在“表单”菜单中单击 以插入一个表单域，在表单域中输入标题“输入图书信息”。

(2) 利用表格对表单进行定位。

根据需要在表单域中插入相应行数和列数的表格，以方便布局和编辑表单对象。

可单击“常用”菜单中的表格 ，在表格的“属性”面板中，在“对齐”选项中选中“居中对齐”使表格居中对齐，如图 4.25 所示。

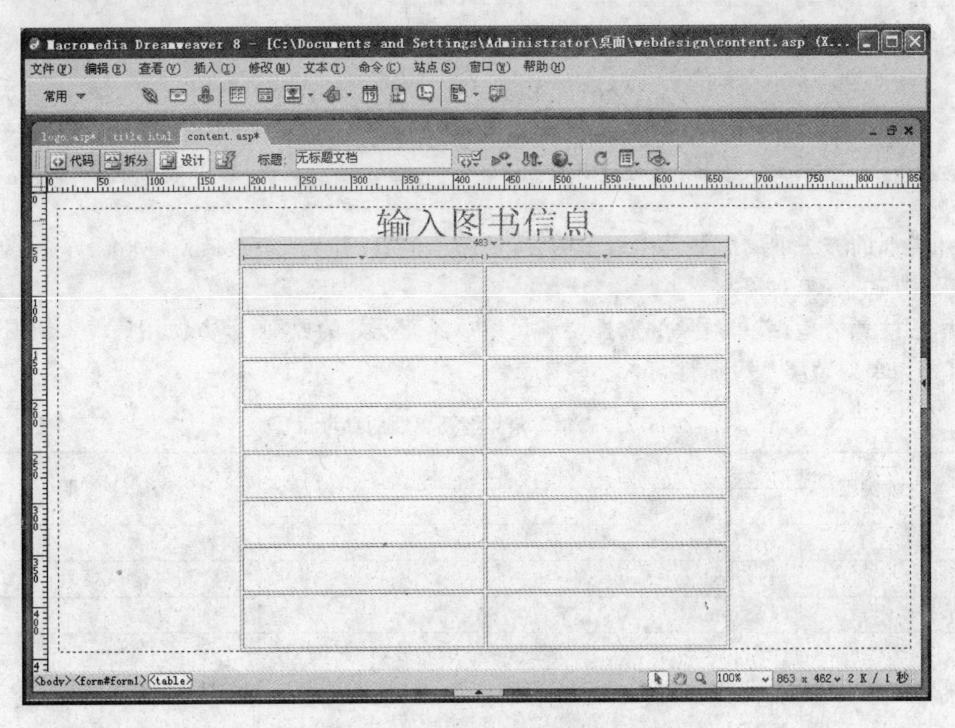

图 4.25 插入表格以定位表单对象

根据需要对表格的单元格进行拆分或合并。选中单元格，单击表格“属性”面板中的拆分单元格图标 进行该单元格的拆分，如图 4.26 和图 4.27 所示。还可以通过改变单元格的宽度对表格进行适当的调整。

(3) 添加表单内容和表单对象。

在第一行第一列中添加文字“图书 ISBN 号：”，在第一行第二列中通过单击“表单”菜单中的按钮 添加“文本字段”表单对象，用于输入图书 ISBN 信息，如图 4.28 所示。

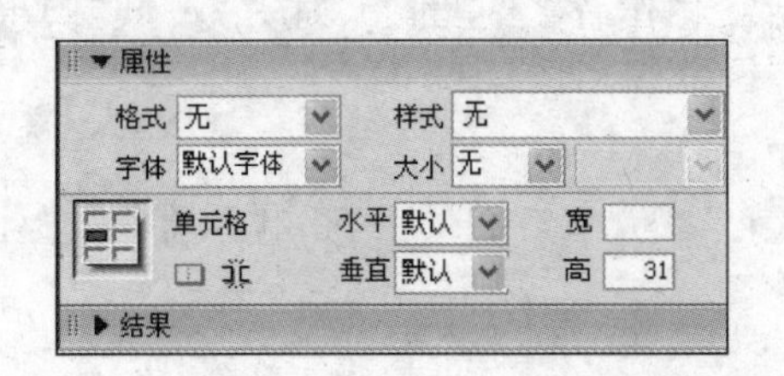

图 4.26 在表格“属性”面板中编辑修改表格

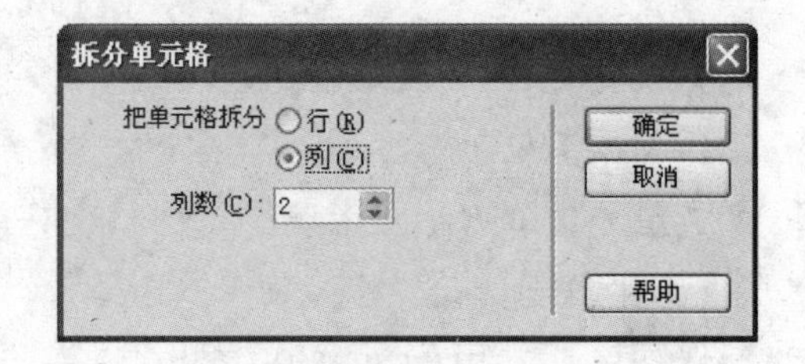

图 4.27 根据需要拆分单元格

在另一行的单元格中分别添加文字“种类：”和“列表/菜单”表单对象。单击“表单”菜单中的按钮添加“列表/菜单”，然后在其“属性”面板中的“列表值”中添加诸如“电子商务”、“计算机”和“管理科学”等图书类别信息，如图 4.29 所示。

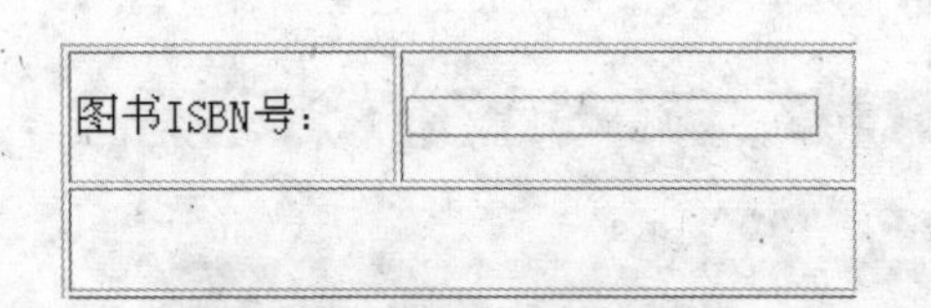

图 4.28 在单元格中插入表单对象及说明文字

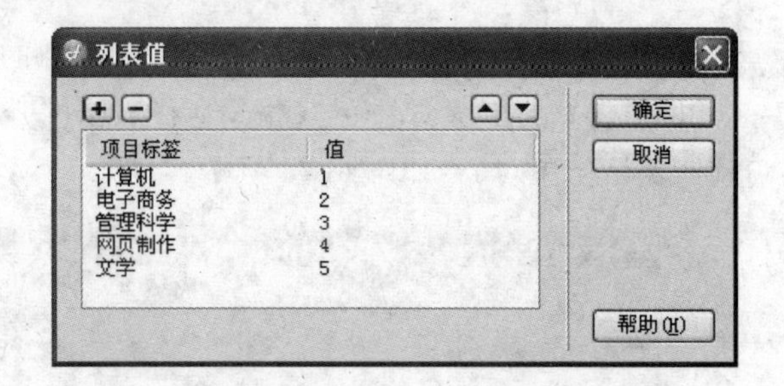

图 4.29 “列表/菜单”表单对象的编辑

用类似的方法继续添加其他表单内容，如图书名称、作者、图书描述、单价、库存数量等文字及相应的表单对象。

需要注意的是，表单对象的选择要满足用户界面友好的原则，即方便用户输入新图书信息，其中表单对象类型及属性可参考表 4.2。

表 4.2 表单对象类型及属性的参考设置

表单对象类型	属性		说明
	名称	类型	
表单	frmInsertCatalog		本表单
单行文本域	txtProductID		接收新书信息录入
单行文本域	txtName	字符宽 60	
菜单	selCategory	列表值：电子商务、计算机、管理学 初始值选择电子商务	接收新书种类信息录入
单行文本域	txtListPrice		接收新书单价信息录入
单行文本域	txtNuminStock		接收新书库存数量信息录入
保存按钮	btnInsert	动作：提交表单	提交录入的新书信息

最后，千万别忘记在表格的最后一行的两列中分别加入“保存输入”和“清除重填”按钮，方法是先插入两个“提交”按钮，在对话框中选择默认设置，如图 4.30 所示。

分别选中新添加的两个按钮，在其“属性”面板中分别将其按钮名称修改为“保存信息”和“清除重填”，动作分别设为“提交表单”和“重设表单”，如图 4.31 所示。

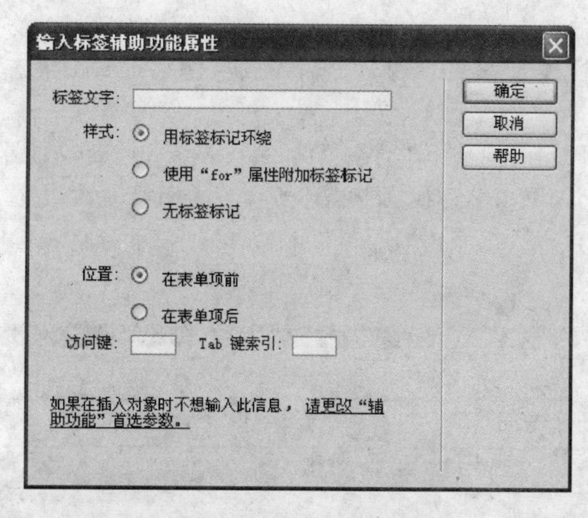

图 4.30 “提交”按钮标签的设置

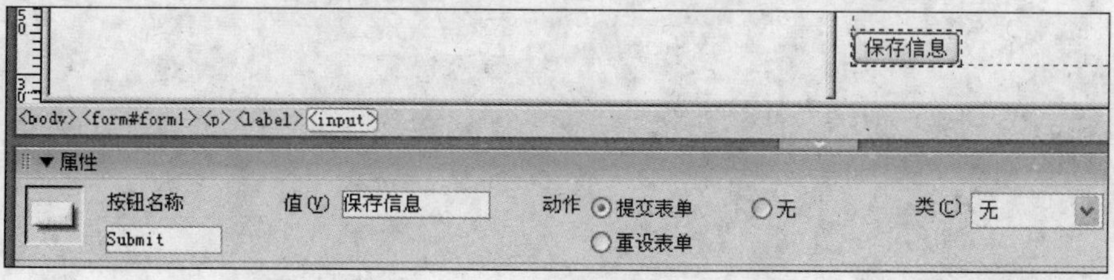

保存信息
<body><form#form1><p><label><input>
▼属性
按钮名称 Submit
值(V) 保存信息
动作 提交表单 无 重设表单
类(C) 无

图 4.31 编辑“提交”按钮

(4) 保存新书信息输入表单页。

可以按自己的喜好对页面进行修饰，最后把页面保存为 insertcatalog.asp，如图 4.32 所示。

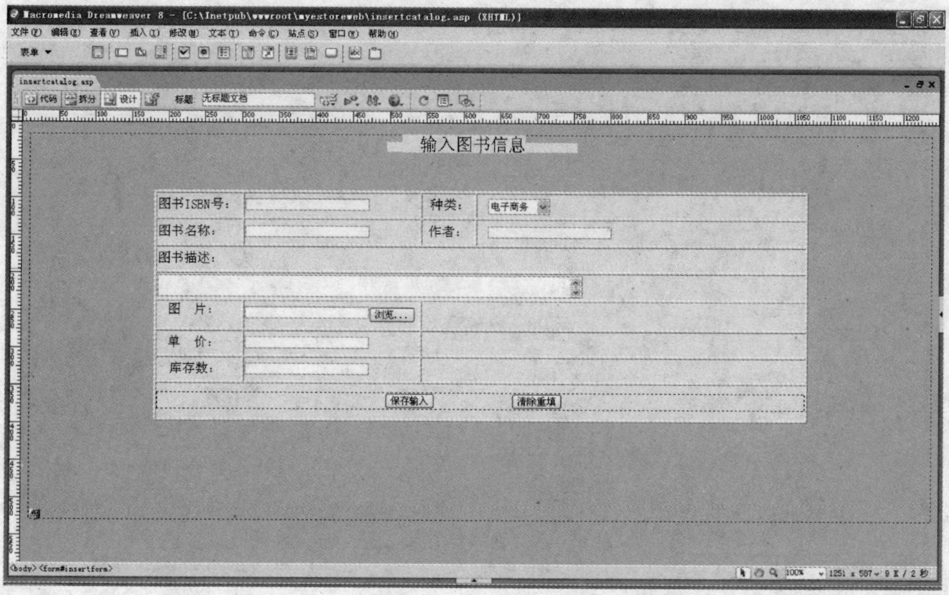

Macromedia Dreamweaver 8 - [C:\Inetpub\wwwroot\myestoreweb\insertcatalog.asp (XHTML)]
文件(F) 编辑(E) 查看(V) 插入(I) 修改(M) 文本(T) 命令(C) 站点(S) 窗口(W) 帮助(H)
表单
insertcatalog.asp
代码 拆分 设计 标题: 无标题文档
输入图书信息
图书ISBN号：
种类：电子商务
图书名称：
作者：
图书描述：
图 片：
浏览...
单 价：
库存数：
保存输入
清除重填
<body><form#insertform>

图 4.32 新书信息输入表单页的实现效果

(5) 其他静态页的制作。

在线书店还有图书查询表单页和信息输入成功提示页两个静态页面，制作过程不再赘述。

新建一个支持 VBScript 的 ASP 动态页面 searchcatalog. asp，如图 4.33 所示，其中文本域用于输入查询条件，即图书名称或图书描述所包含的字符串，如主题词等；“开始查找”按钮表示根据查询条件执行数据库查询语句，“重填”按钮表示清空表单内容后重新输入查询条件。

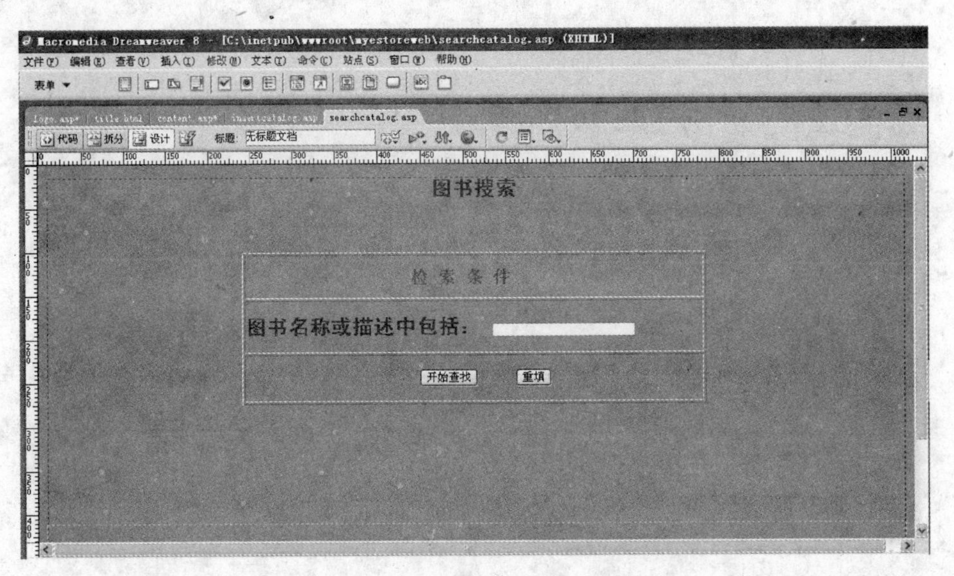

图 4.33 图书查询表单页的实现效果

信息输入成功提示页保存为 insertsuccess. asp，其效果如图 4.34 所示。

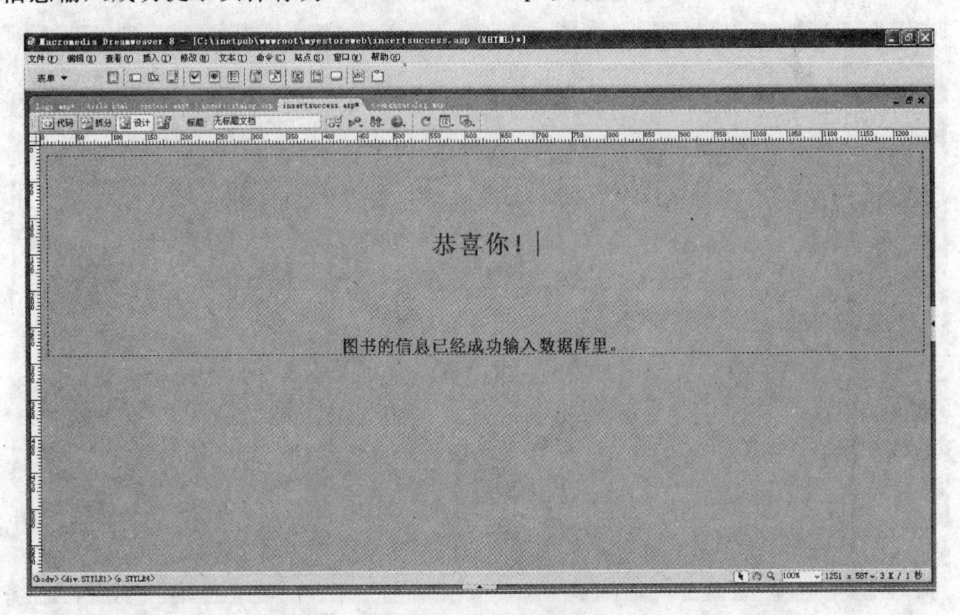

图 4.34 信息输入成功提示页的实现效果

3. 主框架链接的实现

用户可以通过单击框架主页的菜单在主框架部分显现相应的内容而保持其他框架内容不变化。这里以“输入图书信息”菜单为例说明实现主框架链接的方法。

打开制作好的框架主页 main. asp，用鼠标选中菜单栏中的文字“输入图书信息”，在其“属性”面板中选择链接源为 insertcatalog. asp，以指定在主框架的位置打开链接的内容，即图书信息输入表单页，在“目标”下拉列表中选择链接目标为 mainFrame，如图 4.35 所示。

图 4.35 在框架“属性”面板中选择链接源和目标

预览效果如图 4.36 所示。

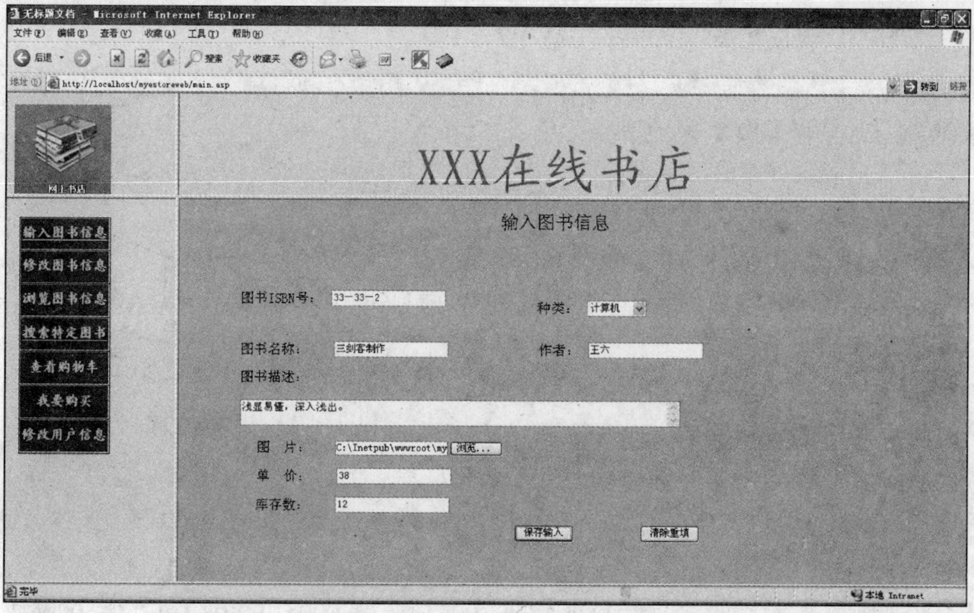

图 4.36 主框架链接实现的效果

4.2.4 实验报告

实现 eBookStore 网站相关的静态页面，包括框架主页、书目信息录入的表单页、书目信息查询表单页、信息录入成功提示页等。

4.3 eBookStore 数据库设计与创建

4.3.1 实验要求

学会根据 eBookStore 在线书店的功能需求进行数据库设计与创建的具体方法。

4.3.2 实验环境设置说明

- 主流的计算机配置(如 Intel 奔腾双核 E5200 2.5GHz/DDR2 2GB 内存/512MB 独立显卡);
- Windows XP 操作系统并安装了 IIS 组件;
- Access 2003 或 SQL Server 2005 数据库软件。

4.3.3 操作步骤

1. 数据库设计

1) 在线书店数据库的概念设计

根据在线书店的数据需求,至少包括客户、图书、购物车和订单 4 个实体项,以图书实体为例,概念设计结果如图 4.37 所示。

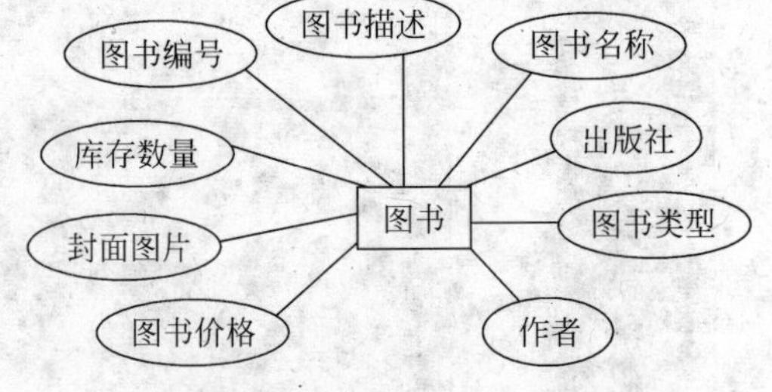

图 4.37 图书实体的 E-R 图

2) 在线书店数据库的逻辑设计

在线书店数据库的逻辑设计就是根据 E-R 模型和需求分析的结果,并综合考虑所选择的具体数据库管理系统的特点,得到数据库的逻辑结构。

全局 E-R 图转换成逻辑模型,需把 E-R 模型中的常规实体集转换成一个关系模式。关系模式的属性由原实体集的各属性组成,关系模式的键也就是原实体集的键。于是设计出相应的 4 个逻辑模型,以图书实体为例,其逻辑模型如下:

图书(BookID、BookName、BookType、BookPrice、BookPhoto、Author、BookPress、BookDemo、BookNumRemain)

因而,本实验中在线书店系统的数据库中共有 4 张表,除图书信息表(book)外,还有客户信息表(userinfo)、订单信息表(orderlist)和购物车信息表(purchasecart)。

3) 在线书店数据库的物理设计

主要是明确数据的存储规则,如每一个字段的字段类型、长度、是否可为空等。本书实验中将选择 Access 数据库管理系统。表 4.3 所示为图书信息表的物理存储结构。

表 4.3 图书信息表的存储结构

编号	字段名称	数据类型	长度	说明
1	BookID	文本	50	图书 ISBN 号
2	BookName	文本	50	图书名称
3	BookType	文本	50	图书类别
4	BookDemo	文本	200	图书描述
5	BookPhoto	文本	50	图书封面图片存储路径
6	BookPrice	货币		图书价格
7	BookNumRemain	数字		图书剩余库存数
8	Author	文本	50	图书作者
9	BookPress	文本	50	出版社

2. 数据库建立

以 Access 和 SQL Server 为例讲解数据库的建立。首先说明在 Access 中建立数据库及表的操作过程。

1) 创建 Access 2003 数据库

(1) 创建库。

打开 Access，建立数据库 ebookstore，如图 4.38 所示。

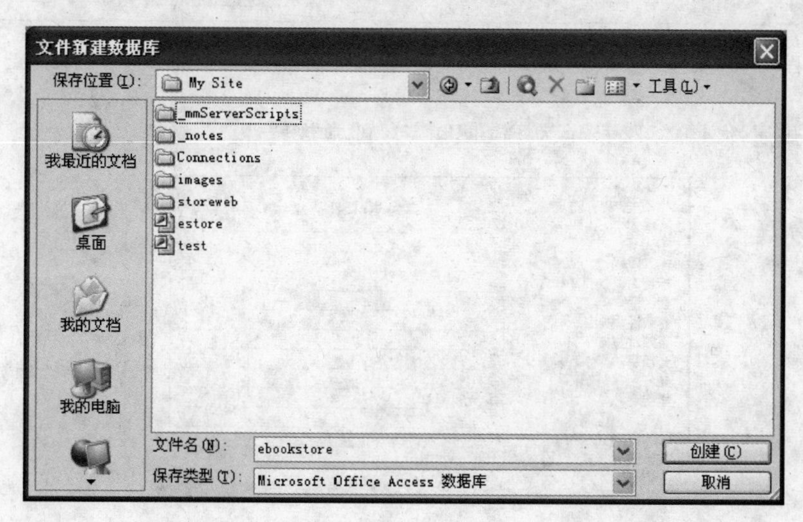

图 4.38 建立名为 ebookstore 的 Access 数据库

(2) 创建表。

单击“使用设计器创建表”或创建 book 数据表，如图 4.39 所示。

(3) 设计 book 表结构。

按照数据库物理设计结果为 book 表添加相应的字段名，并选择对应的数据类型，如图 4.40 所示。

右击字段名称 BookID 左侧的小三角，打开菜单，设置 BookID 为主键，如图 4.41 所示。

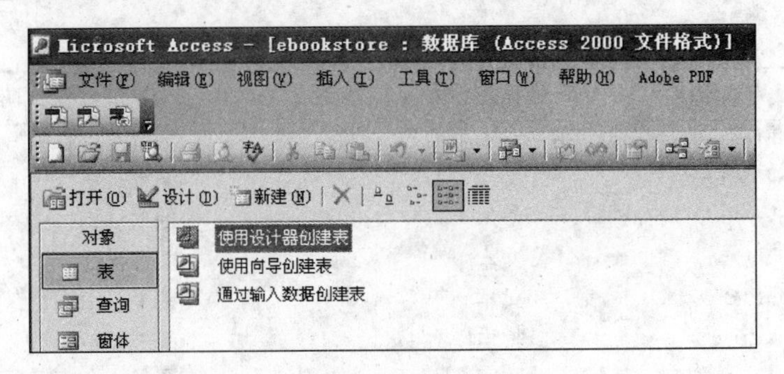

图 4.39 创建名为 book 的数据表

字段名称	数据类型	
BookID	文本	图书ISBN号
BookName	文本	图书名称
BookType	文本	图书类别
BookDemo	文本	图书描述
BookPhoto	文本	封面图片存储路径
BookPrice	数字	单价
BookNumRemain	数字	库存量
Author	文本	作者
BookPress	文本	出版社

图 4.40 定义 book 数据表结构

图 4.41 定义主键

修改常规属性，图 4.42 所示为 BookID 字段的常规属性。

常规	
字段大小	50
格式	
输入掩码	
标题	
默认值	
有效性规则	
有效性文本	
必填字段	是
允许空字符串	否
索引	有(无重复)
Unicode 压缩	是
输入法模式	开启
IME 语句模式(仅日文)	无转化
智能标记	

图 4.42 编辑修改 BookID 字段的常规属性

完成表结构设计后，单击工具栏中的保存图标，在弹出的“另存为”对话框中输入表名“book”，然后单击“确定”按钮，如图 4.43 所示。

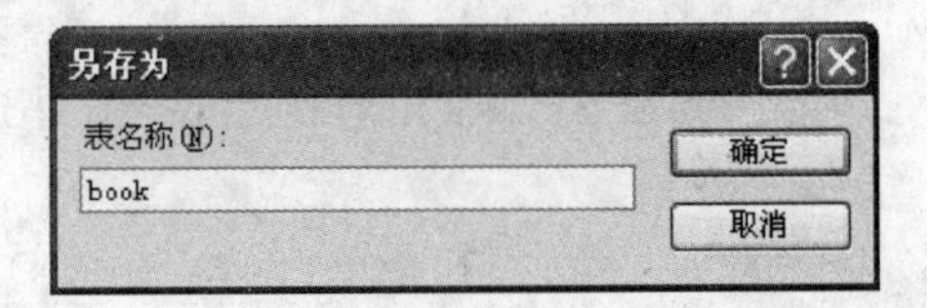

图 4.43 保存定义好的名为 book 的数据表

新建立的表如图 4.44 所示。

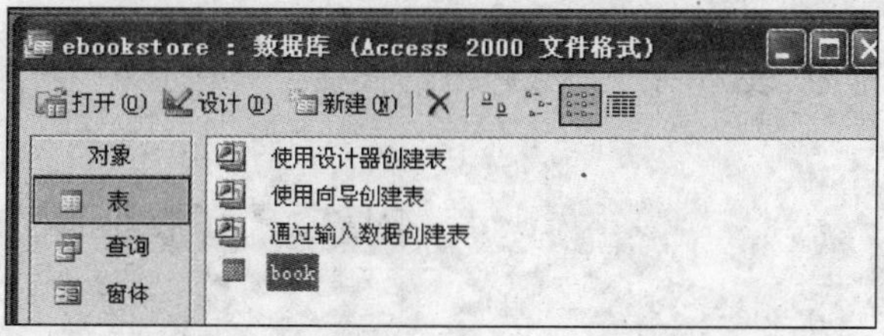

图 4.44　新建立的 book 数据表

(4) 浏览和输入表数据。

通过设计器或向导新建立的数据表没有任何数据，将来通过新书信息输入表单就可以在线地添加图书信息到该数据库的 book 数据表中。此时除了可以利用在线浏览功能看到这些记录外，还可以利用 Access 浏览、删除这些记录内容，如图 4.45 所示。

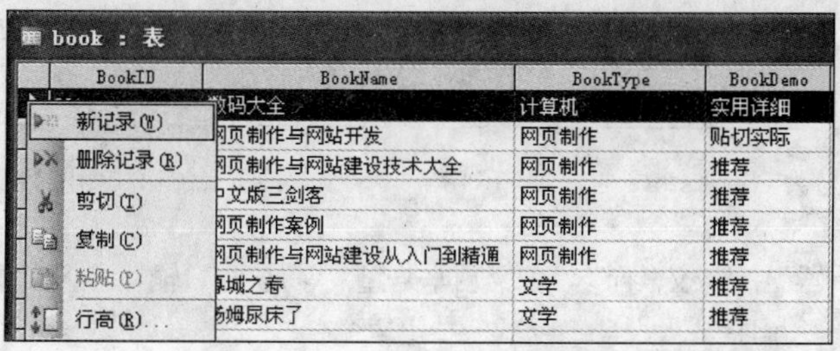

图 4.45　浏览和输入表数据

2) 创建 SQL Server 2005 数据库

以 SQL Server 为例说明建立 SQL Server 数据库的过程。

(1) 创建库。

选择“程序”→Microsoft SQL Server 2005→SQL Server Management Studio Express 命令，然后右击“数据库”文件夹，从弹出的快捷菜单中选择“新建数据库”命令，如图 4.46 所示。

图 4.46　打开“新建数据库”对话框

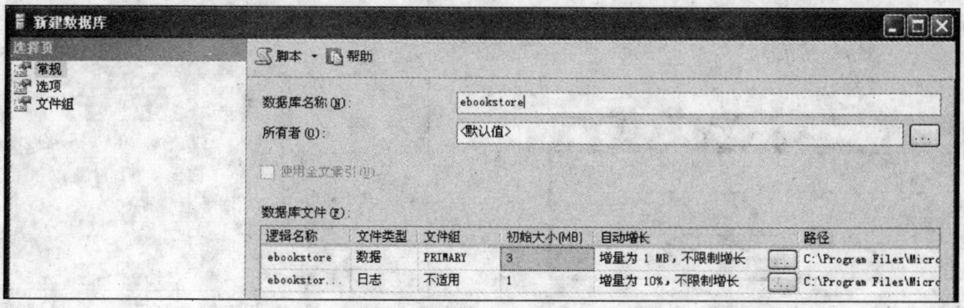

显示“新建数据库”对话框，输入数据库名称“ebookstore”，如图 4.47 所示。

图 4.47　输入数据库名称“ebookstore”

创建数据库后，“数据库”文件夹下增加该数据库项，如图 4.48 所示。

(2) 创建数据表。

在新的数据项下选中“表”并右击，从弹出的快捷菜单中选择“新建表”命令，如图 4.49 所示。

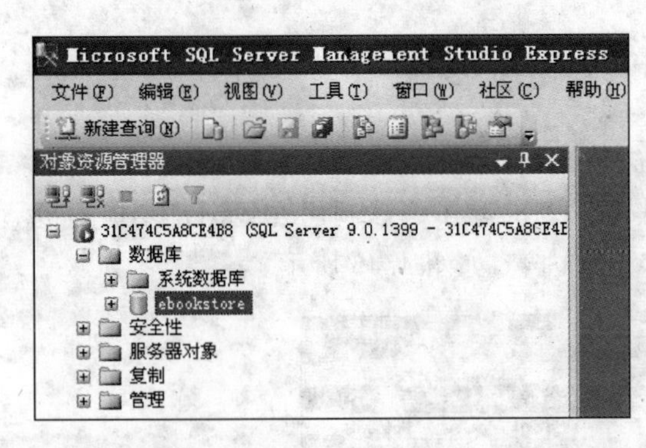

图 4.48 创建好的名为 ebookstore 的数据库

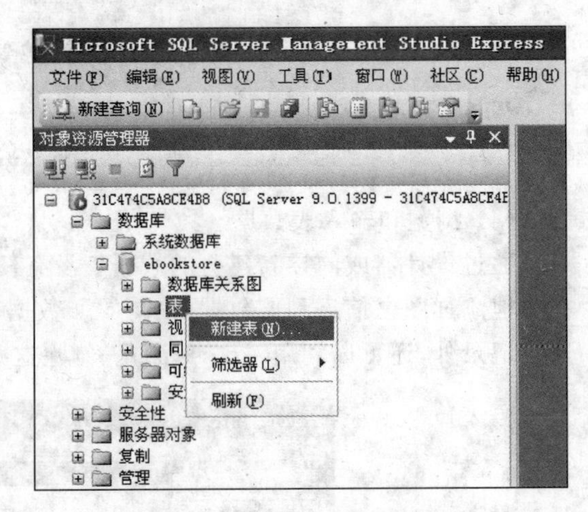

图 4.49 打开“数据表设计器”

在“数据表设计器”中定义“列名”、“数据类型”等属性，输入数据表名称，保存新建的 book 数据表，如图 4.50 所示。

(3) 打开表。

在 SQL Server Management Studio Express 的 ebookstore 数据库下选择“表”文件夹，单击“表”文件夹前面的“＋”号展开子项，选中 dbo. book 右击，从弹出的快捷菜单中选择“打开表”命令，如图 4.51 所示。

图 4.50 定义数据表结构及数据类型并保存

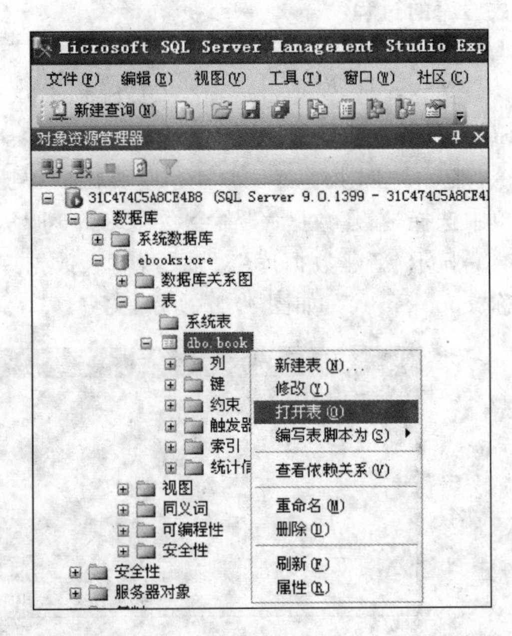

图 4.51 打开创建好的名为 book 的数据表

可直接在表中添加数据，但本实验中是通过 eBookStore 的新书录入功能实现数据的添加的，添加数据后的表如图 4.52 所示。

表 - dbo.book

	BookID	BookName	BookType	BookDemo	BookPhoto
	001-0-12-2323 …	数码大全 …	计算机 …	实用详细 …	C:\Inetpub\wwwr
	002-0-32-3821 …	网页制作与网站开发 …	网页制作 …	贴切实际 …	C:\Inetpub\wwwr
	003-2-3-3223 …	网页制作与网站建设技术大全…	网页制作 …	推荐 …	C:\Inetpub\wwwr
▸*	NULL	NULL	NULL	NULL	NULL

图 4.52 添加数据后的数据表

4.3.4 实验报告

- 根据 eBookStore 在线书店的功能需求进行数据库设计，完成设计文档；
- 选择一种数据库软件创建相应的数据库及表。

4.4 数据库连接的定义

4.4.1 实验要求

学会通过服务器端配置的简单方法实现数据库连接的定义。

4.4.2 实验环境设置说明

- 主流的计算机配置（如 Intel 奔腾双核 E5200 2.5GHz/DDR2 2GB 内存/512MB 独立显卡）；
- Windows XP 操作系统并安装了 IIS 组件；
- Access 2003 或 SQL Server 2005 数据库软件；
- IIS 服务器。

4.4.3 操作步骤

1. 配置 Access 数据库的 ODBC DSN

所有数据库连接的配置都在 Web 服务器上，在 Dreamweaver 8 上能够读到这些配置，这样 Web 服务器上的动态页就可以用这些配置来访问数据库了。

Access 不是分布式数据库，设置 DSN 前必须确保 Access 数据库已存在于 Web 服务器上。

在“控制面板”窗口中双击“管理工具”选项，在弹出的“管理工具”窗口中双击“数据源(ODBC)”选项，打开“ODBC 数据源管理器”对话框，在“系统 DSN”选项卡中单击“添加”按钮，如图 4.53 所示。

在弹出的“创建新数据源”对话框中选择要安装数据源的驱动程序，如图 4.54 所示。

单击“完成”按钮，在弹出的“ODBC Microsoft Access 安装”对话框中输入数据源名称“ebookstore”，单击“选择”按钮连接到相应目录下事先建好的数据库 ebookstore 及其中的 book 数据表，如图 4.55 所示。

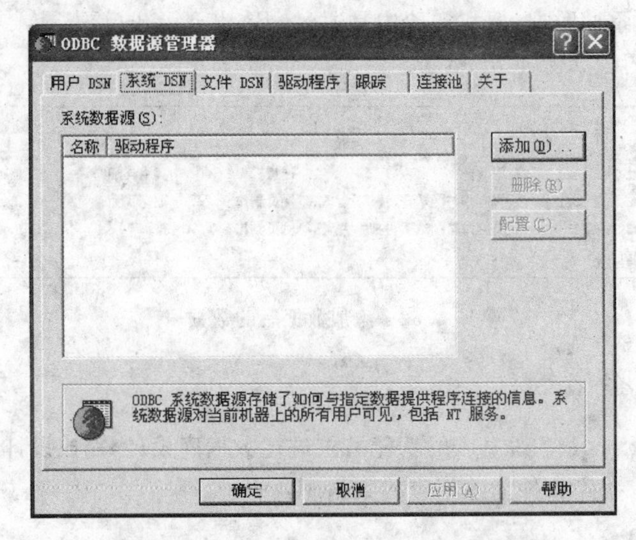

图 4.53 “ODBC 数据源管理器”对话框

图 4.54 选择 Access 数据源的驱动程序

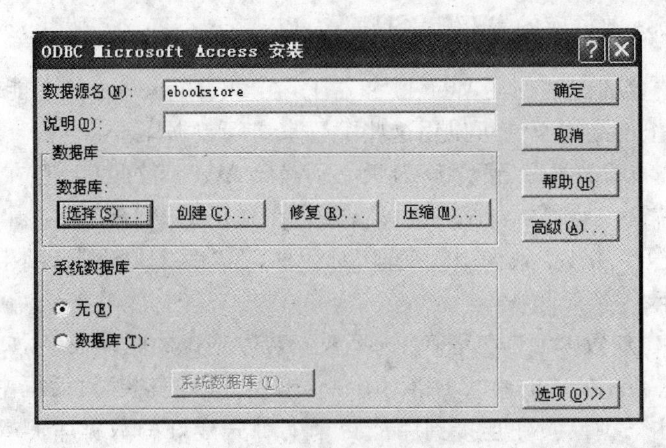

图 4.55 在“ODBC Microsoft Access 安装”对话框中输入数据源名称

ODBC 设置好之后的效果如图 4.56 所示。

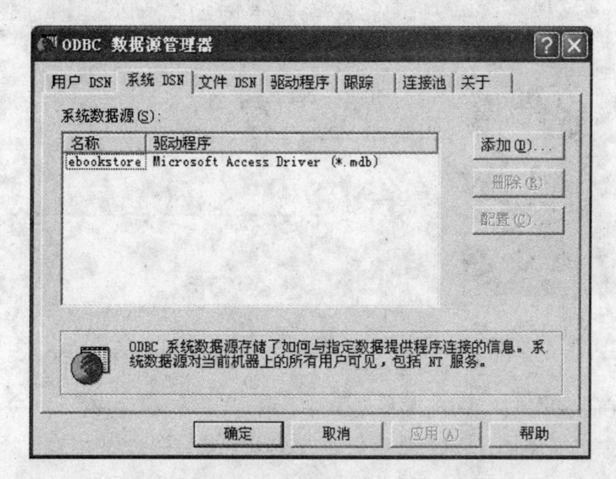

图 4.56 设置好的名为 ebookstore 的 Access 数据源

2. 配置 SQL Server 数据库的 ODBC DSN

在“控制面板”窗口中双击“管理工具”选项，在弹出的“管理工具”窗口中双击“数据源(ODBC)”选项，打开“ODBC 数据源管理器”对话框，选择“系统 DSN”选项卡，单击“添加”按钮，在弹出的“创建新数据源”对话框中选择数据源驱动程序 SQL Server，如图 4.57 所示。

图 4.57 在“创建新数据源”对话框中选择 SQL Server 数据源驱动程序

输入新数据源名称和 SQL Server 服务器名或 IP 地址。如果 SQL Server 数据库和 Web 服务器在同一台机器上，也可以选择 local 选项。如图 4.58 所示。

选择登录数据库时安全验证的用户名和密码，如图 4.59 所示。请注意：在完成 SQL Server 安装以后，SQL Server 就建立了一个特殊账户 sa，即系统管理员(System Administrator)的简称。sa 账户拥有最高的管理权限，可以执行服务器范围内的所有操作，既不能更改 sa 用户名称，也不能删除 sa，但可以更改其密码。在默认安装时，sa 的密码为空，所以为确保创建的与 SQL Server 的连接能够实现正常访问，事先需要修改其密码，方法如下：打开 SQL Server 企业管理器，在控制台根目录下单击“安全性”，登录后找到 sa 角色右击，从弹出的快捷菜单中选择“属性”命令，即可修改密码。

图 4.58　为新创建的 ODBC 数据源命名

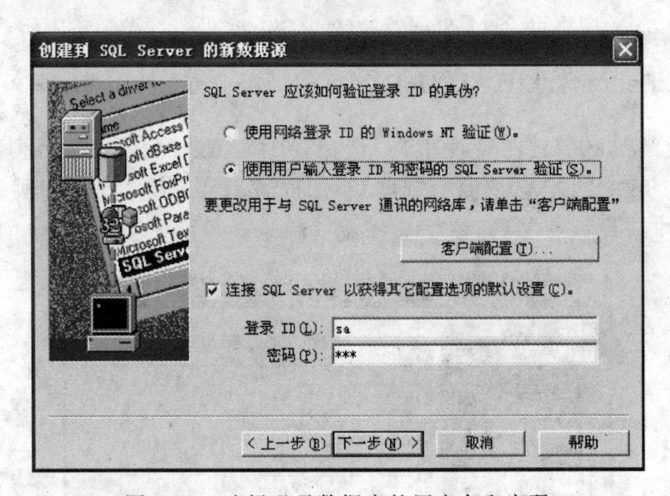

图 4.59　选择登录数据库的用户名和密码

选择"更改默认的数据库为"复选框，在下边的下拉列表中选择 ebookstore，如图 4.60 所示。

图 4.60　选择要连接的数据库

以下采用默认设置，如图 4.61 所示。

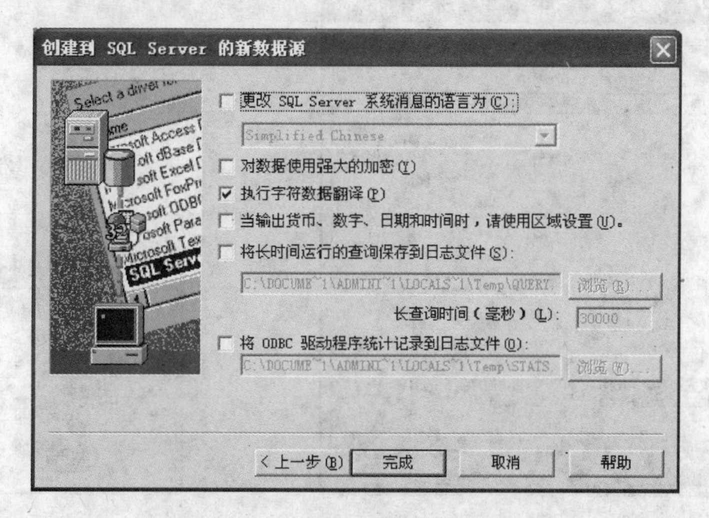

图 4.61 创建数据源的其他设置

创建好的新数据源的设置信息确认如图 4.62 所示。

单击“测试数据源”按钮，测试结果如图 4.63 所示。

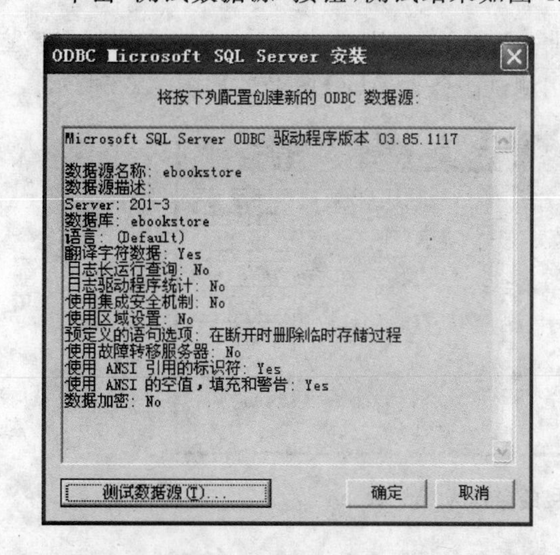

图 4.62 创建的新 ODBC 数据源配置信息

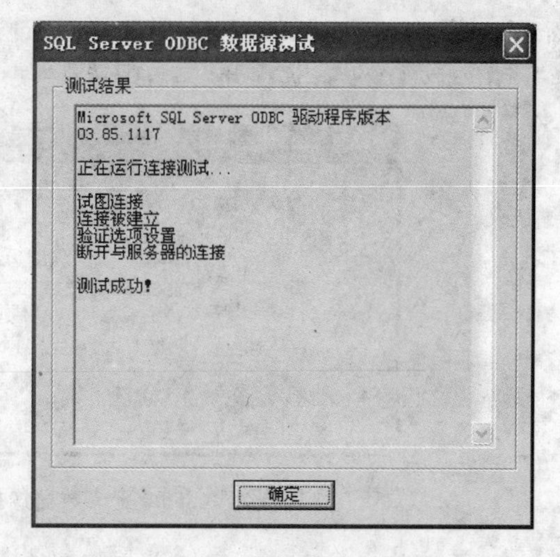

图 4.63 创建的新 ODBC 数据源测试结果

如果测试不成功，可能有以下原因：

- 数据源名和网络连接性配置不正确，请检查配置步骤；
- 网络故障，请重新测试。

ODBC 设置好之后的效果如图 4.64 所示。

3. 利用 Dreamweaver 8 建立数据库连接

在 Dreamweaver 的面板组中展开“应用程序”面板，在“数据库”选项卡中单击“+”按钮，在弹出的菜单中选择“数据源名称(DSN)”命令，如图 4.65 所示。

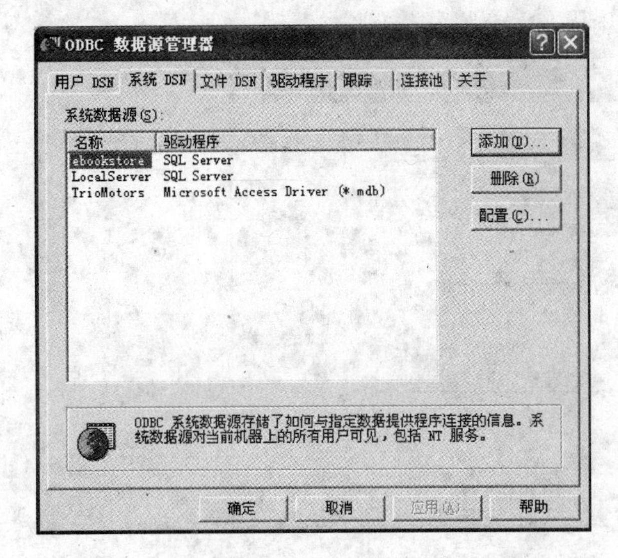

图 4.64 创建好的名为 ebookstore 的 ODBC 数据源

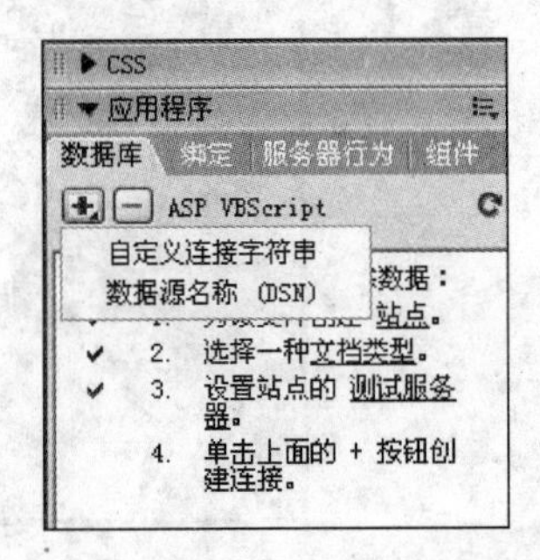

图 4.65 在 Dreamweaver 8 面板组中打开“数据源名称(DSN)”对话框

输入为该数据连接的名称 estoreconn。

除非 Dreamweaver 和 Web 服务器不在同一机器上，否则“Dreamweaver 应连接”应选择“使用本地 DSN”。远程开发时，则选择“使用测试服务器上的 DSN”。如图 4.66 所示。

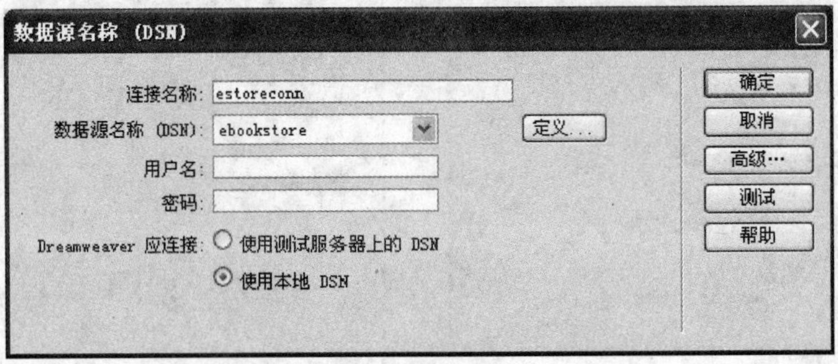

图 4.66 定义数据连接的名称为 estoreconn

单击“定义”按钮，在弹出的“ODBC 数据源管理器”对话框中选择“系统 DSN”选项卡，在“系统数据源”列表框中选择已定义好的数据源名称 ebookstore，需要时输入数据库访问所用的用户名和密码，如选择 SQL Server 数据库时，如图 4.67 所示。

单击“测试”按钮，成功创建数据库连接后的提示如图 4.68 所示。

测试不成功，则检查 DSN 配置、用户名和密码。测试成功后单击“确定”按钮退出 DSN 设置，在 Dreamweaver 的“应用程序”面板的“数据库”选项卡中出现数据库连接名称。展开可见数据库的表结构，如图 4.69 所示。

选择并右击某个数据表，在弹出的快捷菜单中选择“显示数据库”命令可查看所有记录。

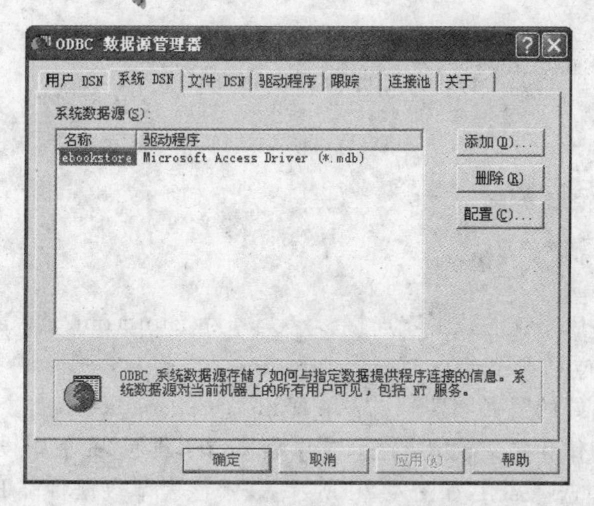

图 4.67 选择要连接的 ODBC 数据源

图 4.68 测试成功的数据库连接

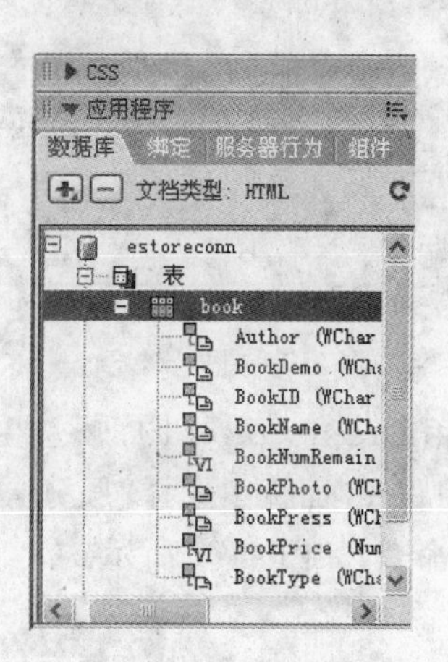

图 4.69 定义好的数据库连接

4.4.4 实验报告

- 用服务器端配置的方法为 eBookStore 动态功能的实现定义数据库连接。
- 了解编程方法实现数据库连接的基本思路。

4.5 实现动态功能

4.5.1 实验要求

主要实现后台图书信息输入、前台书目信息浏览和查询三大基本功能。

4.5.2 实验环境设置说明

- 主流的计算机配置(如 Intel 奔腾双核 E5200 2.5GHz/DDR2 2GB 内存/512MB 独立显卡)；

- Windows XP 操作系统；
- Access 2003 或 SQL Server 2005 数据库软件；
- IIS 服务器。

4.5.3 操作步骤

1. 实现图书信息输入功能

(1) 定义在线书店系统的数据库连接。定义名为 estoreconn 的系统 DSN，将默认数据库指向相关数据库，详见 4.4 节。

(2) 打开已创建好的图书信息输入表单页 insertcatalog. asp。

(3) 设置表单动作和提交数据方法。选中表单，在"属性"面板中设置"方法"为 POST，在"目标"下拉列表中选择-self，如图 4.70 所示，表示该表单数据将以 POST 的方法提交到服务器数据库。

图 4.70 设置表单动作和提交数据方法

(4) 利用 Dreamweaver 的"服务器行为"功能实现"插入记录"。

在"应用程序"面板中选择"服务器行为"选项卡，单击"＋"按钮，在弹出的菜单中选择"插入记录"命令，如图 4.71 所示。

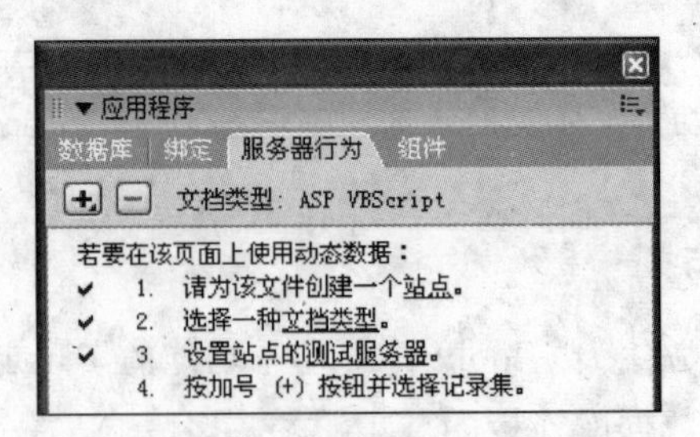

图 4.71 在 Dreamweaver 8 面板组的"服务器行为"选项卡中打开"插入记录"对话框

(5) 在打开的"插入记录"对话框中设置参数并指定表单元素与数据库记录字段的对应关系，如图 4.72 所示。

- "连接"下拉列表框：选择事先定义好的名为 estoreconn 的数据库连接。
- "插入到表格"下拉列表框：选择事先建立好的数据表 book，表示要把数据插入到该表中。
- "插入后，转到"文本框：选择输入成功提示页 insertsuccess. asp，以便成功提交图书信息后显示提示信息。
- "获取值自"下拉列表框：说明在用户提交时数据获取自何表单，在此应选择名为 insertform 的表单，即图书信息输入表单页 insertcatalog. asp 中的表单名称。

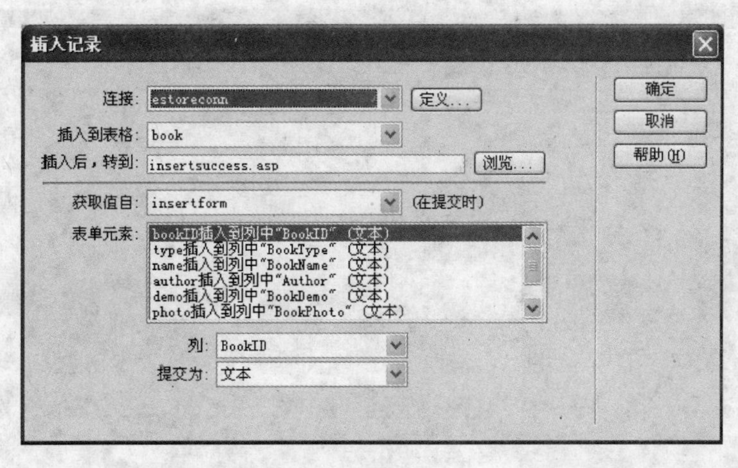

图 4.72　设置参数并指定表单元素与数据库记录字段的对应关系

- "表单元素"列表框：显示了 insertform 表单中的文本域与 book 数据表相关字段的对应关系，如表单中图书编号文本域 bookID 的内容将插入到 book 数据表中的 BookID 文本类型的字段中。
- "列"下拉列表框：包含了 book 数据表中的所有字段，通过选择明确相应字段与表单中文本域的对应关系。
- "提交为"下拉列表框：根据 book 数据表中相应字段的数据类型选择设置，如"库存数量"字段为数字类型。

(6) 保存设置。上述"插入记录"对话框中各参数设置完毕后，单击"确定"按钮保存设置结果，则完成"插入记录"的服务器行为，如图 4.73 所示。

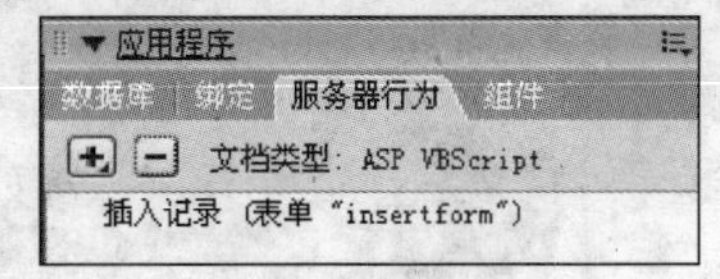

图 4.73　"插入记录"的服务器行为设置完毕

(7) 保存该页并建立与主页菜单的链接。选中主页中相关的"输入图书信息"菜单，创建指向信息输入页面的超级链接，如图 4.74 所示。注意：插入链接时将目标指定为主框架页文件，以使页面在主框架中显示。

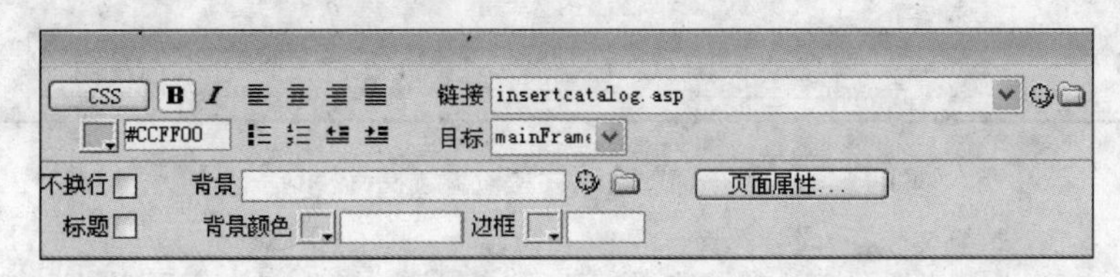

图 4.74　建立信息输入页面与主页菜单的主框架链接

(8) 同步站点后，在主页左侧菜单中选择相关功能，在主框架中就应该出现图 4.75 所示的图书信息输入页面了。

测试录入功能。单击"提交"按钮，系统将信息保存到数据库中，并显示添加成功页面，如图 4.76 所示。

如果测试失败，可以做以下检查：

(1) 检查系统 DSN 的设置是否正确，确保用户拥有相关数据库表的访问权限等；

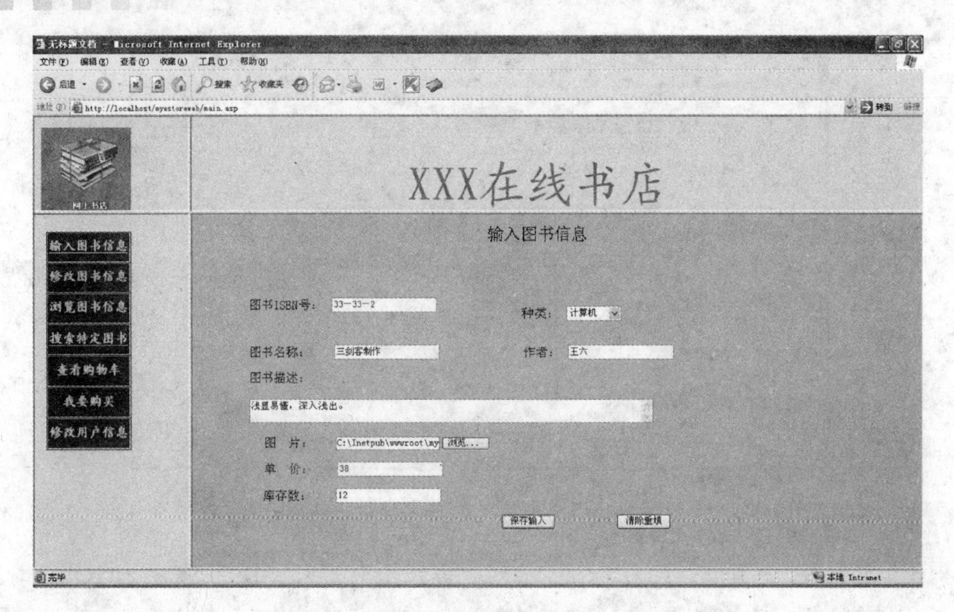

图 4.75　图书信息输入功能的实现效果

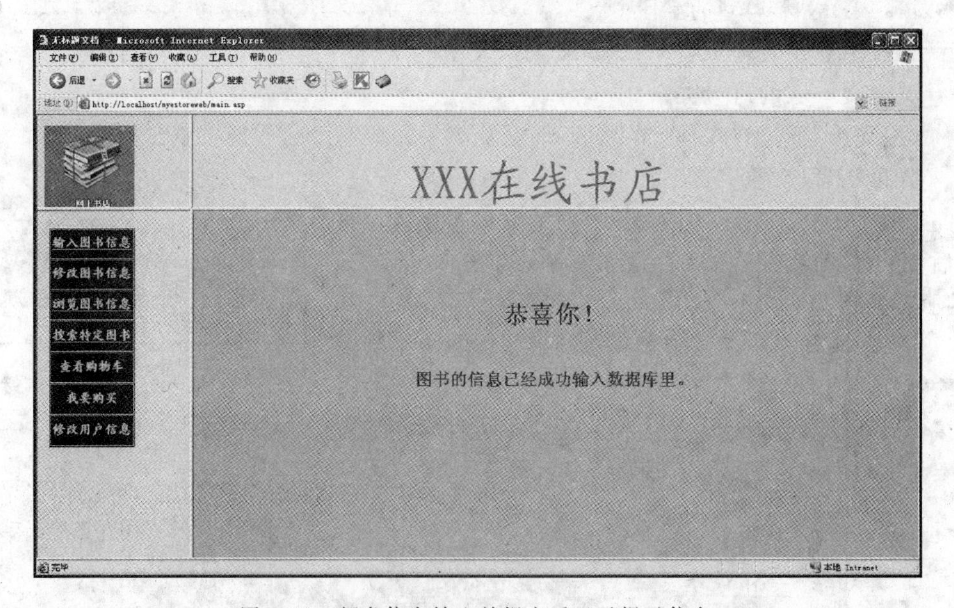

图 4.76　新书信息输入并提交后显示提示信息

(2) 检查"插入记录"的设置，确保表单元素与数据库表对应关系及数据类型设置正确；

(3) 检查主框架链接设置和插入完成后跳转页面的设置是否正确。

2. 实现图书在线浏览功能

(1) 创建书目浏览页。

新建一个支持 VBScript 的 ASP 动态页面 viewcatalog. asp。

(2) 定义数据库连接。同一应用可共享数据库连接，在此仍然使用前面已定义好的名为 estoreconn 的数据库连接。

(3) 定义记录集 viewcatalog。

在书目浏览页 viewcatalog.asp 打开的情况下，在“应用程序”面板中选择“绑定”选项卡，单击“+”按钮，在弹出的菜单中选择“记录集(查询)”命令，打开“记录集”对话框，如图 4.77 所示。

在打开的“记录集”对话框中设置相关参数如图 4.78 所示。

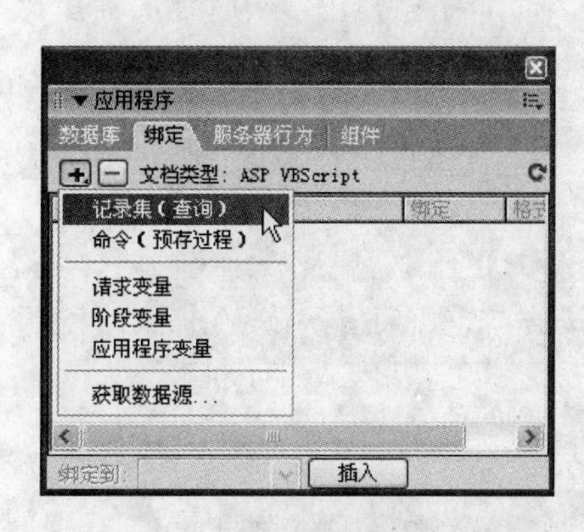

图 4.77 打开“记录集”对话框

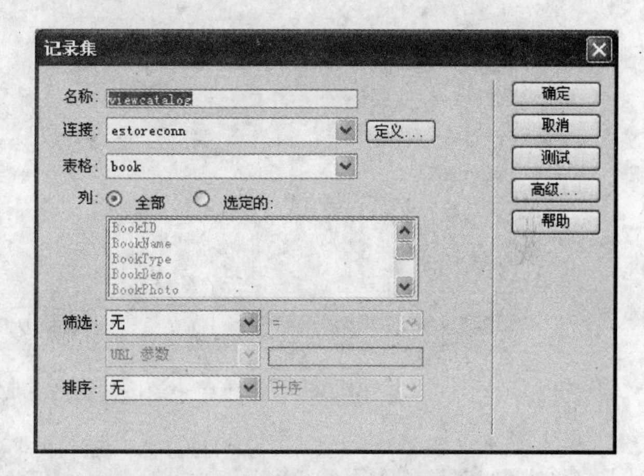

图 4.78 设置相关参数定义用于动态浏览数据的记录集

单击“测试”按钮后，会出现图 4.79 所示的结果，显示 book 数据表中的数据。

测试SQL指令

记录	BookID	Book...	Book...	Book...	Book...	Book...	Book...	Author	Book...
1	001	数码大全	计算机	实用详细	C:\In...	52	15	张三	清华...
2	002	网页...	网页制作	贴切实际	C:\In...	20	12	李四	高等...
3	004	网页...	网页制作	推荐	C:\In...	20	3	王五	清华...
4	005	中文...	网页制作	推荐	C:\In...	0	0	赵六	高等...
5	006	网页...	网页制作	推荐	C:\In...	0	0	刘二	高等...
6	007	网页...	网页制作	推荐	C:\In...	0	0	张四	高等...
7	008	春城之春	文学	推荐	C:\In...	0	0	刘三	高等...
8	009	汤姆...	文学	推荐	C:\In...	0	0	李一	高等...

图 4.79 记录集定义的测试结果

(4) 定义好记录集后，可在“绑定”选项卡中见到刚定义好的记录集，如图 4.80 所示。

(5) 创建页面布局和页面元素并实现记录列表功能。

用于显示浏览结果的页面可以再用表格布局，形式如图 4.81 所示。

其中内容需要动态产生，在“应用程序”面板中选择“绑定”选项卡，直接拖曳记录集中的字段到 viewcatalog 页希望的位置上即可，如图 4.82 所示。

拖曳完毕后的效果如图 4.83 所示。

上述为单条记录的布局。扩展到多条记录的布局具体步骤如下：

在“应用程序”面板中选择“服务器行为”选项卡，单击“+”按钮，在弹出的菜单中选择“重复区域”命令，打开“重

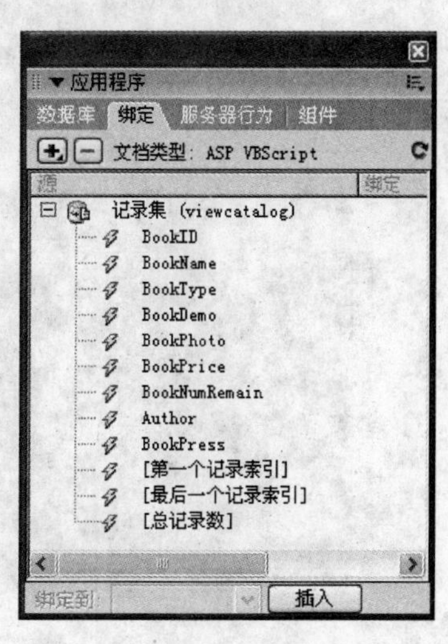

图 4.80 定义好的记录集

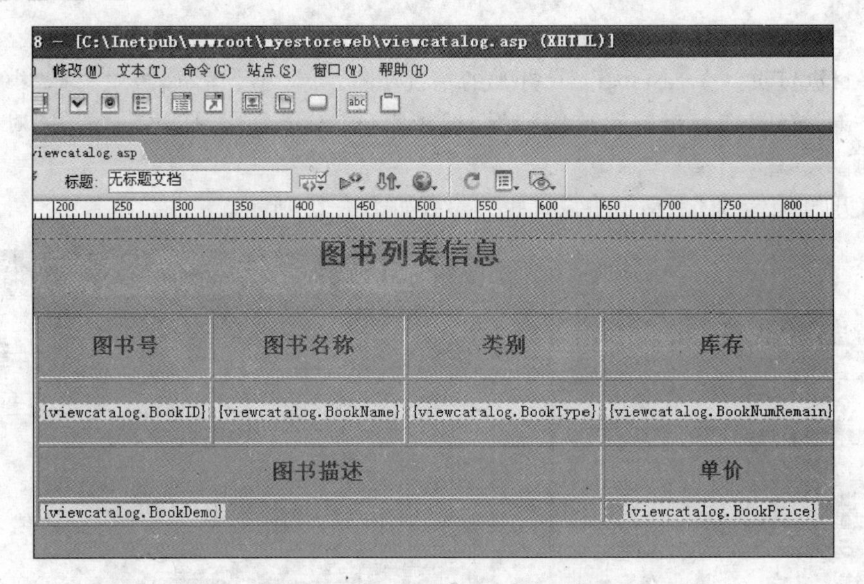

图 4.81　创建用于动态浏览的页面布局和页面元素

图 4.82　拖曳记录集中的字段到 viewcatalog 页

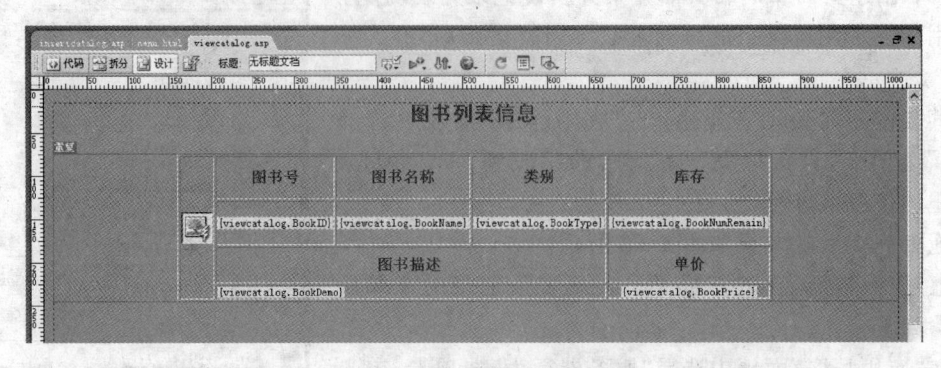

图 4.83　拖曳完毕后的效果

复区域”对话框，如图 4.84 所示。

在“重复区域”对话框中选择记录集名称，设置一页显示的记录数目，单击“确定”按钮，如图 4.85 所示。

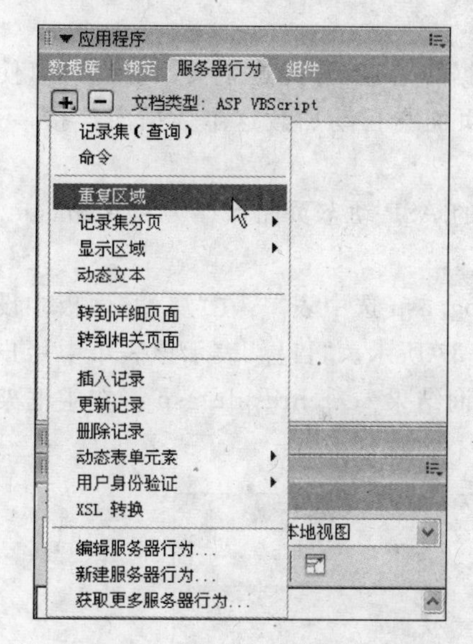

图 4.84　打开“重复区域”对话框

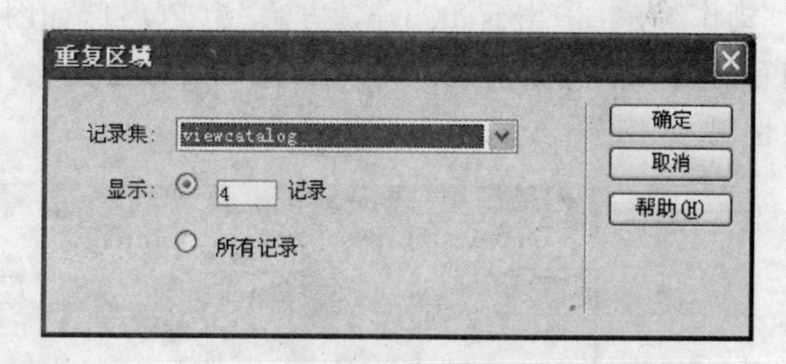

图 4.85　“重复区域”对话框中的参数设置

(6) 保存此页，并将主页中的浏览功能菜单与此页建立超链接。

(7) 同步站点后，通过主页的相应“浏览图书信息”功能菜单与书目浏览页面建立主框架链接，预览结果如图 4.86 所示。

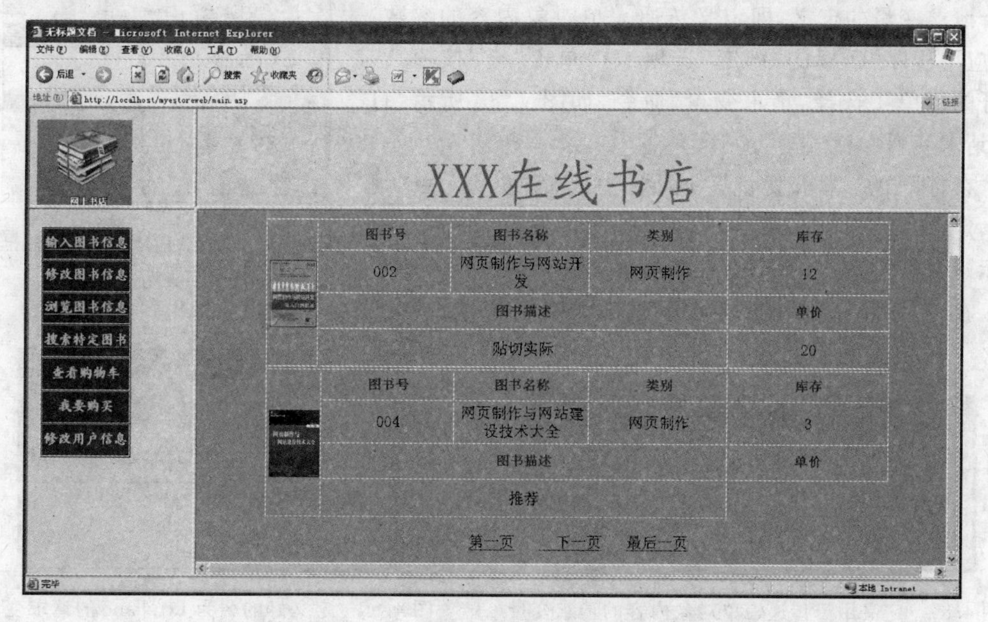

图 4.86　图书浏览功能的实现效果

3. 实现图书信息查询功能

(1) 在 Dreamweaver 8 中打开事先创建的用于输入查询条件的图书查询表单页 searchcatalog. asp。

(2) 定义数据库连接。由于同一应用可以共享数据库连接，因此这个页面仍然可以使用 estoreconn 数据库连接，而且在同一应用中新建的页面会自动加载这个数据库连接，不再需要进行设置。

(3) 创建搜索结果页面。新建一个支持 VBScript 的 ASP 动态页面保存为 searchresult. asp，建好以后可以看到已经有数据库连接了。

(4) 设置查询条件的提交方法。打开 searchcatalog. asp 选中表单，在"属性"面板中设置"动作"为 searchresult. asp，"方法"为 POST，如图 4.87 所示。"目标"表示该表单中用户填写的图书信息查询条件将以 POST 的方法提交，查询结果 searchresult. asp 将在主框架页呈现。

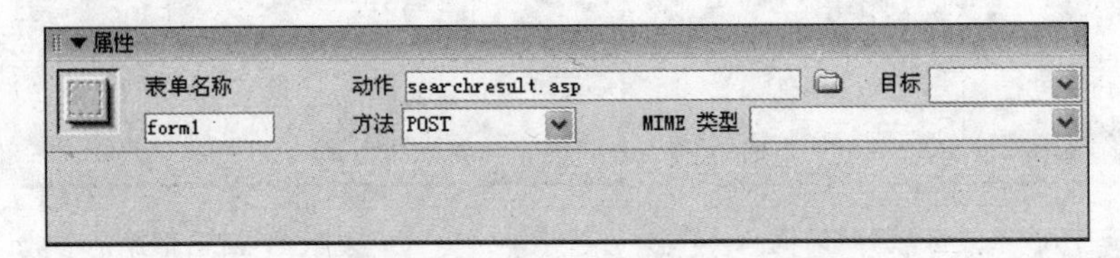

图 4.87 设置查询条件的提交方法

(5) 定义请求变量。

注意，必须是在打开 searchcatalog. asp 页面情况下进行请求变量的定义，即定义传递表单对象内容的参数。在"应用程序"面板的"绑定"选项卡中单击"+"按钮，在打开的菜单中选择"请求变量"命令，如图 4.88 所示，打开"请求变量"对话框。

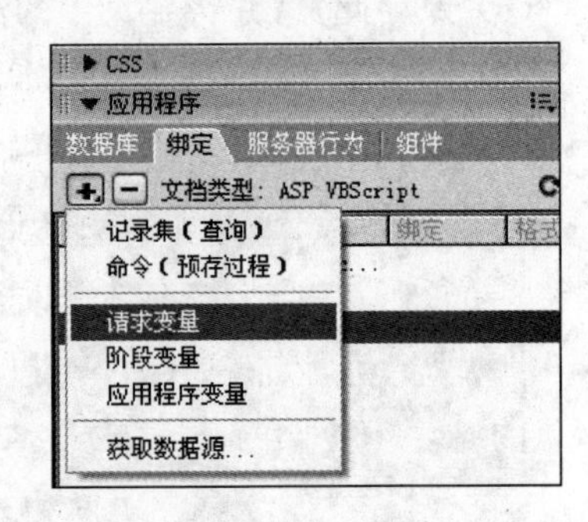

图 4.88 打开"请求变量"对话框

在打开的"请求变量"对话框中选择"类型"为"请求"，定义"名称"为"txtName"，单击"确定"按钮，如图 4.89 所示。

在"应用程序"面板的"绑定"选项卡中出现刚定义好的请求变量，如图 4.90 所示。

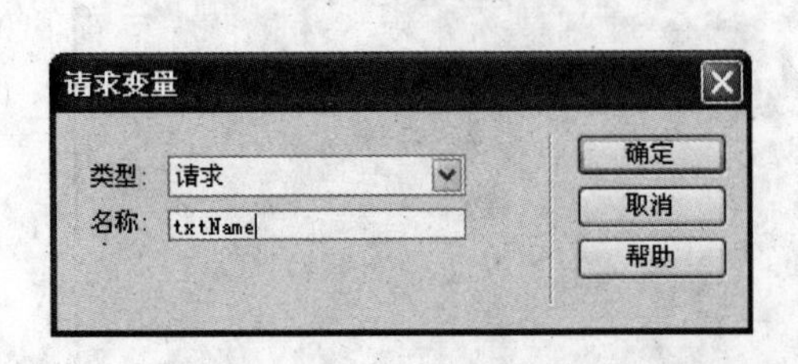

图 4.89 定义用于传递表单对象内容的请求变量

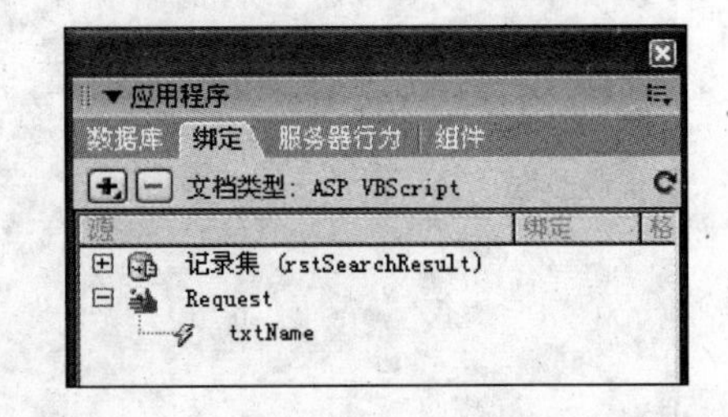

图 4.90 定义好的名为 txtName 的请求变量

(6) 创建搜索用的数据集 rstSearchResult。

回到 searchresult. asp 页面中，在"应用程序"面板的"服务器行为"选项卡中单击"+"

按钮，从弹出的菜单中选择“记录集(查询)”命令，在弹出的“记录集”对话框中单击“高级”按钮，进入高级“记录集”对话框。

在高级“记录集”对话框中，按照图 4.91 所示设置各个选项。

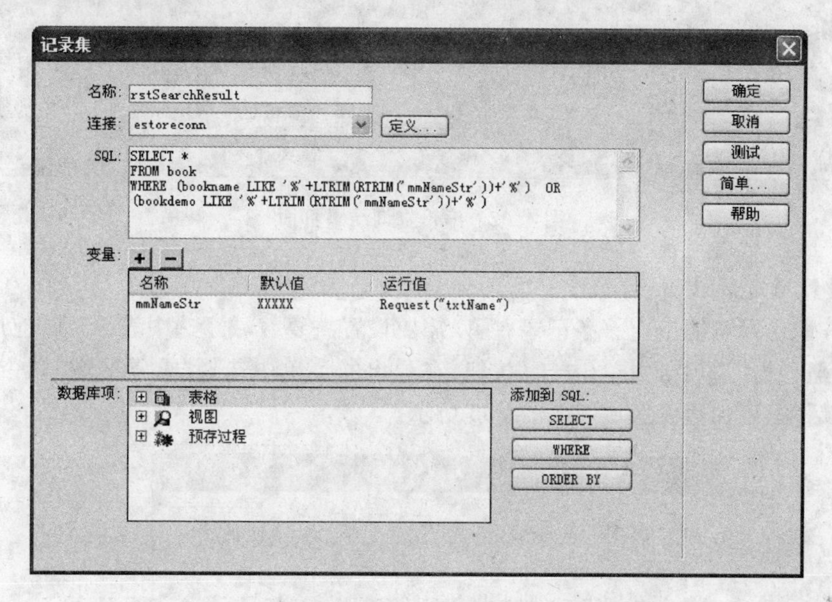

图 4.91　打开高级“记录集”对话框进行高级记录集定义

特别需要注意的是，在写 SQL 查询语言之前，要在变量设置区域中添加在 SELECT 语句中用到的变量，使用变量可以方便地引用表单元素的值。变量包括“默认值”和“运行时值”。

“默认值”在表单内容提交前的测试中起作用，因为这时表单元素还没有有效的值，如果单击“测试”按钮，出现的查询结果就将是默认值。

“运行值”在作为查询条件的表单内容提交后起作用，通常就是 txtName 表单元素所输入的值，也可以用别的动态值。

SQL 列表框用于填写 SQL 语句，本实验中完整的 SQL 语句如下：

```
SELECT *
FROM book
WHERE (bookname LIKE '%' + LTRIM(RTRIM('mmNameStr')) + '%')OR(bookdemo LIKE '%' + LTRIM(RTRIM
('mmNameStr')) + '%')
```

变量在 SQL 语句中作为字符串值出现。“%”是 SQL 字符串模式中的一个通配符，它能够与任何字符串等值。加号“+”用于连接两个字符串。字符串 A LIKE B 表示字符串 A 符合字符串 B 的形式。

LTRIM 和 RTRIM 两个函数联用，用于去掉字符串左右两边的空格，因为空格也算作字符串的一部分。

整个查询条件的含义是返回 book 数据表中所有 bookname 字段包含 txtName 表单元素所输入值的记录，或者 bookdemo 字段包含 txtName 表单元素所输入值的记录。

(7) 单击“确定”按钮，完成记录集定义。

(8) 设计编辑查询结果页面。打开 searchresult.asp，在页面中建立表格用以显示查询结果；选择"应用程序"面板的"绑定"选项卡，在事先建立好的记录集 rstSearchResult 中选择记录，并拖到 searchresult.asp 页面相应的表格单元格中，结果如图 4.92 所示。

图书号	图书名称	类别	库存
{rstSearchResult.booknum}	{rstSearchResult.bookname}	{rstSearchResult.booktype}	{rstSearchResult.booknumremain}
图书描述			单价
{rstSearchResult.bookdemo}			{rstSearchResult.bookprice}

图 4.92 编辑查询结果页面

(9) 设置重复区域。

因为查询结果可能不止一条记录，所以需要设置重复区域。选中表格，在"应用程序"面板的"服务器行为"选项卡中单击"+"按钮，在弹出的菜单中选择"重复区域"命令，打开"重复区域"对话框，添加重复区域，如图 4.93 所示。

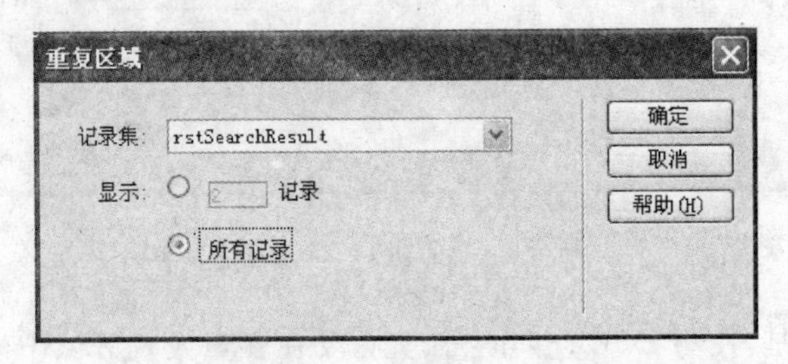

图 4.93 打开"重复区域"对话框

设置好的效果如图 4.94 所示。

重复
如果符合此条件则显示

图书号	图书名称	类别	库存
{rstSearchResult.booknum}	{rstSearchResult.bookname}	{rstSearchResult.booktype}	{rstSearchResult.booknumremain}
图书描述			单价
{rstSearchResult.bookdemo}			{rstSearchResult.bookprice}

图 4.94 重复区域设置完毕

(10) 设置导航条。

如果查询结果较多，则需要利用导航条分页显示查询到的所有记录。设置导航条的具体方法如下：在"应用程序"面板中选择"服务器行为"选项卡，单击"+"按钮，在弹出的菜单中选择"记录集分页"→"移至第一条记录"命令，如图 4.95 所示，打开"移至每一条记录"对话框，创建"第一页"的导航条，如图 4.96 所示。

按此方法，继续创建其他记录集分页，建立前一页、下一页、最后一页。最后的效果如图 4.97 所示。

注意，在设置重复区域和导航条时，这些服务器行为都应是针对 rstSearchResult 记录集，如图 4.98 所示。

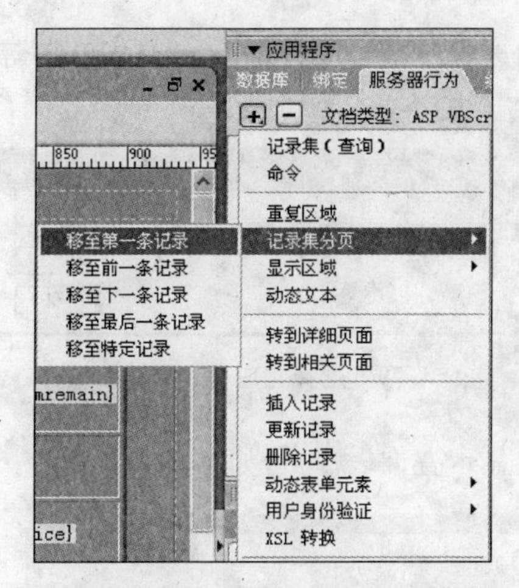

图 4.95　打开“移至第一条记录”对话框

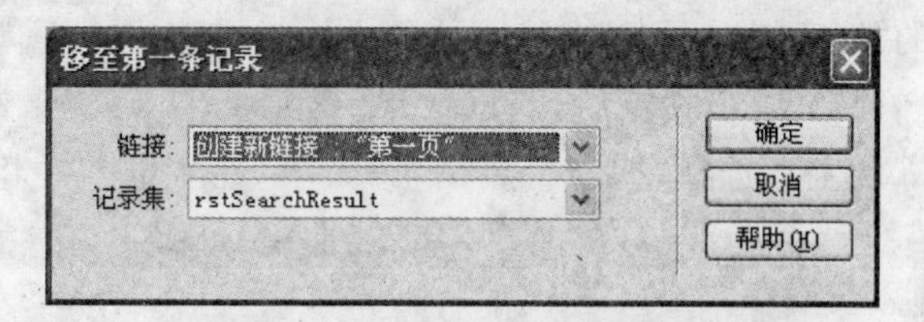

图 4.96　设置参数实现导航条分页显示

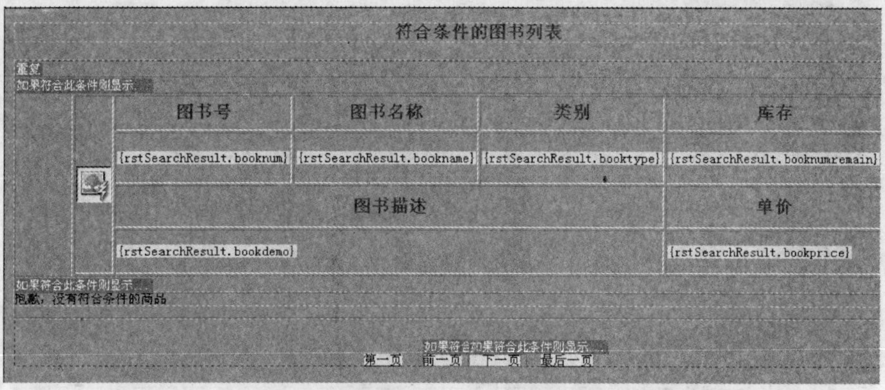

图 4.97　记录集分页显示功能设置完毕

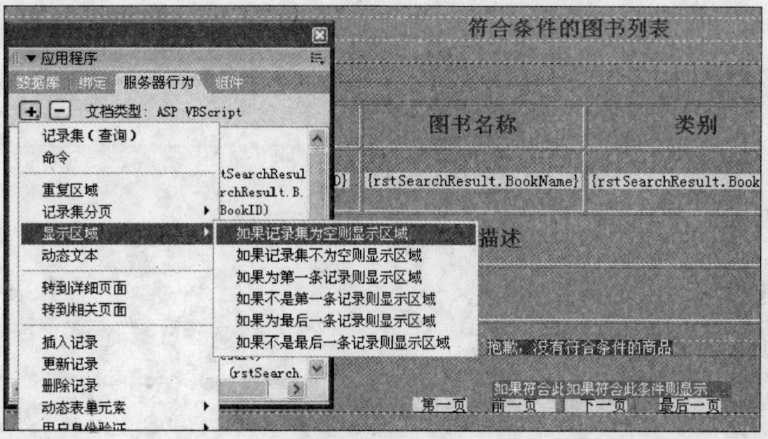

图 4.98　设置“显示区域”

由于希望导航条在没有记录时还要出现，因此还要添加一个“显示区域”类的服务器行为来控制整个导航条的显示。在“设计视图”下用鼠标选中导航条，在“应用程序”面板的“服务器行为”选项卡中单击＋按钮，在弹出的菜单中选择“显示区域”命令。当然，在选择“显示区域”下的子菜单前，根据需要先选择相应的内容，如选中“抱歉，没有符合条件的商品”等文字，然后打开“如果记录集为空则显示区域”对话框。

选择相应的记录集后单击“确定”按钮，打开“如果记录集为空则显示区域”对话框，如图 4.99 所示。

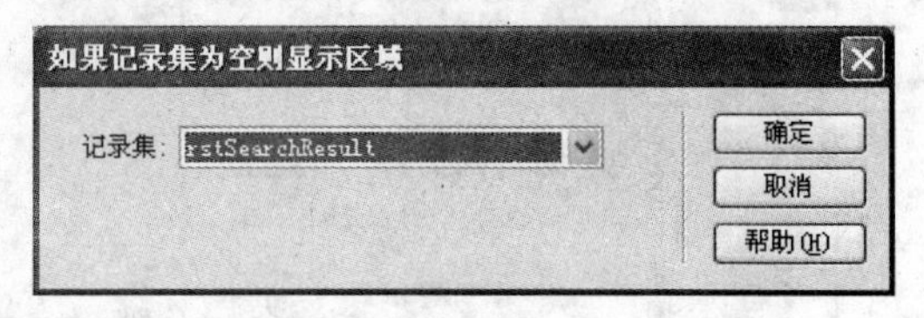

图 4.99　选择相应的记录集

(11) 保存查询结果页面并建立与主页相关的“搜索特定图书”功能菜单的主框架链接。

(12) 同步站点后，测试效果。

从主页选择“搜索特定图书”菜单，在主框架中将显示查询表单页，如图 4.100 所示。

图 4.100　输入图书查询条件

输入查询条件并单击“开始查询”按钮，在主框架中将显示查询结果页，如图 4.101 所示。

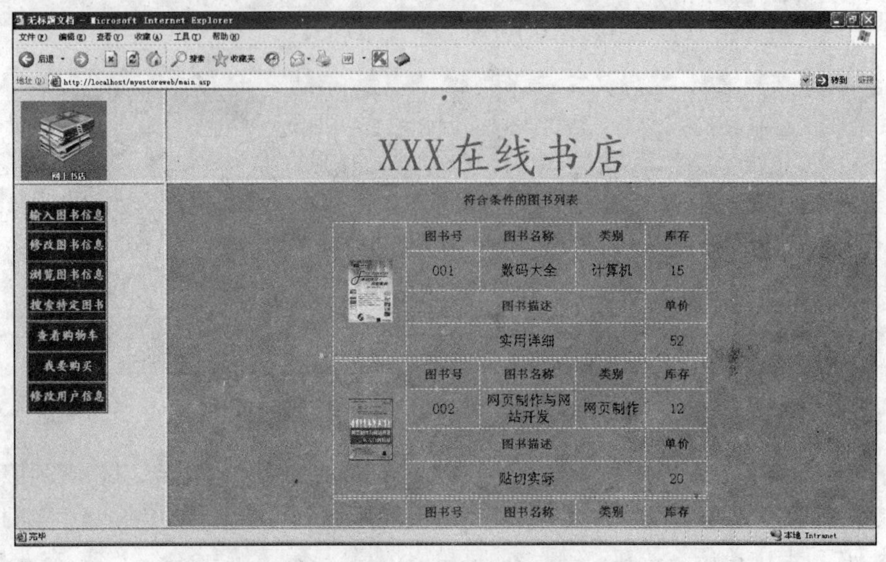

图 4.101　图书查询结果

4.5.4 实验报告

实现 eBookStore 的新书信息录入、图书信息浏览和查询三个基本动态功能。

4.6 创建 IIS 物理服务器

4.6.1 实验要求

学习使用 IIS 建立和设置 Web 服务器的方法。

4.6.2 实验环境设置说明

1. IIS 运行环境

- 主流的计算机配置（如 Intel 奔腾双核 E5200 2.5GHz/DDR2 2GB 内存/512MB 独立显卡）；
- Windows XP 及 2003 Server 操作系统；
- IIS 服务器。

2. IIS 提供的基本服务

1）WWW 服务

WWW 服务是指在网上发布可以通过浏览器观看的用 HTML 标识语言编写的图形化页面的服务，支持超文本传输协议（HyperText Transport Protocol，HTTP）1.1 标准，可以提供虚拟主机服务。

2）FTP 服务

主要用于网上的文件传输，支持文件传输协议（Field Transport Protocol，FTP）。IIS 4.0 允许用户设定数目不限的虚拟 FTP 站点，但是每一个虚拟 FTP 站点都必须拥有一个唯一的 IP 地址，不支持通过主机名区分不同的虚拟 FTP 站点。

3）SMTP 服务

支持简单邮件传输协议（Simple Mail Transport Protocol，SMTP）。IIS 4.0 允许基于 Web 的应用程序传送和接收信息。启动 SMTP 服务需要使用 NT 操作系统的 NTFS 文件系统。

4）NNTP 服务

支持网络新闻传输协议（Network News Transport Protocol，NNTP），提供内容不同的若干个新闻组服务，允许用户在任何一个新闻组发表意见、进行交流和观点讨论等。

本实验主要了解其中最重要的 WWW 服务，在真正熟悉 WWW 服务之后，其他类型的服务也可做到触类旁通。

4.6.3 操作步骤

1. IIS 的安装

IIS 是作为组件被捆绑在 Windows NT/2000 及以上版本或 XP 中的，安装 IIS 有两种方式：一种是自定义安装 Windows 时选择安装 IIS 组件；但如果是典型安装 Windows，IIS 组件是不自动安装的，这就需要添加 Windows 组件。具体方法如下：

1）启动 Windows 组件向导

在“控制面板”窗口中双击“添加或删除程序”图标，在弹出的“添加或删除程序”窗口中单击“添加/删除 Windows 组件”按钮，则启动了 Windows 组件向导，如图 4.102 所示。

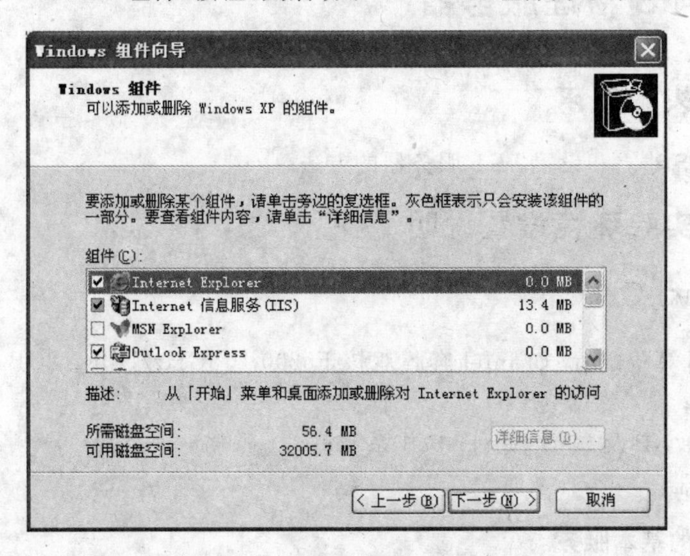

图 4.102 启动 Windows 组件向导

2）选择 IIS 组件

勾选并双击“Internet 信息服务(IIS)”打开详细列表，选中需要添加的组件，如“Internet 信息服务管理单元”、“万维网服务”、“公用文件”和“文件传输协议(FTP)服务”等，如图 4.103 所示。单击“详细信息”按钮，可查看该服务的描述信息。

IIS 安装过程和结果分别如图 4.104 和图 4.105 所示。

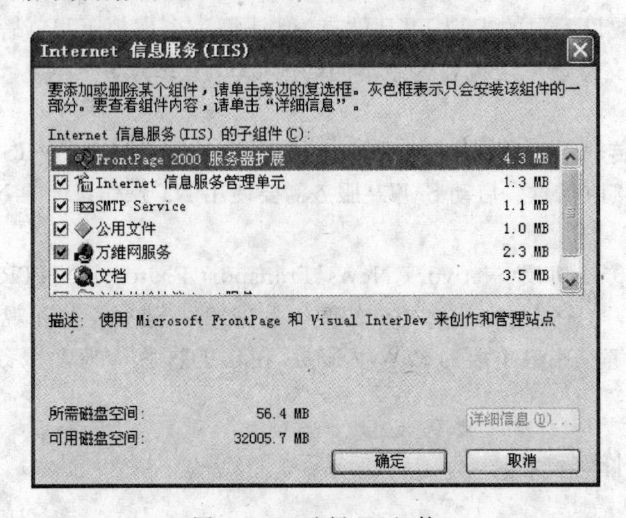

图 4.103 选择 IIS 组件

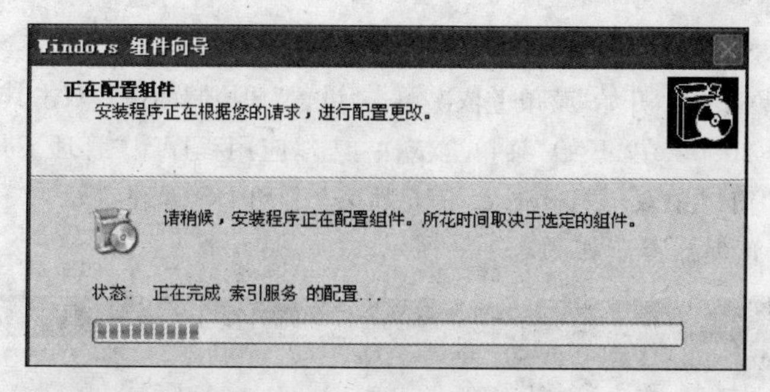

图 4.104 IIS 组件安装过程

图 4.105 IIS 组件安装完毕

2. 打开 IIS 设置窗口

打开 IIS 管理器的方式取决于 IIS 的版本和操作系统。表 4.4 显示了适用于各种 Windows 操作系统的 IIS 版本。

表 4.4 不同 IIS 版本的启动方式

操作系统	IIS 版本	从“运行”对话框中启动	从管理服务控制台启动	在命令提示符处打开	从管理工具打开
Windows Server 2008	IIS 7.0	√	√		
Windows Server 2003	IIS 6.0			√	√
Windows XP Professional	IIS 5.1				√
Windows Server 2000	IIS 5.0			√	√

启动 IIS 管理器的具体操作如下：

1）在“运行”对话框中利用命令提示符启动 IIS 管理器

(1) 在“开始”菜单上单击 “运行”。

(2) 在“运行”对话框中输入“inetmgr”，然后单击“确定”按钮启动 IIS 管理器。

2）从管理服务控制台启动 IIS 管理器

不同 Windows 版本的管理服务控制台的打开方法有所区别：

(1) Windows Server 2003：在“开始”菜单上单击“管理工具”。

(2) Windows XP：在“开始”菜单上依次单击“设置”|“控制面板”，双击其中的“管理工具”。

(3) Windows 2000：在“开始”菜单上依次单击“应用程序”|“管理工具”。

在“管理工具”窗口中双击“Internet 信息服务”启动 IIS 管理器。

打开后的 IIS 管理器界面如图 4.106 所示。

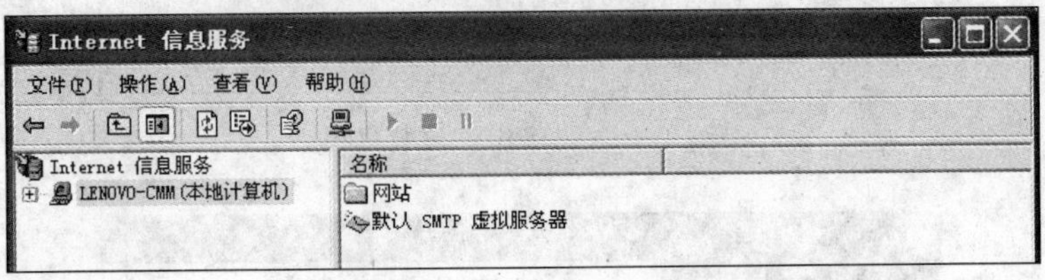

图 4.106 IIS 管理器启动界面

双击 IIS 管理器界面中的计算机名可以看到该物理设备中建立站点的情况，如图 4.107 所示。

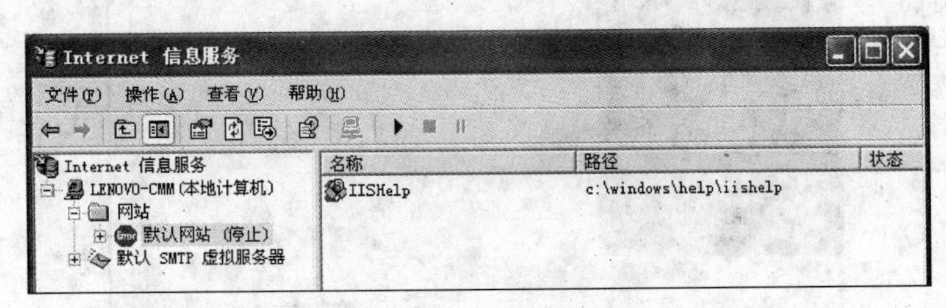

图 4.107 在 IIS 管理器界面中查看站点状态

如果需要设置的站点当前处于“已停止”的状态，则需要启用该站点。右击要启用的站点，从弹出的快捷菜单中选择“启动”命令即可，如图 4.108 所示。

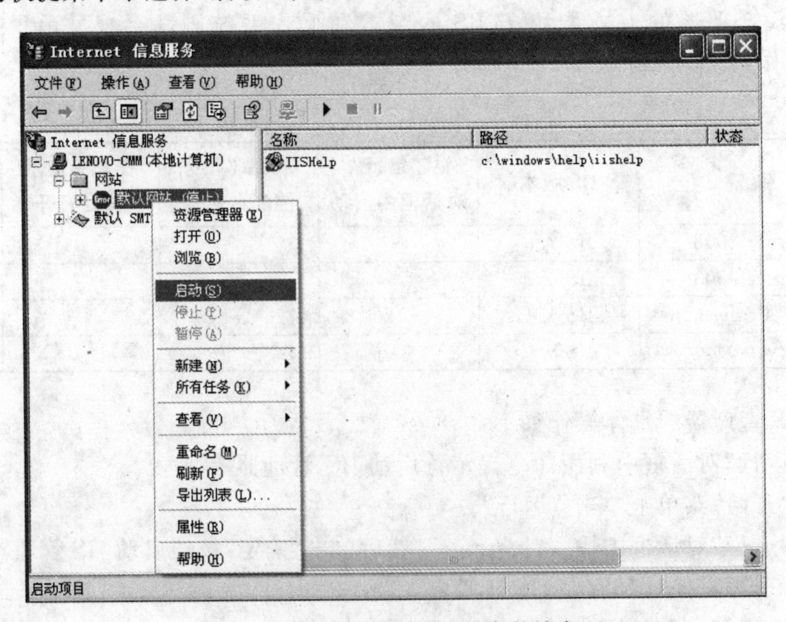

图 4.108 启动“已停用”状态的站点

3. 创建 Web 物理站点

方法一：以 Windows 2003 环境下的 IIS 服务器为例说明新建站点的过程。

1) 新建站点

打开图 4.109 所示的“Web 站点创建向导”。

2) 输入站点标识信息

打开 Web 站点创建向导，并按向导提示依次输入站点名、使用的 IP 地址和 TCP 端口号、站点的主机头名等站点标识信息，如图 4.110 和图 4.111 所示。

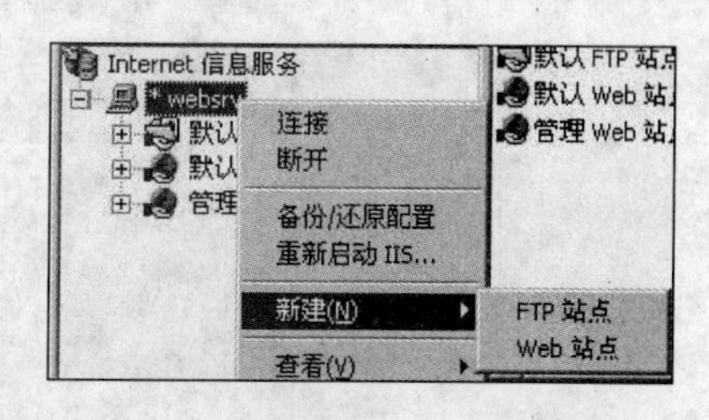

图 4.109 打开 Web 站点创建向导

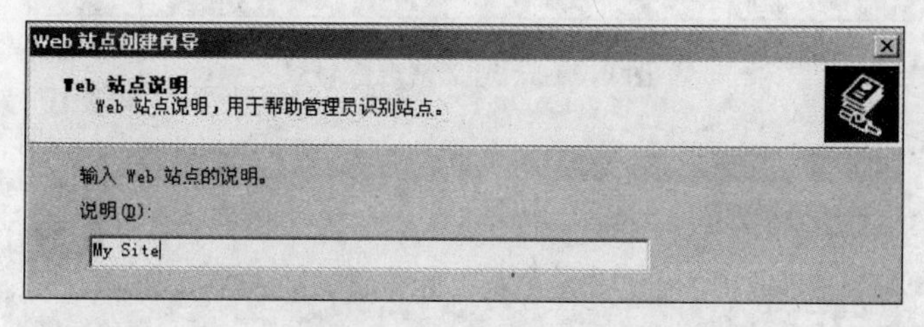

图 4.110 定义站点名

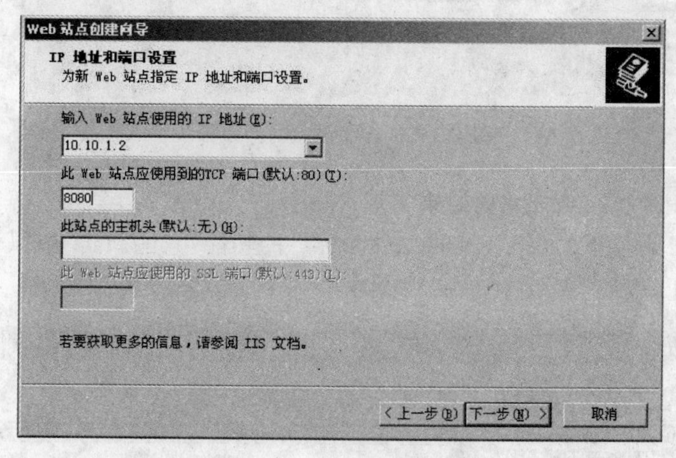

图 4.111 定义站点标识

通常，默认的访问 Web 站点的是 80 号端口，所以，除非新建的站点使用不同的 IP 地址或停止其中的一个站点，否则用户在访问 IP 和端口号相同且同时都启动着的两个站点时会发生冲突而无法正常显示。

3) 设置站点主目录

通过“Web 站点创建向导”设置站点时，还要求提供用于存储该站点内容的主目录。请注意，除非是建立企业内部网，否则一般情况下都应选中“允许匿名访问此 Web 站点”复选框，如图 4.112 所示。

4) 设置站点访问权限

要使得用户能够通过匿名的方式正常访问所有的站点内容，需要选中相应的选项，如图 4.113 所示。

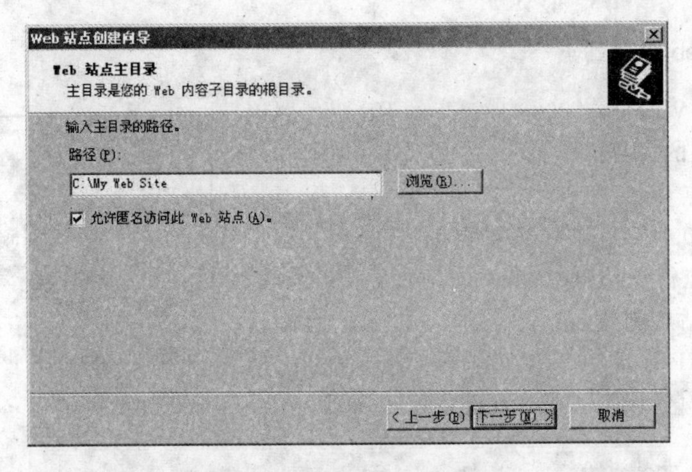

图 4.112 定义站点主目录

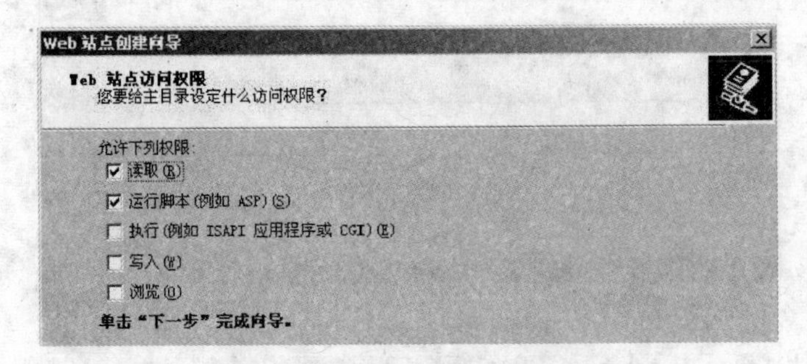

图 4.113 定义站点访问权限

方法二:利用虚拟目录创建向导来实现。

Windows XP 环境下的 IIS 不支持"新建站点"的功能,只能新建"虚拟目录",配置虚拟目录的权限,如图 4.114 所示。

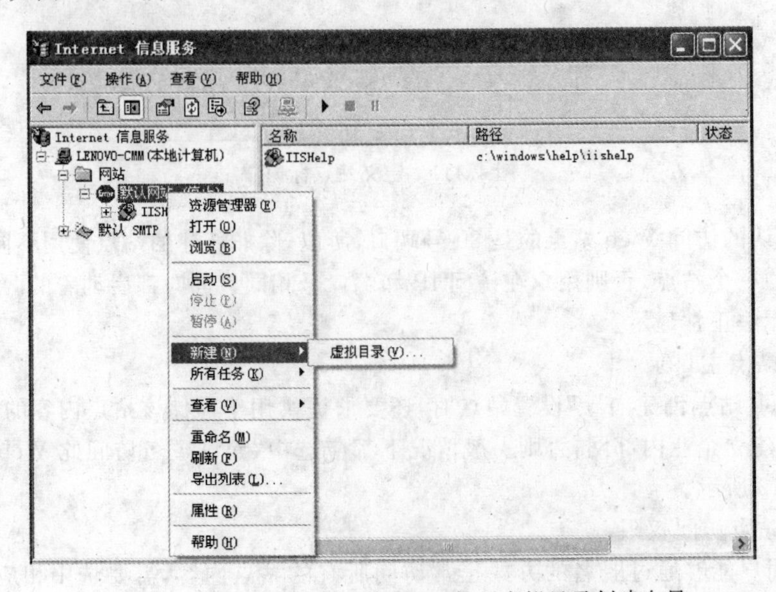

图 4.114 Windows XP 环境下 IIS 打开虚拟目录创建向导

本实验就可采用这样的方法为在线书店创建物理服务器。具体方法如下：

(1) 输入虚拟目录别名，如图 4.115 所示。

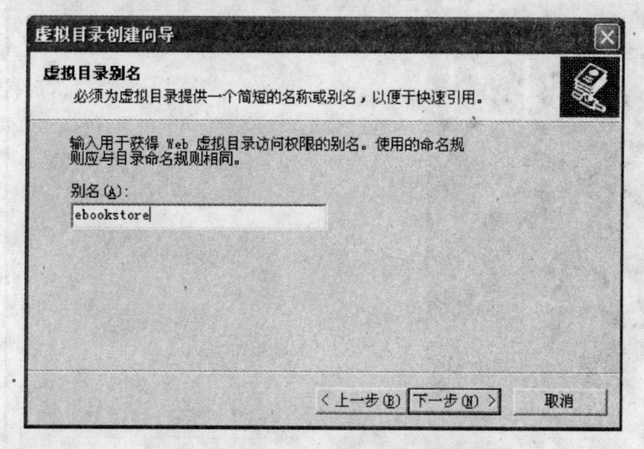

图 4.115　输入虚拟目录别名

(2) 输入网站内容所在的目录路径，如图 4.116 所示。

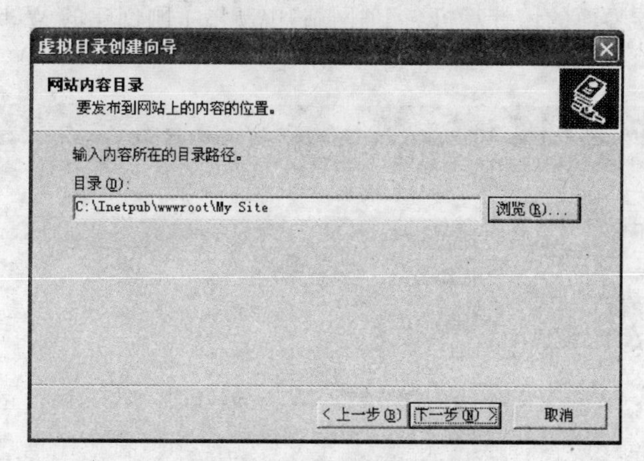

图 4.116　定义虚拟目录的路径

(3) 设置虚拟目录的访问权限，如图 4.117 所示。

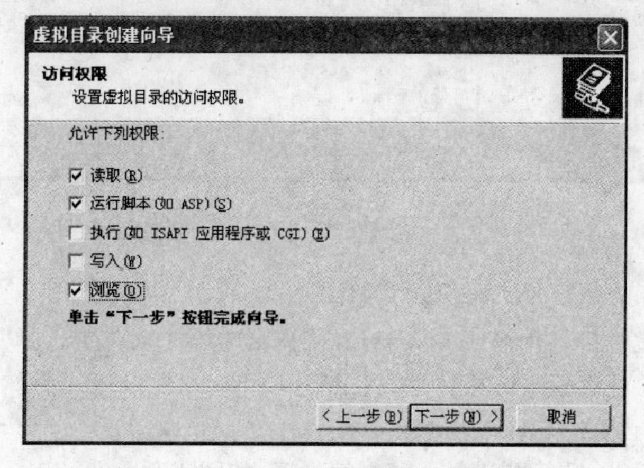

图 4.117　设置虚拟目录的访问权限

(4) 完成虚拟目录的创建,如图 4.118 所示。

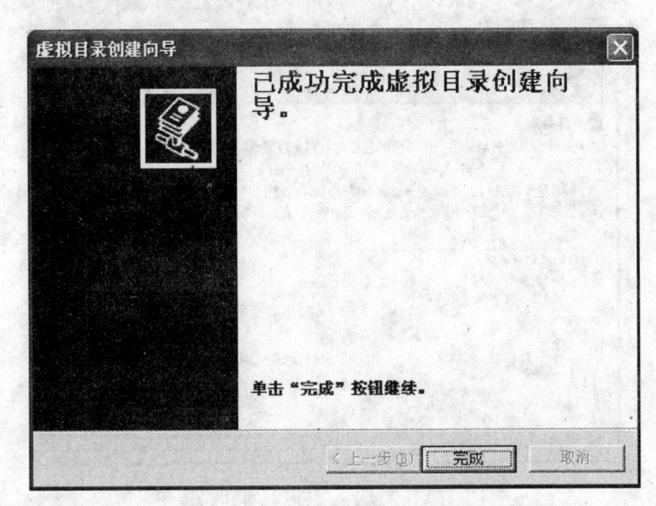

图 4.118 完成虚拟目录的创建

此时,IIS 管理器界面的该计算机名下"网站"中新增了刚创建的 Web 站点虚拟目录,如图 4.119 所示。

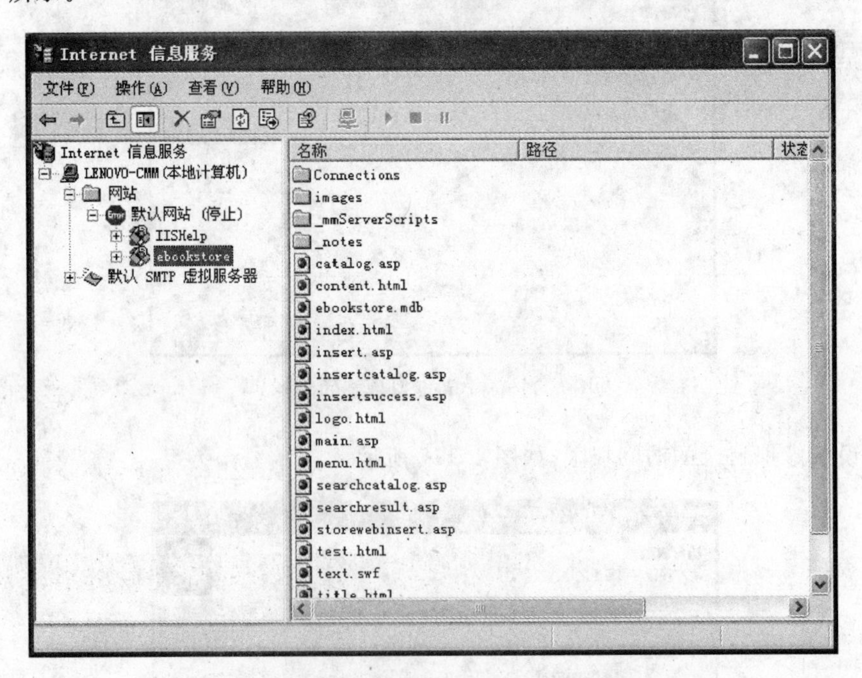

图 4.119 创建的名为 ebookstore 的 Web 站点虚拟目录

(5) 检查虚拟目录设置并添加默认文档。

右击新创建的虚拟目录别名 ebookstore,从弹出的快捷菜单中选择"属性"命令,在弹出的"ebookstore 属性"对话框中选择"虚拟目录"选项卡,如图 4.120 所示。检查本地路径、访问权限等设置,如有必要进行修改。

选择"文档"选项卡,进行默认主页的文档设置,如图 4.121 所示。

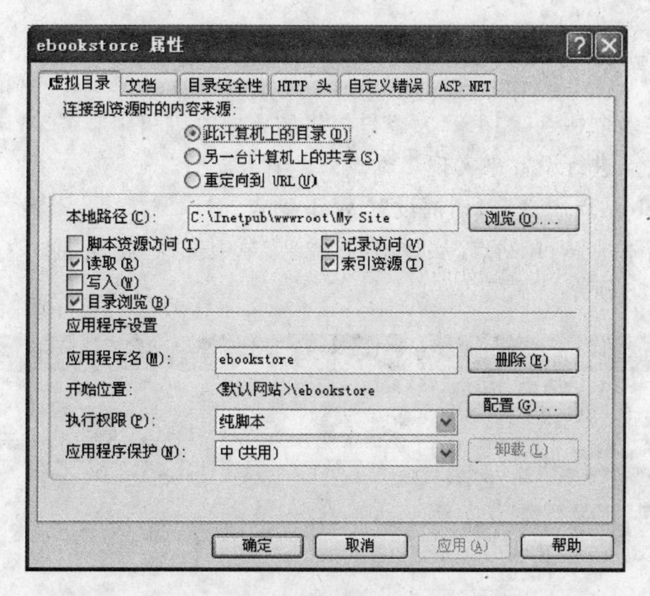

图 4.120　检查虚拟目录设置

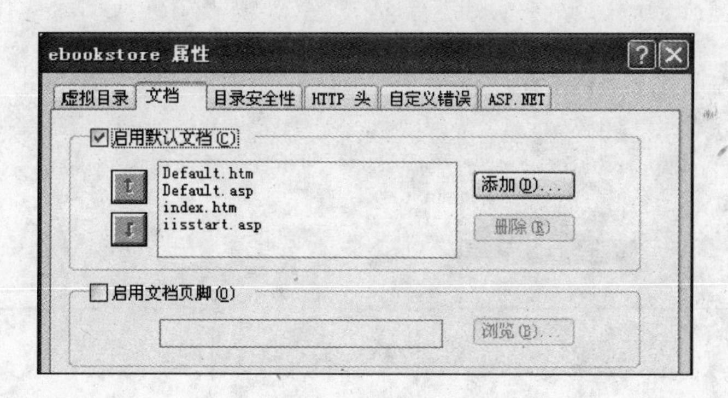

图 4.121　选择“文档”选项卡

单击“添加”按钮，在弹出的“添加默认文档”对话框中的“默认文档名”文本框中输入“main.asp”，如图 4.122 所示。

利用左侧的箭头将该文件置于列表框最上端，以便优先被 IIS 服务器调用，如图 4.123 所示。

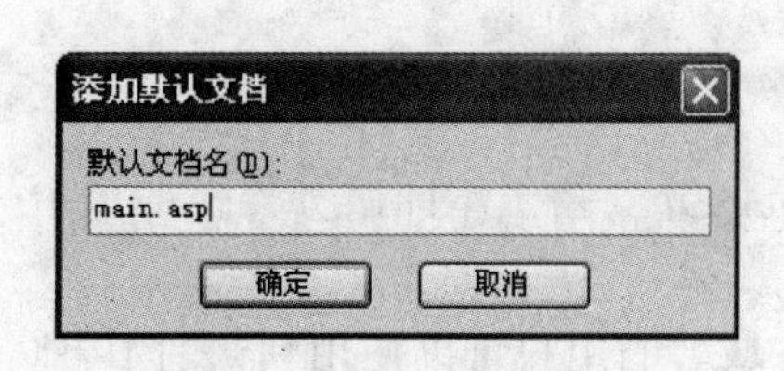

图 4.122　添加默认文档

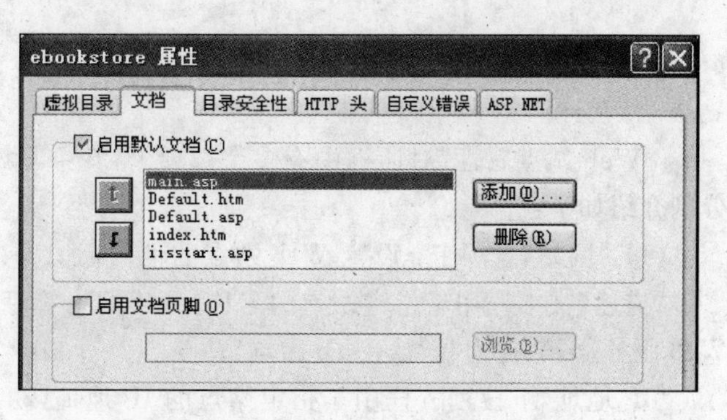

图 4.123　将添加的默认主页文档置于列表框最上端

4. 设置 Web 站点

有时需要建立多个站点，如 ISP 为客户提供的虚拟主机租用服务，Windows XP 环境下只能通过对默认站点进行设置来实现多站点。

可以利用“Web 站点属性”对话框设置 Web 站点。

右击计算机名下的 Web 站点，从弹出的快捷菜单中选择“属性”命令，打开该对话框，如图 4.124 和图 4.125 所示。

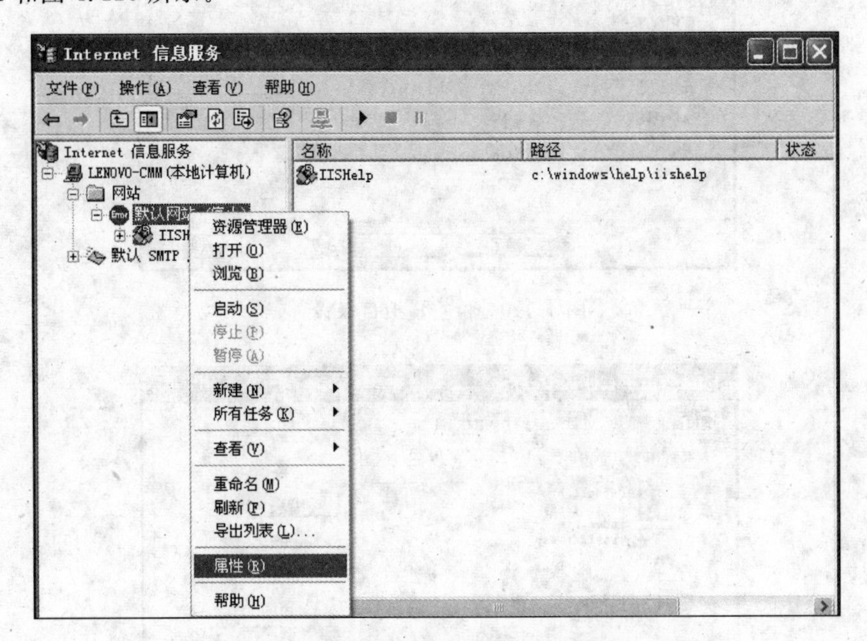

图 4.124 打开“Web 站点属性”对话框

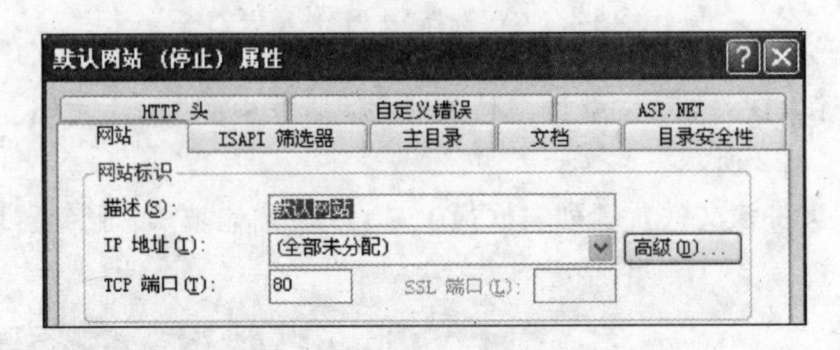

图 4.125 “Web 站点属性”对话框中的“网站”选项卡

“Web 站点属性”对话框中有多个选项卡，其中与站点设置有关的选项卡主要有三个，分别介绍如下：

(1) “网站”选项卡：设置 Web 站点的唯一标识。

“描述”文本框用于指定站点的名称，便于网络管理员区分安装于不同服务器上的多个 Web 服务器，缺省为“默认 Web 站点”。

“IP 地址”下拉列表框用于指定站点的 IP 地址，动态域名的用户可以使用默认的 IP 地址，即选中“全部未分配”选项。

“TCP 端口”文本框用于指定接收 Web 请求的 TCP 端口，不可空，选择默认值 80 时，用户只需使用 IP 地址就可以直接访问该站点；而使用其他值时，则访问时需要在 IP 地址后提供端口号，即 http://IPAddress:port。

单击“高级”按钮，打开“多 Web 站点高级配置”对话框，如图 4.126 所示，可对多 Web 站点进行配置。

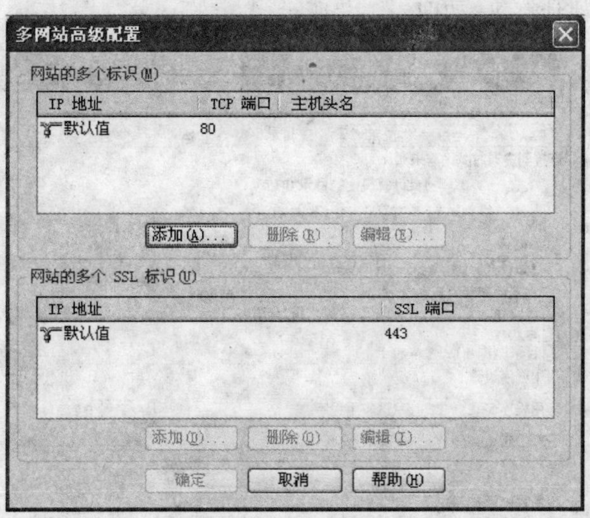

图 4.126　打开“多 Web 站点高级配置”对话框配置多 Web 站点

每个 Web 站点都支持一域多主机头名，即使用一台主机利用同一 IP 地址和同一端口支持多个域名，减少对 IP 的需求。故使用数字证书的 Web 站点无法与其他站点共享 IP。

每个 Web 站点标识的唯一性决定了当域名、主机头名或端口号三者中任一特征变化则表示不同的站点，具体如下：

- 一个 IP、多端口的多站点，其缺点是访问时需要输入端口号；
- 一个 IP、一个端口、多主机头名的多站点，其缺点是使用 SSL 时不可使用主机头；
- 多个 IP 的多站点，优点是访问时无须输入端口号，使用主机名、IP 地址、域名均可进入网站。

多站点的设置方法如下：删除“全部未分配”项，单击“添加”按钮，在对话框中为某 IP 添加主机头名(域名)。

“SSL 端口”文本框用于指定使用安全套接字层(SSL)提供的公钥加密技术确保网络敏感信息传输的端口，默认值为 443。

(2)“主目录”选项卡：设置 Web 站点主目录。

主目录是指保存 Web 站点的文件夹，一般默认的 Web 站点都使用默认文件夹 C:\Inetpub\wwwroot。

① 指定站点的主目录。

当网站中文件多，特别是包含大量多媒体和程序文件时，由于磁盘容量的限制，或者建立了多个站点，就需要专门设置主目录，可以定位于本地计算机的其他目录，也可以是另一台计算机上的共享文件夹。原则上不推荐使用后一种方式，因为普通用户访问网站时，会要求输入该计算机的用户名和密码,更重要的是,当该机的高权限用户登录时,会给网站带来安全隐患。

可选中"此计算机上的目录"单选按钮,在"本地路径"文本框中输入本地计算机的其他磁盘,如 D:\Server\wwwroot,实现主目录的设置;或选中"另一台计算机上的共享"单选按钮,在"网络目录"文本框中输入统一命名约定(UNC)服务器名和共享文件夹名,如\\Server\homepage,定位于其他计算机,如图 4.127 所示。

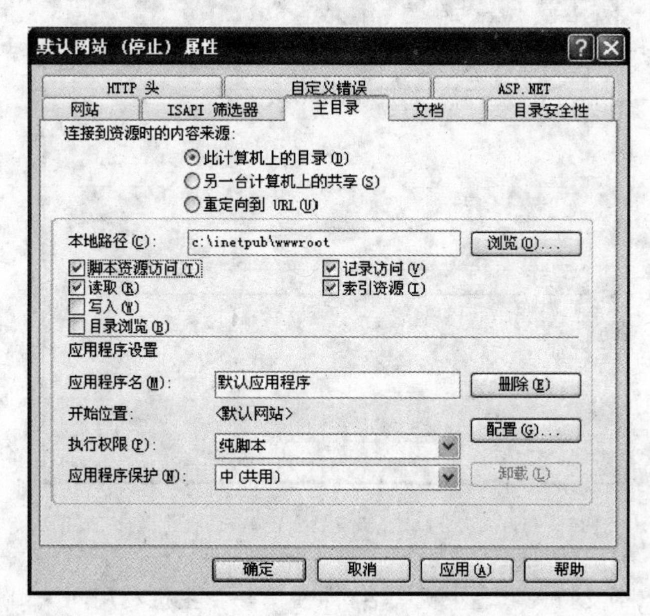

图 4.127 "主目录"选项卡

当网站维护、更新和转移等情况下,为确保用户的正常访问,需要使用"重定向到 URL"这一功能,类似于传统邮政服务中的转发地址,将访问者对原网站的访问请求重新定向到指定的 URL。注意,输入的 URL 既可以是 IP 地址或域名,如 http://202.120.148.1 或 http://www.dhu.edu.cn;也可以是某个文件夹或虚拟目录,如 http://202.120.148.1/ectraining 或 http://www.dhu.edu.cn/mp3。

② 设置对主目录的访问控制。

即设置用户对站点内容的访问权限。具体如下:

- "脚本资源访问"权限:允许用户访问源代码,如 Active Server Pages (ASP) 程序中的脚本。注意,此权限只有在授予"读取"或"写入"权限时才可用。特别值得注意的是,授予脚本资源访问权限用户可以从 ASP 程序的脚本中查看到用户名和密码等敏感信息,甚至能够更改服务器上运行的源代码,从而严重影响了服务器的安全和性能。请慎重操作。
- "读取"权限:默认情况下是选中的,允许用户查看、下载文件或文件夹及其相关属性。
- "写入"权限:允许用户把文件及其相关属性上传到服务器中启用的文件夹,或允许用户更改启用了写入权限的文件的内容及属性。
- "目录浏览"权限:允许用户查看虚拟目录中的文件和子文件夹的超文本列表。请注意，文件夹列表中并不显示虚拟目录，用户必须知道虚拟目录的别名。

- "记录访问"权限：可在日志文件中记录对此文件夹的访问。只有在为网站启用了日志记录时才会记录日志条目。
- "索引资源"权限：允许 Microsoft 索引服务在网站的全文索引中包含该文件夹，以便用户对此资源执行查询。

③ 进行执行应用程序的许可设置。

具体如下：

- 选择"无"表示不允许在服务器端运行任何可执行应用程序或脚本，即用户只能访问 HTML 文件和图像文件等静态内容。
- 选择"仅脚本"表示只能在服务器上运行诸如 ASP 程序之类的脚本。
- 选择"脚本和可执行文件"表示可以访问或执行所有文件类型。

(3)"文档"选项卡：启用默认文档。

① 启用默认文档。

默认文档是指当输入 IP 地址或域名时，在 Web 浏览器中显示出来的页面，即主页。默认文档可以设置多个，如图 4.128 所示。

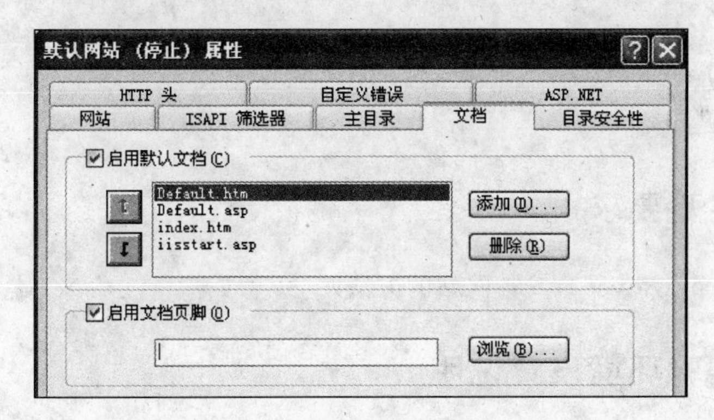

图 4.128 "文档"选项卡

IIS 默认的主页文档文件名为 Default. htm 和 Default. asp，所以当主页文件名为其他如 Index. htm、Index. asp 等时，就需要单击"添加"按钮输入，并使用箭头按钮调整其在列表框中的次序。本实验中可以添加 main. asp 并置于列表框最上方以优先被 IIS 调用，其方法与利用虚拟目录创建网站时设置默认文档的方法一样，这里不再赘述。

② 启动文档页脚。

可以自动为网站的页面加上脚注，主要用于添加站点的 LOGO、Copyright 等每页的公共信息。必须简捷，以免降低服务器性能。

4.6.4 实验报告

(1) 东华 EB 公司的 Web 站点标识为"东华商网"，申请了一个 IP 地址，而且不准备使用 SSL，公司希望主要的职能部门如市场部和客户服务部有自己独立的子站点，其中市场部的 URL 地址为 http://www. dheb. com:8101(或 http://202. 120. 148. 1:8101)，而客户服务部的 URL 地址为 http://www. dheb. com:8102(或 http://202. 120. 148. 1:8102)。请根据东华 EB 公司对其站点的要求进行服务器设置。

(2) 选择图 4.129 中的任一种情况，据所示设置多 Web 站点服务器。

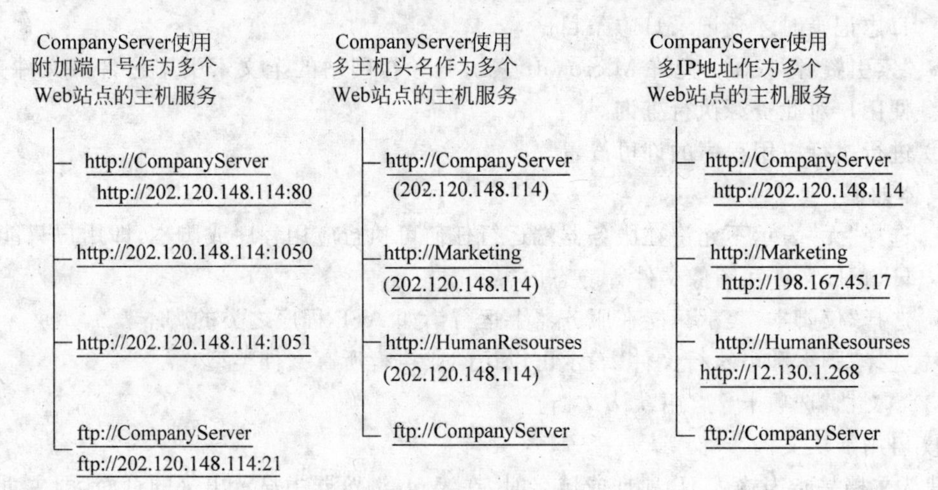

图 4.129 多 Web 站点的三种不同情况

4.7 发布网站

4.7.1 实验要求

学习利用 Dreamweaver 8 发布网站的方法。

4.7.2 实验环境设置说明

- 主流的计算机配置(如 Intel 奔腾双核 E5200 2.5GHz/DDR2 2GB 内存/512MB 独立显卡)；
- Windows XP 操作系统并安装了 IIS 组件；
- Dreamweaver 8。

4.7.3 操作步骤

1. 利用站点视图了解站点当前结构和更新状况

站点视图按文件的存储位置和逻辑结构分为 4 种：本地视图、远程视图、测试服务器和地图视图。

本地视图：用来显示存储于本地硬盘上的本地站点目录、文件结构和更新情况，如图 4.130 所示，可以通过单击更新操作的相关按钮来管理文件并将文件传输到 Web 服务器和从 Web 服务器接收文件。

远程视图：远程视图下的站点文件夹是为 Web 应用程序在 Web 服务器上创建的文件

夹，用于显示远程站点的目录、文件结构和更新情况，与本地视图中不一定同步。

测试服务器：显示测试服务器的目录、文件结构，如图 4.131 所示。

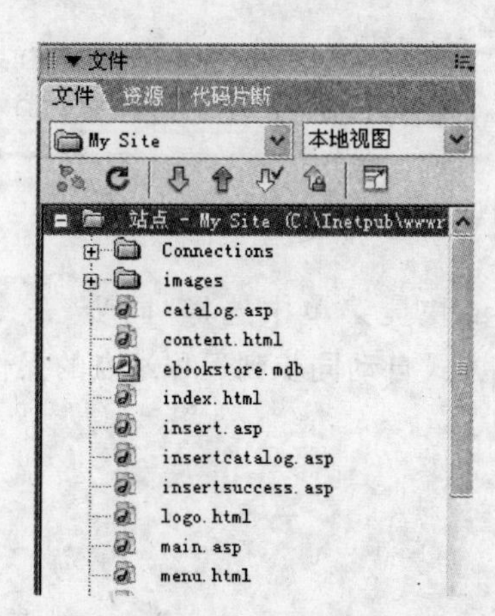

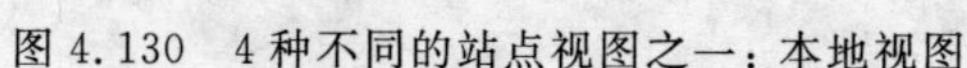
图 4.130　4 种不同的站点视图之一：本地视图

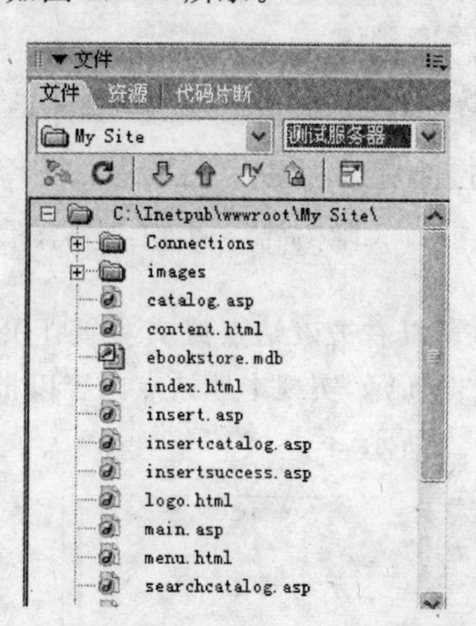

图 4.131　4 种不同的站点视图之二：测试服务器

在协作环境中工作，可以在本地和远程视图中存回和取出文件，使文件可供开发小组其他成员取出和编辑。但不能将存回/取出系统用于测试服务器，只能将“获取”和“上传”功能用于测试服务器。

取出文件等同于声明“我正在处理这个文件，请不要动它！”，视图中被取出的文件图标旁边会显示一个红色或绿色的选中标记，该标记只对开发者本人有意义，不同的开发者在自己的开发环境中看到的标记可能是不同的：

- 绿色选中标记表示开发者本人已取出该文件；
- 红色选中标记表示小组中其他开发者已取出该文件；
- 锁型标记表示该文件对开发者本人是只读的。

地图视图：基于文档链接关系的视图，为开发者展示了站点的逻辑结构而不是存储结构，即用户访问时看到的站点结构，如图 4.132 所示。

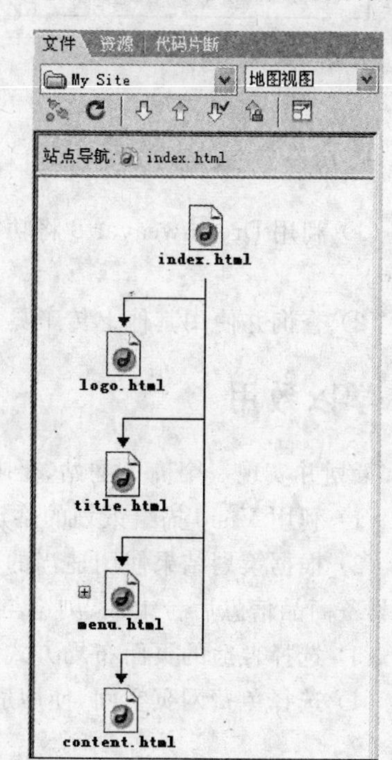

图 4.132　4 种不同的站点视图之三：地图视图

2. 站点文件更新和发布

站点文件的更新操作主要有 4 种：上传(put)、获取(get)、取出(check out)和存回(check in)，分别通过“文件”面板中的“站点”选项卡的工具条中的 4 个箭头手工完成相应的操作，如图 4.133 所示。

还可以在“文件”选项卡的菜单栏中单击上传按钮 ，以批量方式自动同步本地站点和远程站点内容，如图 4.134 所示。

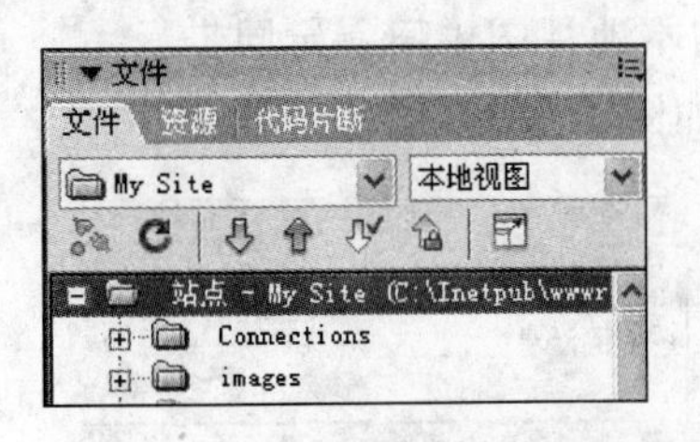

图 4.133 4种不同的站点文件更新操作

图 4.134 批量方式自动同步站点内容

也可以右击该站点或其中要上传的文件，从弹出的快捷菜单中选择“同步”命令，如图 4.135 所示，实现本地站点内容以批量或单个文件的方式自动同步到远程站点的操作，如图 4.136 所示。

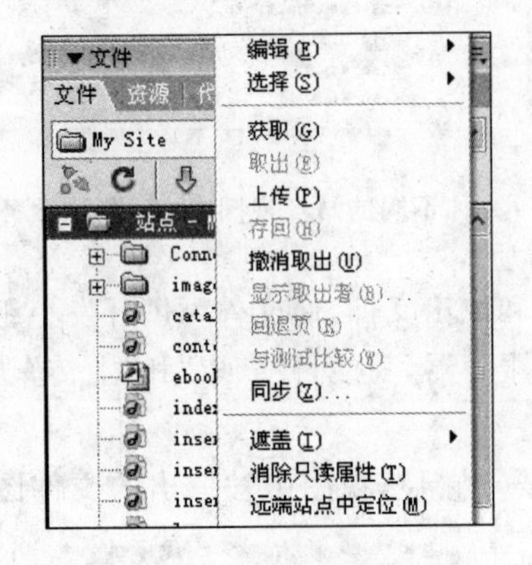

图 4.135 选择“同步”命令

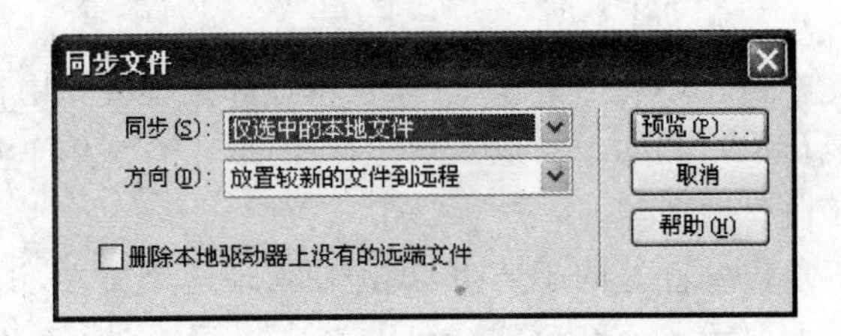

图 4.136 “同步文件”对话框

4.7.4 实验报告

(1) 利用 Dreamweaver 8 将功能调试好的 eBookStore 网站上传到事先设置好的 IIS 服务器上。

(2) 查询并使用其他上传工具，了解其功能和使用方法。

学以致用

策划并实现一个商务网站，要求：

(1) 利用 Visio 描绘策划的站点结构；

(2) 根据策划结果使用适当的网页制作工具实现 2～3 个基本动态功能及相关静态页面，具备商品信息后台录入、浏览与前台查询等功能；

(3) 选择合适的页面布局方式合理安排网页内容，自行确定页面风格，美观实用即可；

(4) 选择免费网页空间，使用适当的上传软件实现该商务网站的上传。

第三篇

维护管理篇

商务网站管理概述

学习目标

- 了解商务网站管理的目标、步骤和内容，理解网站维护、内容管理和运营管理的核心任务；
- 重点学习商务网站运营管理的主要方法：
  - 理解事件、对象和计数器等概念，掌握系统性能监视与优化的基本方法；
  - 熟悉不同的日志类型、日志格式及其特点，理解基于服务器日志的网站用途分析的意义。

5.1 商务网站管理的目标和步骤

当电子商务发展到高级阶段，企业的每项业务都实现电子化和信息化，企业对商务网站的依赖性将越来越大，确保网络及网站性能的高效性和稳定性成为电子商务企业越来越关注的问题，这是确保企业网络经营成功的关键因素之一。

5.1.1 商务网站管理的目标

商务网站管理的目的就是要维护企业 Web 体系架构的正常，具体目标概括起来有以下两个主要方面：

(1) 确保其网络畅通，Web 体系架构内部各部分保持正常稳定运行，这是电子商务网站提供服务的前提条件；

(2) Web 应用服务能够通过广域网和 Internet 迅速而准确地传递给用户，这是确保网站提供高质量应用及服务的关键。

这两个目标也正是衡量一个高质量的 Web 体系架构的标准。

5.1.2 商务网站管理的步骤

商务网站管理是贯穿网站开发、运营全过程的，一般包括以下几个步骤：

(1) 功能与压力测试。

(2) 性能监测。

(3) 实时报警。

(4) 错误定位与诊断。

（5）功能改进与错误修正。

其中，功能测试和压力测试是在网站开发完成后发布上传之前进行的，功能测试是通过模拟用户实际访问站点，逐项检验网站各项功能，看 Web 应用是否按照预先的需求设计正常进行。压力测试则是用于检验网站性能的，模拟大量用户同时与网站进行交互，帮助系统管理人员分析导致性能问题的瓶颈资源所在，以便在网站上传之前将问题解决。

由于 Web 体系结构的复杂性、网站的动态交互性、影响网站功能的因素多样性，使网络性能变得非常脆弱，网络任何设施结构的变化都会影响其正常运行，任何一项应用或系统的升级都可能危害到当前的业务流程，因此，在网站实际运行过程中对 Web 体系架构中核心资源进行有效监测成为网站管理员的一项主要任务。主要包括以下几方面工作：

（1）网站管理员应通过 Web 系统的性能监测工具对系统 Web 应用及 IT 架构组件进行不间断实时监测，一旦发现问题及时进行修正与改进；

（2）要建立故障警报和快速诊断机制，及时发现 Web 体系硬件或应用中已经出现的问题和故障根源，以便及时排除故障；

（3）尽量建立预警机制，尽早了解系统中可能或将要发生的问题，以便加以防范，减少故障发生的几率。

最后，值得注意的是，商务网站管理不仅要从技术层面上实施，还要考虑财务、市场等方面的因素，如根据用户在实际应用中的反馈准确地找到影响网站性能的瓶颈，结合经济可行等因素不断优化网站的性能，确保网站的速度和通信量。此外，还要观察商务网站的外来访问情况，跟踪包含有商业交易的步骤，分析商务网站“幕后”的数据等，才能保证为用户提供更好、更完善的服务。

5.2 商务网站管理的内容

对网站在实际运行过程中的管理主要有三项任务：一是维护网站及对网站的内容进行管理，包括更新网页、维护数据库以及检查断开的链接；二是维持网站的安全；三是监视网站的性能。

5.2.1 网站维护

网站维护是一项长期的工作，尤其对商务网站的成功至关重要，决定着能否长期及时地给用户提供有用的信息和有效的服务。维护的内容主要包括以下几方面：

1. 网页内容更新

为确保网站页面质量精益求精，要经常测试页面，查缺补漏。可以使用浏览器直接查看网页，还应注意收集留言板中用户的反馈信息，如反映网页存在的问题，对网站内容和页面布局提出的一些有价值的建议等，对这些反馈应予以回复并及时改善。

网页维护中还应注意不断更替留言板中存放的内容，提取有用信息，删除已查看过的或无效的信息，以减轻应用程序运行时的内存负担，提高服务器的稳定性和响应速度。

网页发布后，要不断地更新与增加网页内容，保持网站信息的新颖性和丰富性，从而确保网站一定的访问量。可通过分析系统日志确定要增删的网页内容，了解用户对服务器资源的访问情况，同时也要参考用户的意见和建议。另外，每次更新都应进行相应地标识或在公布栏中发布消息。

2. 网页布局更新

在商务网站林立的今天，要想长时间地赢得大量的“眼球”，还要对网站定期进行布局更新，包括颜色、字体、图片和首页等的更新。对首页更新是所有更新工作中最重要的，因为人们很重视第一印象，一般是保证网站风格或形象不变前提下重新制作首页。其他页面的更新，可采用更新模板、资源库和CSS样式的方法。

3. 网站升级

网站升级工作主要包括以下几个方面：

1）网站应用程序升级

网站应用程序经过长时间的使用，难免会出现一些问题，比如泄露源代码、注册用户信息和网站管理者信息等，产生很严重的后果，如服务器停机或法律纠纷等，一定要对应用程序进行监控，一旦出错，则马上修改。

2）网站后台数据库升级

网站在长时间运行后，随着业务量的增长，数据库会出现速度问题，尤其是对小型数据库，如Linux环境下采用免费的MYSQL数据库，当大批量的数据访问时会引起服务器停机。所以一旦发现访问量增大，网站响应速度变慢时，就要考虑数据库该升级了。在Windows下可升级到SQL、DB2、Oracle，在Linux下可升级到Oracle、DB2等商业数据库，以确保企业完成电子商务中的各种任务。

3）服务器软件的升级

服务器软件随着版本的升高，性能和功能都有所提高，适时地升级服务器软件能提高网站的访问质量。

4）操作系统的升级

另外，一个稳定强大的操作系统也是服务器性能的保证，但是操作系统升级存在一定的风险性，所以应该根据操作系统稳定性的情况决定是否升级操作系统。例如Windows的Windows Update升级，Linux中的内核升级等。为保证Web服务正常提供，每次升级前应该提醒用户，并选择在访问量相对较低的时间段进行升级，从而最大限度地减少因升级为用户带来的影响。

5.2.2 商务网站的内容管理

1. 网站的内容

网站内容是一个外延很广的概念，具体指以下几个方面：

- 网页：包含文本、图像、控件、脚本和声音等其他多媒体网页元素；
- 编程逻辑：包括支持电子商务活动的应用程序、中间件和数据库程序等；
- 交易信息：用于交互或在交易中产生的信息；

- 可下载或在线观看的信息；
- 支持内容：建立超链接的辅助网站上的内容。

2. 商务网站内容管理

商务网站内容管理是指在企业开展电子商务活动过程中，对商务网站开发、系统运行、维护和业务操作等环节产生的数字资产进行的管理，包括以下两个主要方面：

1）网站内容管理

即在网站建设和维护过程中，对各种内容进行设计、创作、批准、发布、转换、监视、测试、存储、归档、撤销、报告、分析和总结等。

2）电子商务内容管理

电子商务内容管理是基于业务应用层的管理，即电子商务活动中输入、输出信息流的管理，包括信息发布管理、企业在线支付管理、在线购物管理和客户信息管理等。在运行基于Web的应用之后，可通过内容管理工具跟踪和管理商务网站的活动，如金融交易、文件或表格的所有链接的安全性和完整性，获得每个链接的属性和有用的URL统计，生成通用文件形式和数据库格式的定制报表和输出报表等。

5.2.3 商务网站运营管理

商务网站运营管理是对网站运行平台的维护管理及网站运行过程的信息统计和管理等。

1. 网站用途分析

分析从Web服务器的日志文件中搜集的数据，包括通过防火墙来往的通信量信息、带宽利用情况的统计、传送数据所使用的协议以及单个用户的有关信息，如某个用户通过该商务网站的路径等。

通过监控数据库应用服务器来了解各种数据库标准，如ODBC、SQL、Informix和Sybase等，并搜集和处理商务网站的交易数据。

目前，网站管理领域最新的工具可以提供这些功能。

2. 带宽、性能测试

一个好的商务网站必须能够处理通信负载，并具有一定可扩展性以处理突然增加的通信负载。

可以通过软件工具测试系统的表现和性能，如模拟用户的通信环境（如通过10Mbps的无线连接或100Mbps的本地连接）来执行基于Web的应用，以测量反应时间、网络延时和服务器应用性能。

其次，要确定在不同的浏览器中商业交易是否能正常进行，Java、ActiveX等技术的工作性能是否良好。

3. 系统性能优化

作为网络系统管理员，需要通过各种工具发现并排除系统运行中的资源瓶颈以优化系统性能，例如，内存占用率达到或接近100%表明系统存在内存瓶颈，如果CPU空闲时间为

0则说明CPU过载，可能是由于内存瓶颈和磁盘瓶颈引起的，也可能是设计不当的应用程序导致CPU不停地“瞎忙”。I/O如果超出规定的每秒操作次数，或不同磁盘间的负载分配不好，一个磁盘超载的同时另一个没有，则需要考虑添加更多磁盘、重新配置磁盘空间或检查器和应用程序。

4. 监控、报警和恢复

可以通过一些报警和监控软件对Web服务器或代理服务器、E-mail服务器、ODBC数据库和路由器进行监视，当组件出现问题时会报警，并对要采取的恢复行动提出建议，根据提示进行自动重新引导服务器、运行程序或执行脚本等恢复操作。

5.2.4 网站的安全管理

网站的安全管理主要包括分析网站安全威胁的来源，并采取相应的安全措施，如采用防火墙技术、对Web服务器进行安全配置等。网站的安全管理必须与其他的计算机安全技术结合起来，如网络安全、信息系统安全等，才能确保网站的安全性。

5.3 使用IIS进行网站运营管理

5.3.1 系统性能监测与优化

IIS系统监视使用的是Windows Server 2000及以上版本提供的自带工具，包括事件查看器、任务管理器、性能监视器和网络监视器。综合运用这些工具才能更好地完成系统监视工作。

1. 监视事件

“事件”是指系统或应用程序中需要通知用户的所有重要事件，或是将被添加到日志中的项目。记录诸如服务启动失败、系统提示出错或者IIS出现的某种异常情况。

事件查看器是Windows Server 2000及以上版本内置的一个用于记录和管理事件的工具，也是管理员查看这些事件的工具。IIS中的网站是靠IIS服务来实现的，例如Web站点依赖于WWW服务，所以服务启动失败这样的事件往往暗示着站点不能正常工作的原因。此外，像TCP/IP错误等网络硬件设备错误这类事件往往也是导致服务器不能正常工作的罪魁祸首。当系统提示出错或者IIS出现某种异常情况时，有经验的管理员通常会先检查事件查看器所记录的事件。

事件查看器包括三类事件日志：应用程序日志、安全日志和系统日志，其中记录的事件种类如下：

(1) 应用程序日志：包含由应用程序或系统程序记录的文件错误等事件，例如，数据库程序可以在应用日志中记录文件错误。通过查看这些信息、警告或错误，可以了解到哪些应用程序成功地运行，产生了哪些错误或者潜在错误。程序开发员决定记录哪一个事件，并可以利用这些资源来改善应用程序。

(2) 系统日志：包含 Windows 2000 系统组件记录的事件，如在启动过程中将加载的驱动程序或其他系统组件的失败记录、Windows 操作系统产生的信息、警告或错误。通过查看系统日志，不但可以了解到系统的某些功能配置或运行情况，还可以得到运行失败或变得不稳定的原因。Windows 2000 可预先确定由系统组件记录的事件类型。

(3) 安全日志：记录安全事件，如有效的和无效的登录尝试，以及与创建、打开或删除文件等资源使用相关联的事件。查看安全日志可以了解到这些安全审核结果成功与否。

检查事件查看器所记录的事件往往可以帮助管理员发现导致服务器不能正常工作的罪魁祸首，甚至预知可能发生的系统异常，从而提前采取措施以防问题出现。

有经验的管理员通常特别关注以下两个方面：

(1) 系统日志中记录的事件。

系统日志中记录着错误、警告和信息三种不同类型的事件，其中错误事件意味着服务启动失败或者某种功能的丧失，属于最严重的系统事件，应当十分关注；而警告事件则意味着存在发生错误的可能，但错误还并未发生，也应予以高度重视。

(2) 事件列表最下方的记录。

事件的记录是按照时间顺序从上到下依次排列的，最先发生的事件在事件列表的最下方，所以，先发生的错误是最致命的，它导致后来发生的全部错误。最下面的错误通常是 IIS 工作不正常的根本原因，可通过双击列表中的事件查阅事件。

2. 系统性能监视

1) 简单的性能监视

任务管理器提供对计算机 CPU 和各种内存使用情况的动态监视，可以达到简单性能监视的目的，功能虽然不够强大，但它灵活易用，对系统影响很小，对于判断系统当前状态，初步了解系统繁忙程度等任务非常有用。这些数据也为系统错误诊断和性能分析提供了可靠的依据，例如 CPU 或内存使用率经常性的居高不下意味着需要升级服务器，过多的进程意味着应当优化 Web 应用程序。

2) 复杂系统的性能监视

对于复杂系统的性能监视工作，还需要借助于系统监视器。在 Windows 2000 中，系统监视器属于核心管理工具之一，用于监视服务器活动或监视所选时间段内服务器的性能，是发现服务器瓶颈问题的主要工具。其功能强大，既可以在实时图表或报告中显示性能数据，也可以在文件中收集数据或在关键事件发生时生成警告。在 Windows NT 4.0 中，系统监视器称为性能监视器。

系统监视器监视的单位称为“对象”，“对象”是指特定的控制服务器资源的服务或机制，例如处理器对象、内存对象和 Web 对象等。每一个对象不同方面的属性则称为“计数器”，系统监视器真正记录的是这些计数器的值。例如处理器对象的%Processer Time 计数器，内存对象的 Pages Fault/Sec 计数器等。

Windows Server 2000 及以上版本已经包括了许多计数器，如 Web 服务计数器、FTP 服务计数器、Active Server Pages 应用程序计数器和 Internet 信息服务全局计数器，这些特殊的 IIS 计数器是在 Windows Server 2000 及以上版本中安装 IIS 服务之后由系统监视器自动添加的。其中 Web 和 FTP 服务计数器与 Active Server Pages 应用程序计数器监视连接活动,Internet 信息服务全局计数器则监视所有 IIS 服务的带宽使用和高速缓存活动情况。

在启动系统监视器之后,并没有任何缺省的监视内容运行,必须添加计数器才能让系统监视器工作。可以曲线图、直方图或报告的形式显示所添加计数器的变化情况。

IIS 服务器性能监视的内容包括两个方面:一是对 IIS 服务性能的监视,二是对服务器硬件性能的监视。前者主要是对 IIS 相关的服务对象进行监视,获得关于站点访问、用户和安全等方面的详细信息;而关于服务器本身的性能监视则涉及当前服务器硬件配置是否能够满足需求的问题。通常,过低的配置不能满足越来越多的用户访问需求,其后果是系统响应速度变慢、例外错误增加等。而构成服务器的各个硬件部分中总有某一或某些组件对系统性能造成的影响相对更大些,这就构成了系统的瓶颈。例如,一台 PⅢ800/32MB 内存/15GB 硬盘的服务器肯定存在着内存瓶颈,导致系统延时服务。但多数情况下,服务器的硬件瓶颈并非一目了然,这时就要借助系统监视器找出瓶颈所在。

通常可能成为瓶颈的部分是 CPU 子系统、内存子系统和磁盘子系统等,对上述对象的典型计数器进行持续的监视,根据监视结果判断瓶颈所在并做出升级计划。

系统监视的方法主要有三种:

利用系统监视器的报告可以进行短期监视以查找系统瓶颈的方法对于一般的 IIS 系统已经足够了,但对于一个更加严格的大型网站服务器,即使是在典型情况下的短期监视,也不能很好地提供瓶颈判断的依据。

为此,可以利用日志文件对服务器进行长期监视,通过统计得到系统对象的平均特性,利用在数小时甚至数天时间中获得的数据建立所谓的"基线",为服务器升级提供可靠的保障。

上述两种系统监视方法都是持续地记录某个计数器的值,但对于某些重要对象的一些关键性计数器,难以及时获知其值是否超过特定的上限或者下限,这就需要建立性能警报进行实时监视,一旦超出警戒值则启动警报,立即将警报信息发送到指定的网络位置或执行预定应用程序,同时在应用程序日志中记录一个警报事件,系统监视器也将持续地监视警报计数器。如发现其值超过推荐范围,即可认定该对象已经成为系统瓶颈。最常见的警报是监视服务器可用磁盘空间警报,它及时向管理员发出磁盘空间不足的信息,避免了由此带来的损失。

表 5.1 列出了一些最典型的计数器及其推荐值。

表 5.1 典型的计数器及其推荐值

对象\计数器	推 荐 值
内存\页数/秒	00～20(如果大于 80,表示有问题)
内存\可用字节数	最少 4MB
内存\提交的字节数	不超过物理内存的 75%
内存\未分页的字节池	固定的(缓慢的增长表示存在内存泄露问题)
处理器\% 处理器时间	小于 75%
处理器\中断次数/秒	与处理器有关。486/66 处理器最大为 1000;P90 为 3500;P200 大于 7000。越低越好
处理器\处理器队列长度	小于 2

续表

对象\计数器	推 荐 值
磁盘(逻辑磁盘或物理磁盘)\% 磁盘时间	尽可能低
磁盘(逻辑磁盘或物理磁盘)\队列长度	小于 2
磁盘(逻辑磁盘或物理磁盘)\平均磁盘字节/传输	尽可能高
全局 Internet 信息服务\高速缓存命中数%	尽可能高
Web 服务\每秒总字节数	尽可能高
Active Server Pages\请求等待时间	尽可能低
Active Server Pages\已排队的请求	0
Active Server Pages\事务数/秒	尽可能高

3. 监视网络

尽管系统监视器提供了相当多的网络属性计数器，但它们都偏重于网络物理性能的情况而非网络数据的内容。而网络监视器则是 Windows Server 2000 及以上版本专门提供的用于采集网络数据流并具有分析能力的工具。

当监视工作的主要着眼点是网络时，应使用网络监视器进行数据采集和处理。它不仅能够提供网络利用率和数据流量方面的一般信息，还能够从网络中捕获数据帧，并能够筛选、解释、分析这些数据的来源、内容等。网络利用率和每秒帧数等有关网络物理特性的信息是判断网络繁忙程度的关键数据。高利用率数据表明网络应该升级。

鉴于大多数网络在网络结构上是基于广播工作的以太网，决定了一台计算机上可以采集到子网内的全部通信量，因此网络监视器的有效范围遍及路由器以内的全部计算机通信。

5.3.2 基于服务器日志的网站用途分析

目前主流的 Web 服务器软件在运行过程中都能自动产生相关服务器日志文件。

1. HTTP 服务器日志文件的种类及内容

HTTP 服务器日志文件有访问日志、错误日志、引用日志和代理日志 4 种类型。

1) 访问日志文件

访问日志文件中保存着一段时间内客户访问本网站的记录，主要收集下列信息：

- 有关用户活动的信息，如 HTTP 请求；
- 访问时间；
- 客户 IP 地址；
- 访问的 URL 名字，如/index.html。

2) 错误日志文件

错误日志文件是用来记录所发生的任何错误的，包括：

- 服务器启动和关闭；
- 制作不良的 URL；
- 错误的 CGI 脚本等。

3）引用日志文件

当用户通过一个超级链接从A网页进入B网页进行浏览，就说A网页"引用"到了B网页，引用可以是另一个HTML文档，也可能是图像等其他文件。一个引用日志文件显示出某个网页通过引用向某个浏览器展示的文件数。

4）代理日志文件

代理日志文件主要记录访问者客户端浏览器软件及其版本信息。

2. 服务器日志文件的作用

通过分析服务器日志文件的内容，可以达到以下几个目的：

(1) 通过分析服务器峰值使用率和错误信息，确定商务系统响应能力，以帮助网站管理员决定如何调整系统性能。

(2) 通过统计诸如客户通常的访问时间、最常访问的页面、客户来自哪里等基本信息，确定网站内容受欢迎的程度，以改进网站设计。

(3) 注意失败的登录记录，以帮助控制对内容的访问、计划安全要求和排除潜在的Web站点或FTP站点的问题。虽然失败的登录记录可能是由于用户登录过程中诸如口令输入错误等误操作所导致，但通常这是一个入侵企图的信号，可以根据对日志文件的分析来判断攻击者的相关情况，从而更好地防范类似黑客入侵等事件的发生。

通常日志信息被保存在ASCII文件或ODBC兼容数据库中，当然也可以对日志信息的内容以及日志文件格式等进行定制，以适合特殊需求。

3. IIS的服务器日志格式

IIS可以用4种格式保存服务器日志信息，分别是W3C扩充日志文件格式、Microsoft IIS日志文件格式、NCSA公用日志文件格式和ODBC日志格式。其中前三种都是ASCII文本格式，W3C扩充和NCSA格式用4位年份的格式来记录日志数据，Microsoft IIS格式使用2位数字表示年份的格式，并提供与早期IIS版本的向后兼容性。IIS也允许通过所需的精确字段创建自定义日志记录格式。

1）W3C扩充日志文件格式

W3C扩充格式是一个包含几个不同域的自定义ASCII格式。可以包括重要的字段，字段间以空格分开，对于那些选中了但其中没有信息的字段，用连接符(-)作为占位符出现在域中。同时可通过省略不需要的字段来限制日志文件的大小，如下例所示：

```
#Software: Microsoft Internet Information Services 5.0
#Version; 1.0
#Date: 2003—05—02-T17: 42: 15
#Fields: timec—ipcs—methodes—url—stemsc—statuscs—version
17: 42: 15 172.16.255.255 GET/default.htm 200 HTTP/1.0
```

该日志具体表示的含义如下：

- #Version：指出使用的W3C日志记录格式。
- #Date：指出第一个日志项目建立的时间，也就是创建日志的时间，具体为格林威治标准时间(UTC)2003年5月2日下午5点42分15秒。

- ＃Fields：包括时间、客户 IP 地址、方法、URI 资源、HTTP 状态和 HTTP 版本几个字段。

该日志的具体内容可以解释为：一个使用 HTTP1.0 并且 IP 地址为 172.16.255.255 的用户对文件 Default.htm 发布了一个 HTTP GET 命令，即下载一个文件，请求不带任何错误地得到了响应。

2）Microsoft IIS 日志文件格式

Microsoft IIS 格式是一个非自定义的 ASCII 格式，可以比 NCSA 公用格式记录更多的信息项目，包括：

- 基本项目。例如用户的 IP 地址、用户名、请求日期和时间、HTTP 状态码和接收的字节数等。
- 详细项目。例如所用时间、发送的字节数、动作（如 GET 命令执行的下载）和目标文件。

这些项目用逗号分开，比使用空格作为分隔符的其他 ASCII 格式更易于阅读。将时间记录为本地时间。

以下示例是用文本编辑器打开的 Microsoft IIS 格式的日志文件：

```
192.168.114.201,03/20/98,7: 55: 20,W3SVC2,SALESl,172.21.13.45,4502,163,3223,200,0,GET,
DeptLogo.gif
192.168.114.201,anonymous,03/20/98,23: 58: 11,MSFTPSVC,SALESl,172.16.255.255,60,275,0,
0,0,POST,Intro.htm
```

在示例中，第一条记录指出 IP 地址为 192.168.114.201 的匿名用户从位于 IP 地址为 172.21.13.45 的名为 SALESl 的服务器为下载图像文件 DeptLogo.gif 发出 HTTP GET 命令，时间为 1998 年 3 月 20 日上午 7 点 55 分 20 秒。163 字节的 HTTP 请求在 4502ms（4.5s）的时间内处理完成，并不带任何错误地返回 3223 字节的请求结果给匿名用户。

在日志文件中，所有字段都以逗号（,）结束。如果某一字段没有有效值，连字符则起占位符的作用。

3）NCSA 公用日志文件格式

NCSA 公用格式也是一种非自定义的 ASCII 格式，可用于 Web 站点，但不能用于 FTP 站点。它记录了关于用户请求的基本信息，如远程主机名、用户名、日期、时间、请求类型、HTTP 状态码和服务器接收的字节数等。项目之间用空格分开，时间记录为本地时间。

下面的示例是用文本编辑器打开的 NCSA 公用格式的日志文件：

```
172.21.13.45 REDMOND\fred[08/Apr/2003: 17: 39: 04—0800]GET/scripts/iisadmin,/ism.dll?
http/servHTTP/1.0 200 3401
```

此条记录指出 REDMOND 域中 IP 地址为 172.21.13.45 的名为 Fred 的用户发出 HTTP GET 命令，时间为 2003 年 4 月 8 日下午 5 点 39 分 04 秒，请求结果不带任何错误地返回，有 3401 字节数据返回到名为 Fred 的用户。

4）ODBC 日志格式

ODBC 日志格式是在 ODBC 兼容数据库中的固定数据字段集记录，如 Microsoft Access 或 Microsoft SQL Server。记录的项目包括用户的 IP 地址、用户名、请求日期和时间、HTTP状态码、接收字节、发送字节、所执行动作(如GET命令实行的下载)和目标(如下载的文件)等。将时间记录为本地时间。

使用该选项,必须指定登录的数据库,并且设置数据库以接收数据。

4. 访问日志的分析与应用

日志文件中包含了大量的对于管理、规划网站有直接帮助的重要信息,常用的信息如下:

1) 远程机器的地址

远程机器的地址可反映浏览者来自何方,通过分析与统计一段时间的日志文件,就可以知道"谁在浏览网站",即本网站的访问者主要来自哪里,从而针对其地域特点改进网站设计。

2) 浏览时间

浏览时间反映浏览者何时开始访问网站。从这个问题的答案中可以知道本网站的黄金访问时段是什么时候,从而可以适当安排内容,以便收到最好的访问效果。同时,通过分析日志文件还能够了解更多情况,如果网站的大多数浏览者都在早上9:00和下午4:00之间访问网站,那么可以相信网站的浏览者大多数总在工作时间进行访问;如果访问记录大多出现在下午7:00到午夜之间,可以肯定浏览者一般在家里上网。当然,从单个访问记录反映的信息是非常有限的,但如果积累起来就可以得到非常有用和重要的统计信息。

3) 用户所访问的资源

这一信息反映网站的哪些资源最受用户欢迎,哪些部分总是受到冷落。对于最受欢迎的内容应该继续加以发展,受到冷落的部分或许导航不清,或许确实是无用信息,这就要根据情况加以改进甚至删除。当然,还有一些内容,如法律声明等,虽然很少有人访问,但却不应该随便地改动它。

4) 无效链接

日志文件还能够反映网站中是否存在错误的链接,其他网站链接过来时有没有搞错URL,是否存在不能正常运行的CGI程序,是否有搜索引擎检索程序每秒发出数千个请求,从而影响了本网站的正常服务。这些问题的答案都可以从日志文件中找到线索。

可见,日志文件中的信息能够反映客户访问活动的特点,统计并总结出其活动规律,对于改进优化商务网站设计意义重大。但由于日志文件内容的可读性较差,无法直接从中获取到上述有价值的信息,因此要利用好日志文件中的这些海量数据,不能靠人工处理,需要借助一定的科学高效的方法和手段进行分析,可以自行编写相应的日志分析软件,也可以使用一些现成的商业化日志分析工具。

目前比较主流的商业化服务器日志文件分析软件有以下几种:

- AccessWatch (www.accesswatch.com)
- WebReporter (www.imagossoftware.com)
- Accure Insight (www.accure.com)
- WebTrends (www.webtrends.com)

5.3.3 基于第三方流量分析工具的用户访问分析

对于网站运营者来说，要全面地了解网站运营效果，获得更多深度的改进，必须借助网站流量统计工具采集的访问数据进行分析。网站流量统计的原始数据都存在于网站日志中，因此，网站可以通过在服务器端安装统计分析软件来实现流量统计，而最简单的方式是采用第三方提供的网站流量分析工具。

目前网络营销市场上已有不少免费的第三方网站流量统计工具，网站免费注册后，获得一段跟踪代码，将代码置于网站需要跟踪的页面或整个网站，即可获得网站每天访问流量的原始统计数据。大部分网站流量统计工具都能跟踪多个指标，能够反映出网站的总体访问情况，这些指标对于网站推广效果评估至关重要，主要包括：

- 独立 IP 数：访问网站的用户数量。
- 页面浏览数：用户浏览网页总数。
- 新用户数：首次访问网站人数。
- 回访人数：老用户数。
- 来源统计：通过哪些网址来源进入网站。
- 通过搜索引擎带来的访问量与总访问量的比重。
- 搜索引擎关键字统计：使用哪些关键词检索访问网站。
- 搜索引擎统计：通过哪些搜索引擎获得访问量。
- 客户地理位置：访问者分布的省份或城市。
- 最受欢迎访问页面：访问最多的页面 URL。

获得以上网站流量统计指标对于网站的网络营销指导意义重大。除了了解到网站的基本访问情况外，更可通过对统计数据的分析，找出网站设计、推广和运营中存在的诸多问题，以方便实施改进。比如，对于企业网站来说，最关心的是网站推广效果、顾客转化率，因此需要着重了解网站的独立 IP、网页浏览数、搜索引擎及关键词统计、来源统计等指标。一般来说，如果统计发现企业网站通过搜索引擎带来的访问量占总访问量比重不足 50%，则可以初步判断网站需要加大搜索引擎营销力度，考虑实施搜索引擎优化(Search Engine Optimization，SEO)或直接购买关键词广告，因为通过主动检索带来的客户转化率远远高于其他推广渠道。因此企业网站着重考察搜索引擎关键词统计指标，以了解潜在客户检索行为，查看哪些重要关键词未能为自己带来访问量，以采取相应的改进措施。

对于商务网站来说，在关注访问量增长的同时，网站的用户行为指标也是重要的参考数据。用户行为指标主要体现为回访人数、用户在网站的停留时间、网页浏览数、不同时段的访问量、退出页面、搜索引擎关键词统计、来源统计等一系列指标。如果一个网站的独立 IP 访问数量增长很快，但回访人数、停留时间、网页浏览数都很低，则说明该网站虽然推广力度很大，但网站本身对于用户的黏着度(stickness)不够，留不住用户。网站还需要将访问量数据与网站注册用户数量、实际销售增长进行对比，如果网站访问量增长很快，但注册用户数量和销售量并无相应的增长幅度，也说明网站推广或网站运营中存在一定的问题，需要网站经营企业找出不足，实施改进。

对于地方服务性网站来说，如果访客地理位置显示通过目标区域带来的访问量占总访问量比例太低，则有必要反省自己的本地化推广方式是否恰当，探寻更能吸引目标用户的方法。一个运作良好的网站，通常情况下的“来源统计”渠道应该是多样化的，高达90%以上的访问量都依赖某一单一渠道的状态并非一种理想的状态，至少说明网站还没有实施全面的推广策略。

国内不少免费第三方流量统计工具如51yes.com、51la(我要啦)等都非常友好、直观。Google也提供了网站流量统计分析工具Google Analytics，并与Adwords关键词广告统计分析功能绑定，功能非常强大，其地理位置统计可以查看全球各地访客数量，特别适合外贸企业网站使用。

总之，网站流量统计分析是网站运营者必须掌握的网络营销管理工具和网站评价方法。专业、合理地应用流量统计分析将直接使你的网站运营受益匪浅。

本章小结

本章在介绍商务网站管理的目标、步骤和内容的基础上，首先阐述了网站维护、内容管理和运营管理等核心任务的基础知识，重点介绍了商务网站运营管理的主要方法，包括事件、对象、计数器等概念以及系统性能监视与优化的基本方法；不同的日志类型、日志格式及其特点以及基于服务器日志的网站用途分析。

第6章 商务网站维护管理实验

实验目的

- 理解商务网站维护管理的内容、步骤和重要性；
- 熟悉用于商务网站维护管理的常用工具并掌握操作的具体方法，包括 Windows 系统自带的管理工具、商业化日志分析软件、第三方流量分析工具和优化管理平台等。

6.1 系统性能检测与优化

6.1.1 实验要求

学习使用 Windows Server 2000 的管理工具对 IIS 系统进行性能监视和优化的方法。

6.1.2 实验环境设置说明

要求在 Windows Server 2000 及以上网络环境下，管理工具中安装了 IIS、事件查看器、任务管理器、性能监视器和网络监视器等组件。

6.1.3 操作步骤

1. 基于事件查看器的事件监视

1) 打开"事件查看器"

选择"开始"→"程序"→"管理工具"→"事件查看器"命令，显示图 6.1 所示的"事件查看器"窗口。

2) 查看日志

在"事件查看器"控制树中选择系统日志，则右侧窗格列出已经被记录的全部事件，包括错误事件、警告事件和一般信息。

对于 IIS 服务器而言，系统日志中记录的事件显得更加重要。事件列表中仅显示有关事件发生的时间、来源、分类和用户等有限信息，为了详细查看某一事件的描述或信息代码，应双击要查看的事件，打开"事件属性"对话框，如图 6.2 所示。其中包含事件的标题信息和描述，还详细描述事件发生的情况和可能的原因，典型的事件还给出了数据代码供程序员调试使用。单击"事件属性"对话框中的上下箭头按钮可以继续查看上一个或下一个事件的详

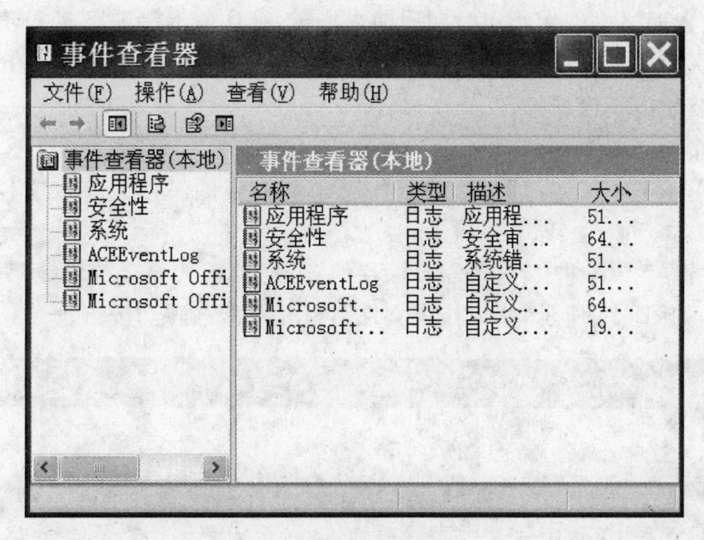

图 6.1 “事件查看器”窗口

细信息,若要复制事件的详细信息,可以单击“复制”按钮。

3）设置日志属性

关于事件日志本身的属性,需要在日志属性对话框中配置,三种日志可以独立地配置属性。在“事件查看器”控制树中选中要设置的日志类型,如选择“应用程序”日志,右击该日志,从弹出的快捷菜单中选择“属性”命令,打开图 6.3 所示的“应用程序属性”对话框。

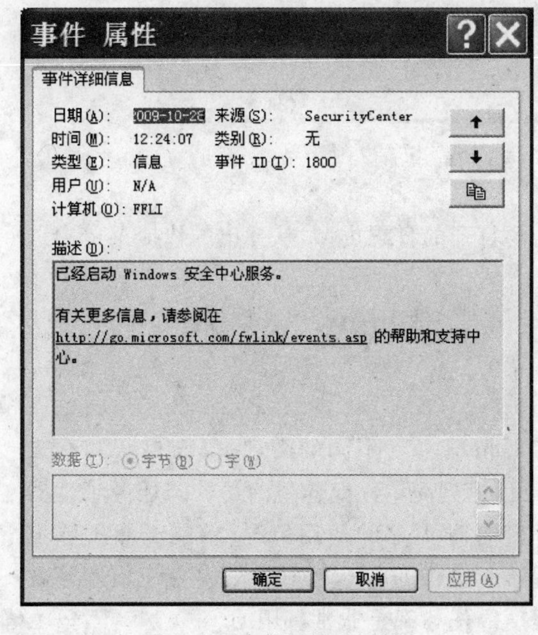

图 6.2 “事件属性”对话框

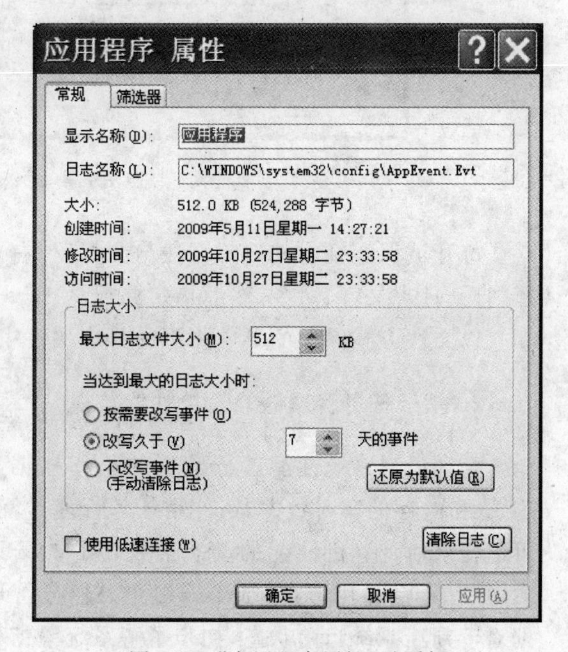

图 6.3 “应用程序属性”对话框

最重要的日志属性是事件的老化机制。系统记录的事件随着时间的推移会越来越多,会占用大量系统存储空间而导致服务器性能下降,所以需要通过设置老化机制清理以前的旧日志文件。

日志老化可以通过文件大小和时间周期来指定，默认值为每记录 512KB 的事件即生成一个日志文件，久于 7 天的事件日志将被自动删除。单击“清除日志”按钮也可手工清除日志中的全部事件，所以请谨慎操作。

4）保存事件日志文件

某些情况下，不但不需要清除日志事件，还需要将事件保存为.evt 文件保留起来作为记录。

在“事件查看器”控制树中，右击需要保存的日志类型，从弹出的快捷菜单中选择“另存日志文件”命令，如图 6.4 所示，然后指定文件路径并单击“确定”按钮。

图 6.4 保存日志文件

打开被保存日志文件的方法与此相反，右击要打开的日志类型，从弹出的快捷菜单中选择“打开日志文件”命令，然后指定路径。

以文件方式保存的事件将不受日志属性中老化机制的限制，可以长期保存。

2. 基于任务管理器的简单性能监视

管理员对系统性能进行监视的工作根据实际情况具有不同的需求，仅需要获知有关 CPU 和内存的实时数据时，使用任务管理器就可以达到简单性能监视的目的。任务管理器可以提供对计算机性能的动态监视，例如 CPU 和各种内存的使用情况，功能虽然不够强大，但它灵活易用，对系统影响很小。任务管理器所提供的 CPU 利用率、内存使用率等数据对于判断系统当前状态，初步了解系统繁忙程度等任务都是非常有用的。

1）启动任务管理器

启动任务管理器的方法有两种：按下 Ctrl+Alt+Delete 组合键；或者右击任务栏空白处，在弹出的快捷菜单中选择“任务管理器”命令，均可打开图 6.5 所示的“Windows 任务管理器”窗口。选择“性能”选项卡进行监视。

2）监测性能

任务管理器中主要有以下性能监视功能：

(1) CPU 使用率和使用记录。

使用率表明处理器工作时间百分比的图表，该指标是处理器活动的主要指示器，双击该图表可以知道当前 CPU 的详细占用情况，如图 6.6 所示。左侧柱型图标示实时 CPU 占用率，右侧曲线显示占用率的历史情况。CPU 使用记录则以图表的形式显示处理器的使用程度随时间的变化情况。

图 6.5　“Windows 任务管理器”窗口中的“性能”选项卡

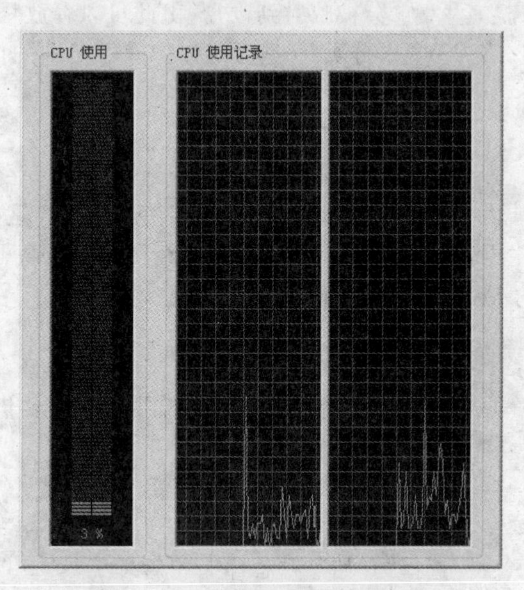

图 6.6　CPU 的详细使用情况

图表中显示的采样情况取决于“查看”菜单中所选择的“更新速度”设置值，“高”表示每秒 2 次，“正常”表示每两秒 1 次，“低”表示每四秒 1 次，“暂停”表示不自动更新。

(2) PF 使用率和页面文件使用记录。

PF(Page File，页面文件)的含义是正在使用的内存之和，包括物理内存和虚拟内存。页面文件使用记录显示了页面文件的量随时间的变化情况的图表。同样，可以通过修改“查看”菜单中“更新速度”的设置值来调整采样速度。

3）性能监测指标

其中几个物理指标的含义具体如下：

(1) 总数：用于显示计算机上正在运行的句柄、线程、进程的总数。

(2) 物理内存：用于显示计算机上安装的总物理内存，也称 RAM。

- “可用数”：是指物理内存中可被程序使用的空余量。但实际的空余量要比这个数值略大一点，因为物理内存不会在完全用完后才去转用虚拟内存的。也就是说，这个空余量是指使用虚拟内存前所剩余的物理内存。
- “系统缓存”：被分配用于系统缓存用的物理内存量，主要用来存放程序和数据等。一旦系统或者程序需要，部分内存会被释放出来，也就是说，这个值是可变的。

(3) 认可用量总数：其实就是被操作系统和正运行程序所占用内存总和，包括物理内存和虚拟内存，它和上面的 PF 使用率是相等的。

- “限制”：是指系统所能提供的最大内存量，包括物理内存和虚拟内存。
- “峰值”：是指一段时间内系统曾达到的内存使用最高值。如果这个值接近上面“限制”的话，意味着要么增加物理内存，要么增加虚拟内存，否则系统会出现一定的问题。

(4) 核心内存：即操作系统内核和设备驱动程序所使用的内存。

- “分页数”：是可以复制到页面文件中的内存，一旦系统需要这部分物理内存的话，它会被映射到硬盘，由此可以释放物理内存。
- “未分页”：是保留在物理内存中的内存，这部分不会被映射到硬盘，不会被复制到页面文件中。

4) 性能分析

在任务管理器的最下方，分别列出内存使用的详细信息，包括系统进程/线程总数、物理内存、认可用量以及核心内存使用情况。这些数据为错误诊断和性能分析提供了可靠的依据，例如 CPU 或内存使用率经常性的居高不下意味着需要升级服务器，过多的进程意味着应当优化 Web 应用程序。

3. 基于系统监视器的性能监视

复杂系统的服务器性能监视工作需要借助系统监视器，可以进行短期监视、长期监视和建立性能警报。

1) 利用监视报告进行短期性能监视

(1) 打开性能监视器。

选择“开始”→“程序”→“管理工具”→“性能”命令，在打开的“性能”窗口的控制树中选择“系统监视器”，打开图 6.7 所示的系统性能监视器窗口。

(2) 添加计数器。

启动系统监视器之后并没有任何缺省的监视内容运行，必须添加计数器才能让系统监视器工作。

单击“系统监视器”工具栏的“+”按钮，打开“添加计数器”对话框，如图 6.8 所示。

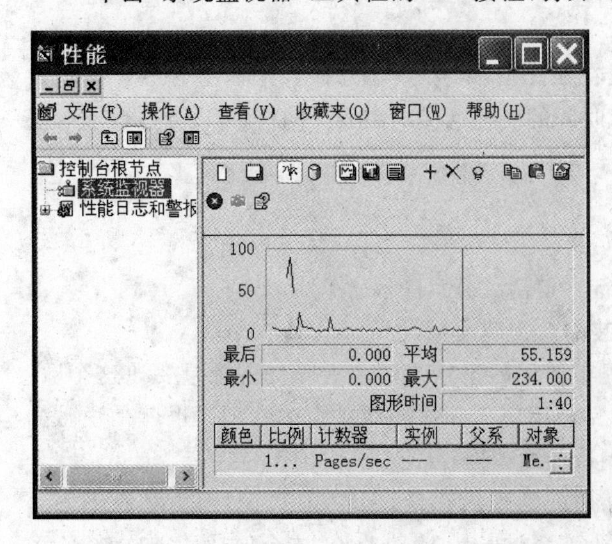

图 6.7 系统性能监视器窗口

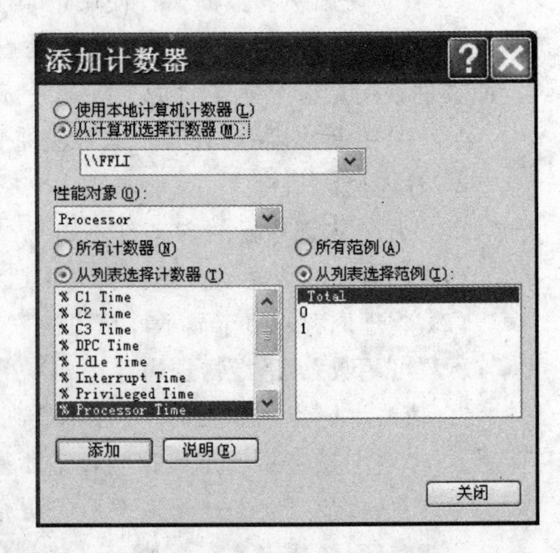

图 6.8 “添加计数器”对话框

下面详细讲解一下对话框中各选项的含义和具体操作步骤。

首先应指定监视对象位于哪台服务器上，默认为监视本地服务器。选择“从计算机选择计数器”单选按钮后，也可在下拉列表框中指定监视网络中其他计算机的对象。鉴于性能监视工作本身也会对系统性能造成影响，故通常在远程计算机上监视诸如CPU、内存之类的对象。

随后在“性能对象”下拉列表框中指定要监视的对象，对于IIS而言，可见监视的对象包括Web服务、FTP服务、NNTP服务和SMTP服务等，这些对象包括相应服务的全部性能监视内容。每个性能对象包括若干个计数器，计数器是系统监视器进行监视的最基本单位。

选定对象后选择“从列表选择计数器”单选按钮，则在列表框中列出当前对象的全部计数器，计数器代表对象的某一方面特性，例如Web服务包括“每秒发送的文件数”、“当前CGI请求数测量异步I/O带宽使用”、“每秒匿名用户数”等数十个计数器。鉴于每一个性能对象包含的计数器数量庞大，管理员不太可能对所有计数器的功能了如指掌，因此需要随时查阅计数器说明。在列表框中选择计数器后，单击“说明”按钮，打开图6.9所示的“说明文字”对话框，从中获得所选计数器的解释信息。

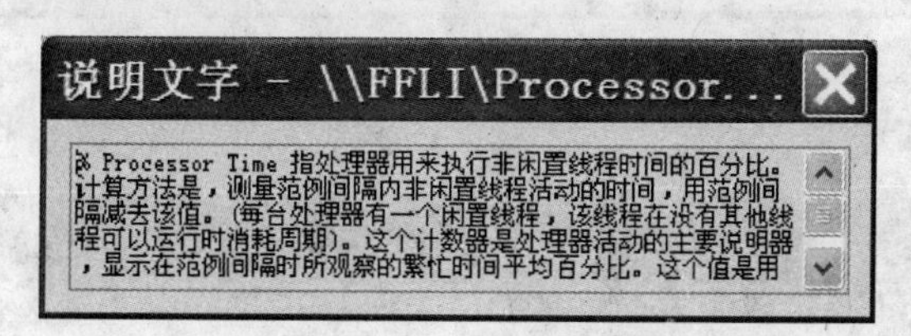

图6.9　“%Processor Time计数器”的说明文字

选择计数器后，还要在“实例”列表框中选定计数器监视的实例。这里的实例是指同一对象的平权组件，例如，如果计算机装有多个处理器，则每个处理器都可看做CPU对象的一个实例；又如，对于Web服务对象，服务器上对每个虚拟站点都是一个实例，选择实例就是选择计数器监视的具体目标，选择实例列表框中的Total项代表监视当前对象的所有实例。

最后单击“添加”按钮，添加所选择的计数器“%Processor Time”。

单击图6.8中的“关闭”按钮，关闭“添加计数器”对话框，“系统监视器”窗口中即以图表的方式显示监视到的数据。

(3) 查看性能监视报告。

系统监视器默认以曲线形式反映监视计数器的活动情况，如图6.10所示。如果想修改曲线的输出形状，可以单击工具栏中的“显示直方图”和“显示报告”图标，如图6.11所示，可以将系统监视器显示图形更改为图6.12所示的柱型直方图，也可以显示成图6.13所示的摘要报告形式。

(4) 设置系统监视器属性。

系统监视器允许一次添加多个计数器同时进行监视。这种情况下，通常以不同的颜色和线形来区分计数器。在计数器列表中可以对缺省分配的计数器颜色及线形进行修改。全部计数器的统一外观属性属于监视器的整体属性，右击系统监视器的工作区，从弹出的快捷菜单中选择“属性”命令，或者单击“系统监视器”工具栏的 按钮，打开图6.14所示的“系统监视器属性”对话框，其“常规”、“颜色”和“字体”选项卡分别定义了监视器的显示属性。

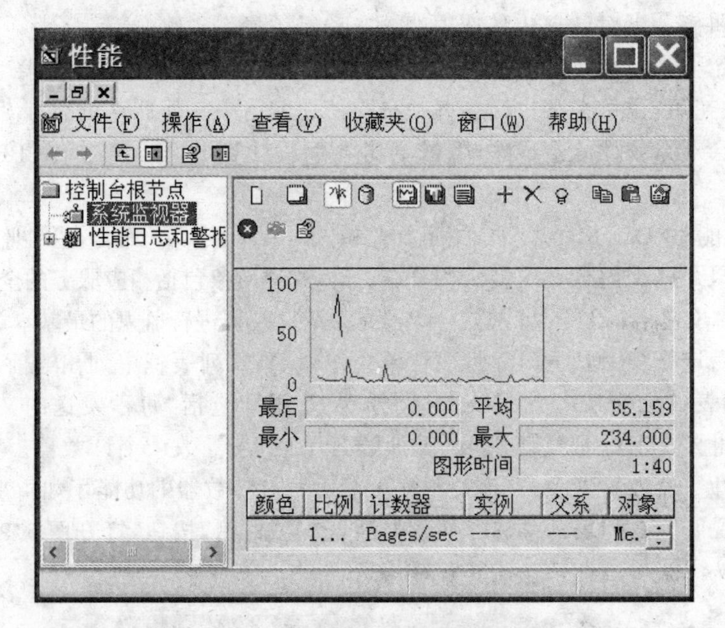

图 6.10 曲线形式的监视报告

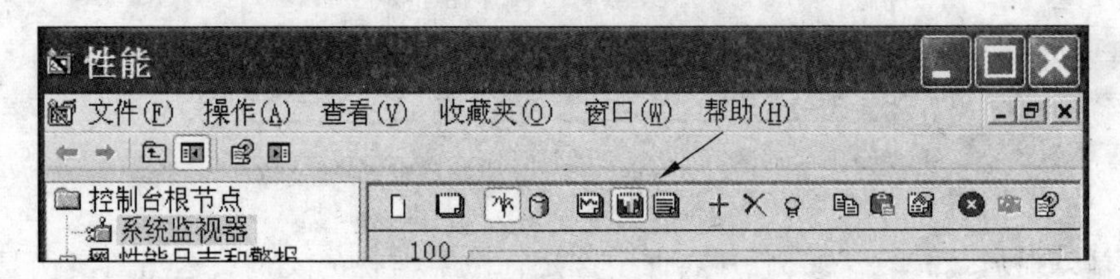

图 6.11 工具栏中的相关图标

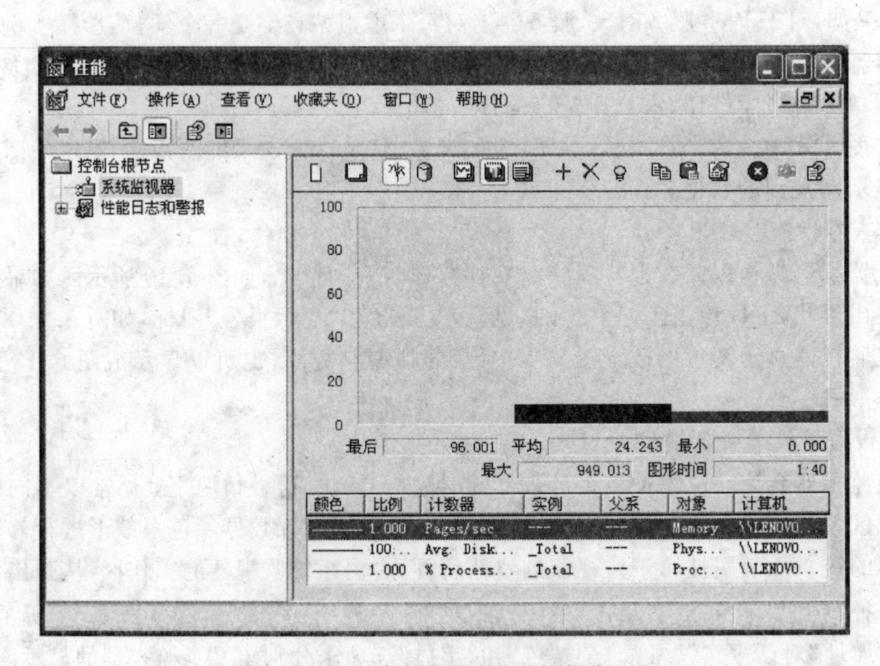

图 6.12 直方图形式的监视报告

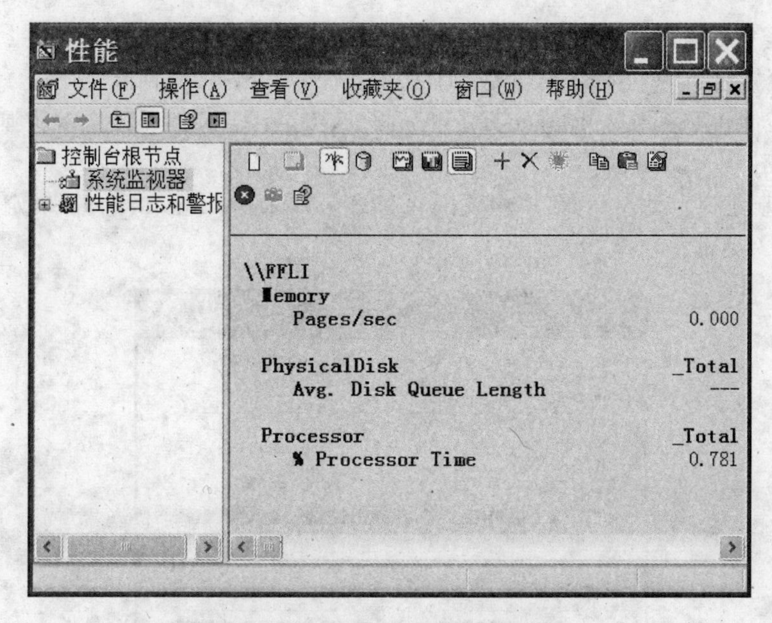

图 6.13　摘要形式的监视报告

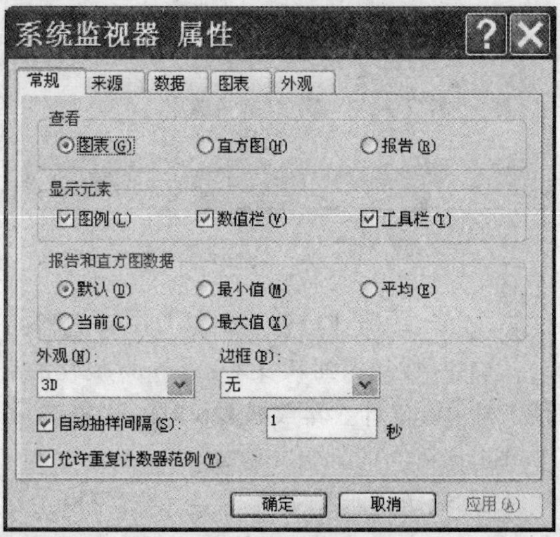

图 6.14　“系统监视器属性”对话框

当需要在诸多计数器中突出显示某一计数器时，先在计数器列表中选中它，单击图 6.11 所示工具栏中的“加亮”图标即可。

(5) 判断系统瓶颈。

通常可能成为瓶颈的系统资源主要是 CPU、内存和磁盘空间等，对这些对象的典型计数器进行持续的监视，根据监视结果即可判断导致性能问题的系统瓶颈所在，以采取相应的资源升级计划。

2) 利用日志文件进行长期监视

利用日志文件的方式对服务器进行长期监视，通过统计得到系统对象的平均特性，利用在数小时甚至数天时间中获得的数据建立所谓的“基线”，可以为服务器升级提供可靠的保障。

利用日志文件进行监视的方法具体如下：

(1) 选择“开始”→“程序”→“管理工具”→“性能”命令，打开“性能”窗口。

(2) 在控制树中双击展开“系统日志和警报”节点，右击“计数器日志”，从弹出的快捷菜单中选择“新建日志设置”命令。

(3) 在“新建日志设置”对话框中输入新日志名称，如 example，单击“确定”按钮，出现图 6.15 所示对话框。

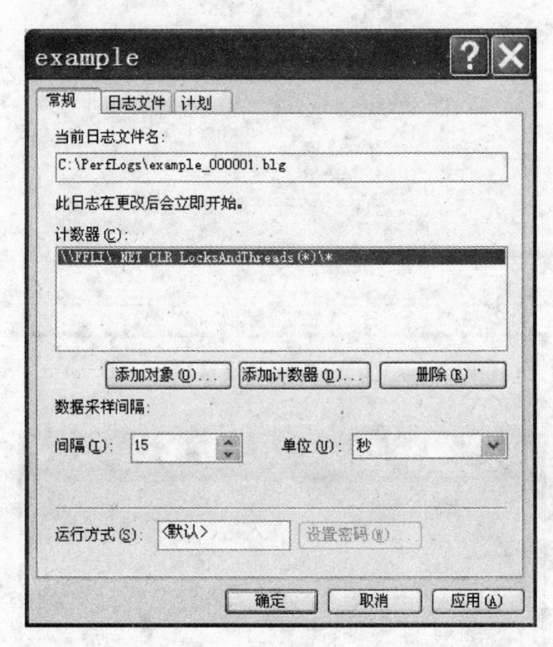

图 6.15 新日志属性对话框

(4) 选择“常规”选项卡，单击“添加计数器”按钮，打开计数器的选择对话框，指定该日志文件记录的计数器，单击“确定”按钮返回新日志 example 属性的对话框。

(5) 在“数据采样间隔”栏中指定计数器数据多长时间被采集一次，注意，过密的采集间隔会影响系统的正常工作并造成巨大的日志文件。

(6) 选择新日志属性对话框中的“计划”选项卡，在这里可以指定日志起止时间，可选的方式有手动、指定起止时间或者指定记录时间。完成新日志属性的设置后单击“确定”按钮。

(7) 如果第(6)步选择手动起止日志，那么要在性能监视器的日志列表中右击新日志，从弹出的快捷菜单中选择“启动”命令，如图 6.16 所示，该日志才开始启动，此时的日志图标变为绿色。

系统监视器将计数器数据以.blg 文件的形式保存于缺省位置，即系统分区的\PerfLogs 目录下。一旦开始记录，计数器数据将按照采样间隔时间被定期加入日志文件，直到到达计划的日志结束时间或者手工停止日志记录。

3) 建立性能警报进行实时监视

需要及时的获知某一计数器的值是否超过特定的上限或下限，就要用到性能警报。在系统监视器中建立性能警报的方法具体如下：

(1) 展开系统监视器的“性能日志和警报”节点，右击“警报”，从弹出的快捷菜单中选择

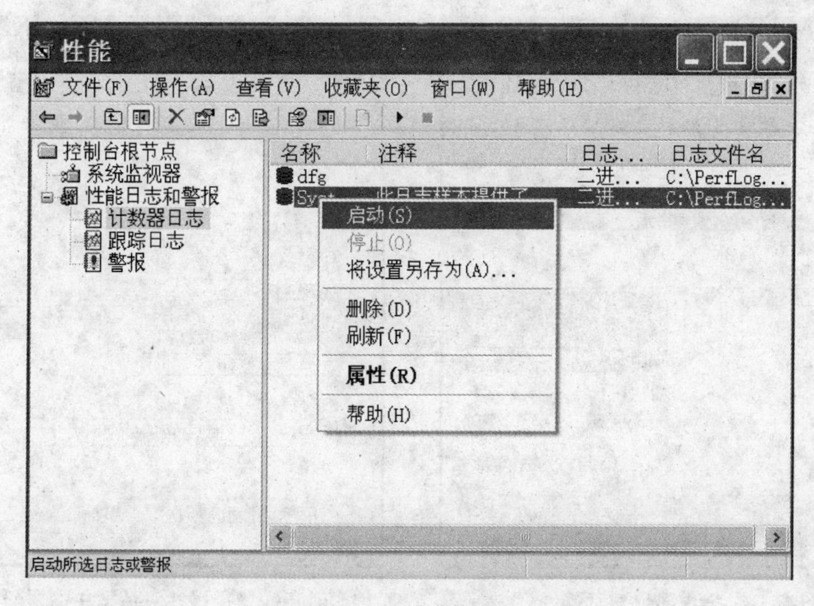

图 6.16　启动日志

“新的警报设置”命令。

(2) 在弹出的图 6.17 所示“新建警报设置”对话框中指定新警报的名称，单击“确定”按钮。

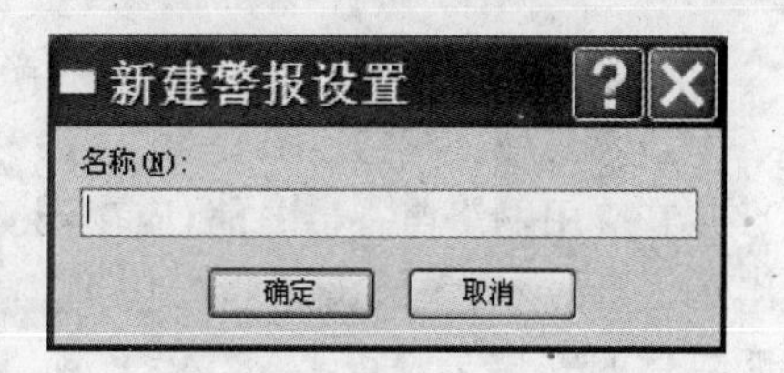

图 6.17　“新建警报设置”对话框

(3) 在图 6.18 所示名为 example 的警报属性对话框中单击“添加”按钮，可以添加计数器进行警报监视。

(4) 选择好要监视的计数器后，就要指定警报范围，即被选中计数器的值一旦超过或者低于限制值，即启动警报。在“将触发警报，如果值是”下拉列表中指定限制方式为“超过”或“低于”，并在“限制”文本框中指定限制。

(5) 在“常规”选项卡下部指定计数器数据采样的间隔，对于实时数据类型，监视器以指定的采样间隔为基准作数据平均值，并用该平均值与限制作比较确定是否发送警报。

(6) 选择“计划”选项卡，指定警报服务工作的有效时间段，可选的方式有指定起止时间、指定连续工作时间、手工启动。对于连续的警报需求，应当采用手工方式启动警报，直到不需要警报时再手工停止。

(7) 选择“操作”选项卡，如图 6.19 所示，指定计数器超过限制时将警报发往何处。一般应选择“将项记入应用程序事件日志”复选框以保留警报事件备份。选择“发送网络信息到”复选框并指定将警报发送到网络管理员所在的计算机。也可以选择“执行这个程序”复选框并指定发出警报后自动执行的程序，或者单击“命令行参数”按钮指定发出警报后自动执行的系统命令。

(8) 单击“确定”按钮关闭对话框。

(9) 根据需要手工启动警报服务。右击“性能日志和警报”节点下的“警报”，从弹出的快捷菜单中选择“开始”命令启动警报。

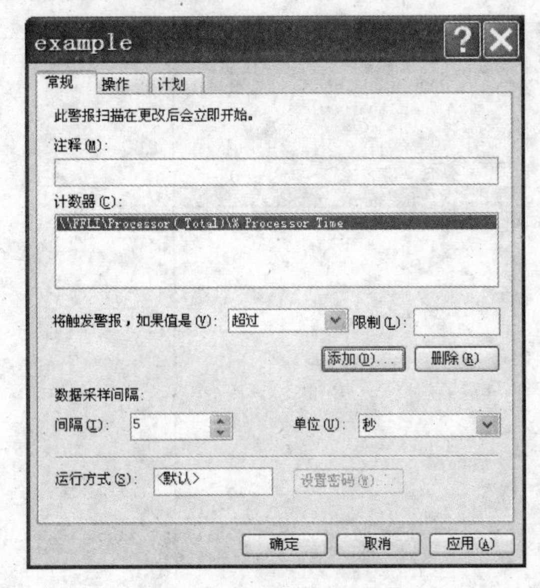

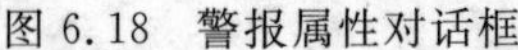
图 6.18 警报属性对话框

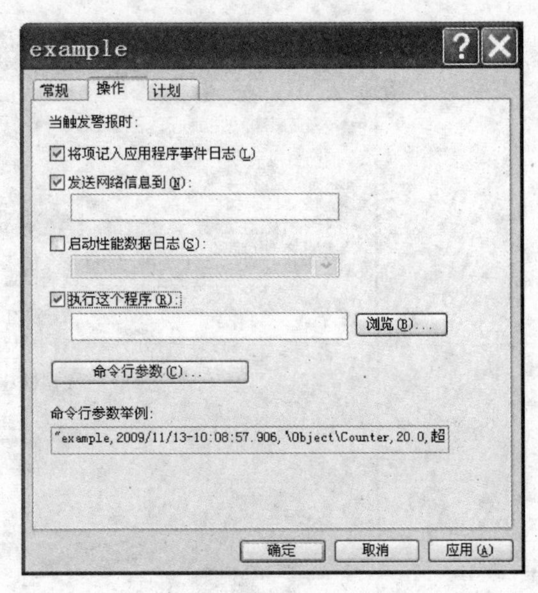

图 6.19 警报属性对话框中的“操作”选项卡

4. 监视网络

当监视工作的主要着眼点是网络时，应使用网络监视器进行数据采集和处理。

1）安装网络监视器驱动

在应用网络监视器之前，应该先安装网络监视器驱动，必须是本地计算机 Administrators 组的成员，或者被委派适当权限的用户才可以安装。下面以 Windows Server 2003 为例说明具体的安装步骤：

(1) 在“开始”菜单中选择“控制面板”，然后在打开的“控制面板”窗口中双击“添加或删除程序”选项，打开“添加或删除程序”窗口。

(2) 在“添加或删除程序”窗口中单击“添加/删除 Windows 组件”按钮，打开“Windows 组件向导”对话框，如图 6.20 所示。

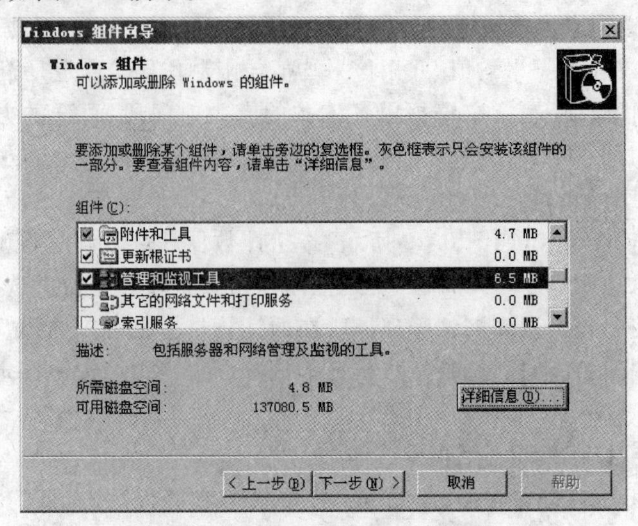

图 6.20 “Windows 组件向导”对话框

(3) 在"组件"列表框中选择"管理和监视工具"选项，然后单击"详细信息"按钮，在随后出现的"管理和监视工具"对话框中选择"网络监视工具"复选框，如图 6.21 所示。

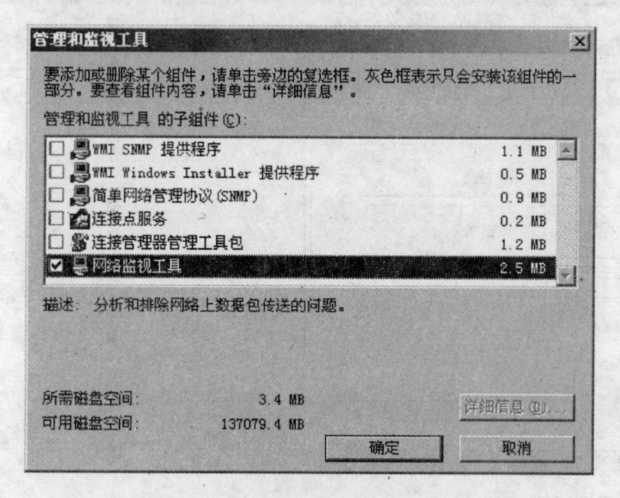

图 6.21 网络监视组件的添加

根据提示进行操作，如输入网络监视器的安装文件所在路径，插入系统盘。系统自动完成网络监视器驱动程序的安装后，"管理工具"菜单中将出现"网络监视器"子菜单，如图 6.22 所示。

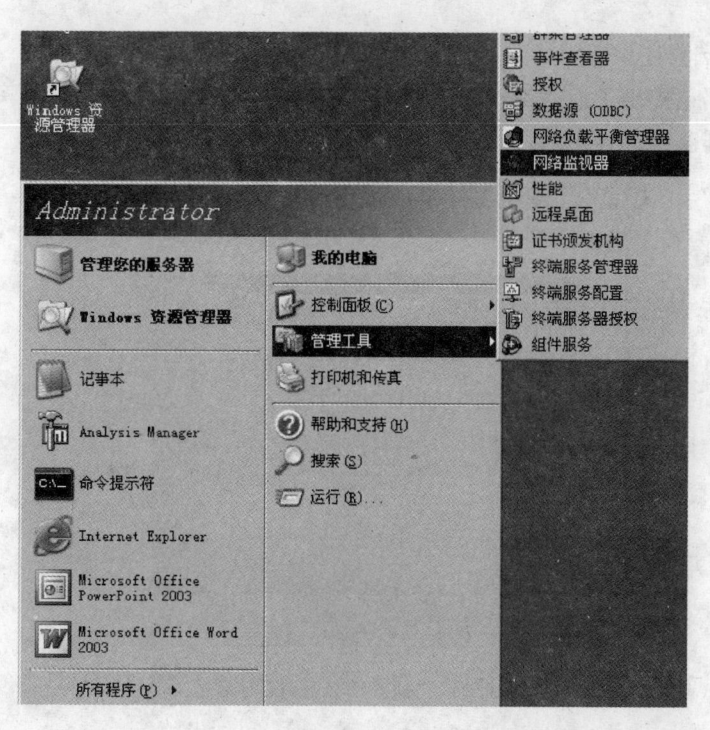

图 6.22 "管理工具"菜单中的"网络监视器"子菜单

2) 打开"网络监视器"窗口

选择"开始"→"程序"→"管理工具"→"网络监视器"命令，打开图 6.23 所示的"网络监视器”窗口。

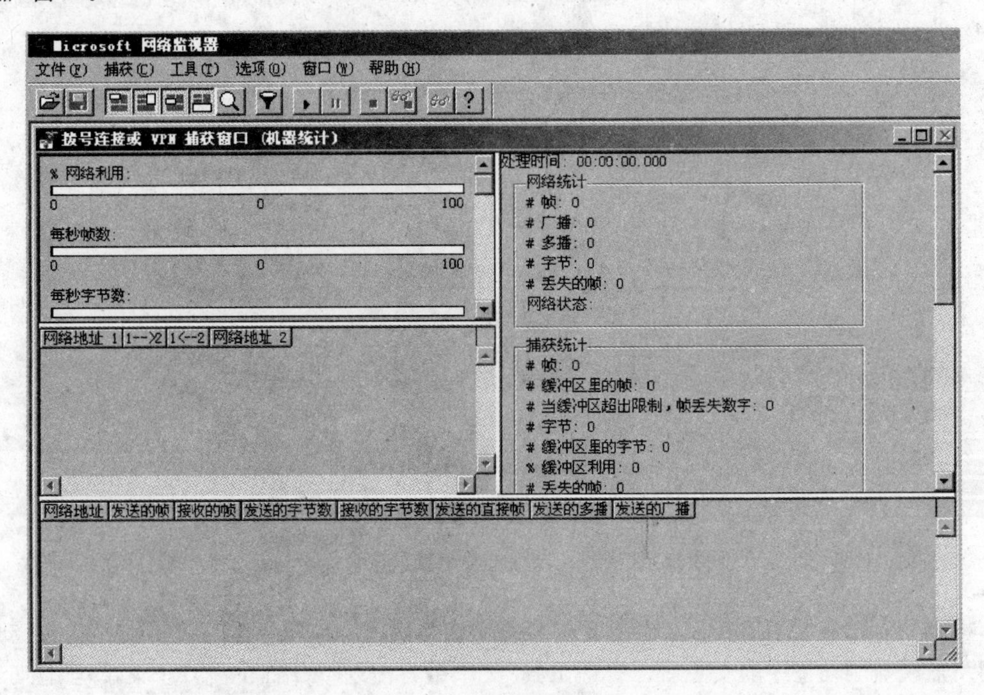

图 6.23 “网络监视器”窗口

3）捕获筛选程序设置

网络监视器还提供了捕获筛选程序，单击菜单栏中的“编辑捕获筛选器”图标，打开图 6.24 所示“捕获筛选程序”对话框。

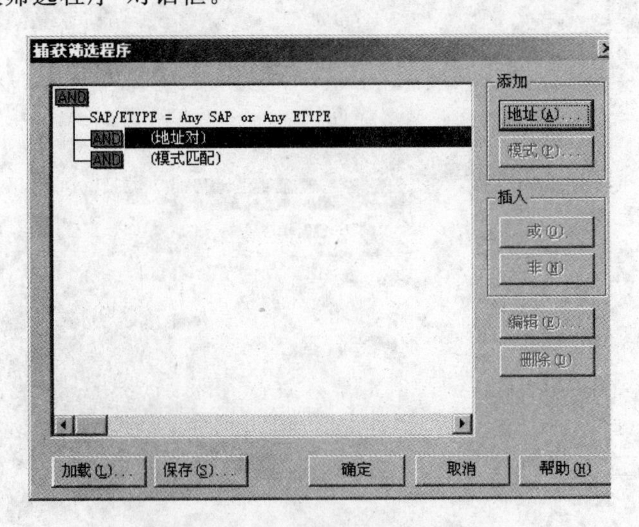

图 6.24 “捕获筛选程序”对话框

主要的筛选方式是主机地址，双击“捕获筛选程序”对话框中的“地址对”，或选中“地址对”并单击“地址”按钮，在打开的“地址表达式”对话框中指定捕获特殊主机之间的数据包，如图 6.25 所示。

双击“捕获筛选程序”对话框中的“模式匹配”，或选中“模式匹配”并单击“模式”按钮，在打开的“模式匹配”对话框中指定捕获模式，如图 6.26 所示。

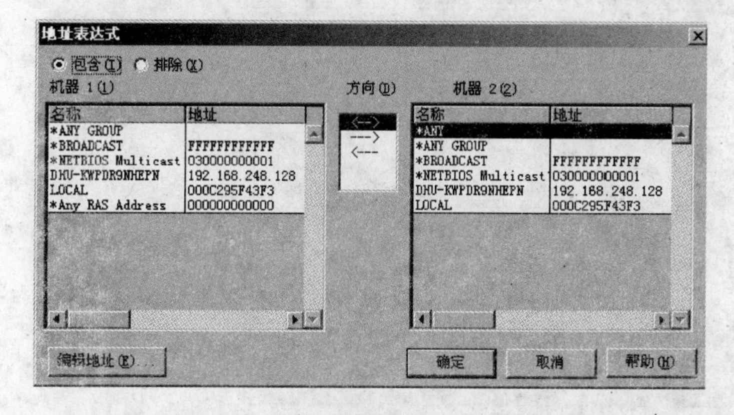

图 6.25 指定需要捕获数据的主机地址

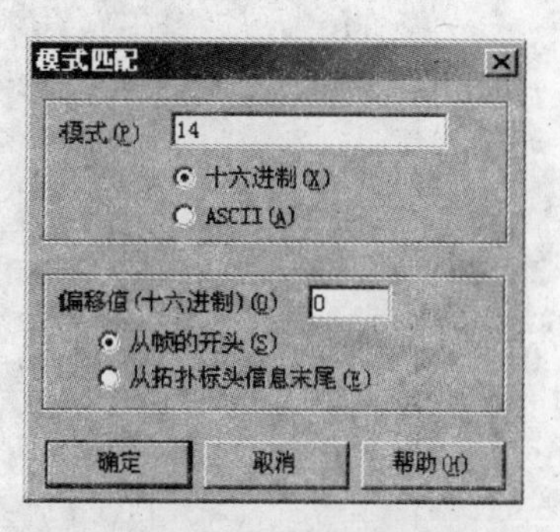

图 6.26 匹配捕获筛选模式

捕获筛选程序设置结果如图 6.27 所示。保存设置好的捕获筛选器。

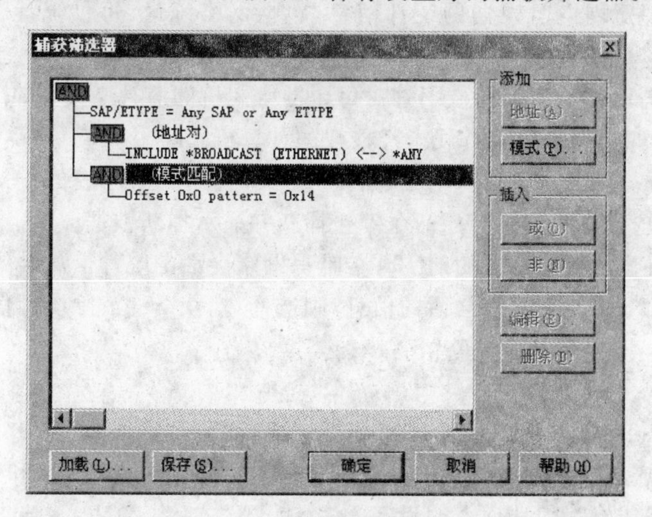

图 6.27 匹配好的捕获筛选模式

4）修改捕获缓冲区设置

选择“捕获”→“缓冲区设置”命令，在图 6.28 所示“捕获缓冲区设置”对话框中指定捕获缓冲区的最大容量。如有必要，还可以调整捕获帧的最大值，然后单击“确定”按钮。注意：如果缓冲区设置超出了计算机的可用内存，帧将被丢弃。

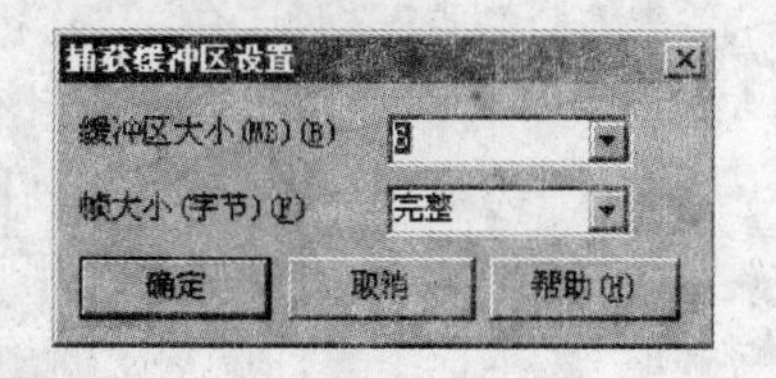

图 6.28 “捕获缓冲区设置”对话框

5）启动网络监视器捕获功能

选择“捕获”→“开始”命令，即启动捕获功能，如图 6.29 所示。

网络监视器的缺省显示模式分为三块窗格，分别呈现不同的信息内容，具体如下：

- 左上侧窗格显示网络利用率和每秒帧数等有关网络物理特性的信息。这些信息是判断网络繁忙程度的关键数据。经常处于高利用率的网络显然应该进行升级。

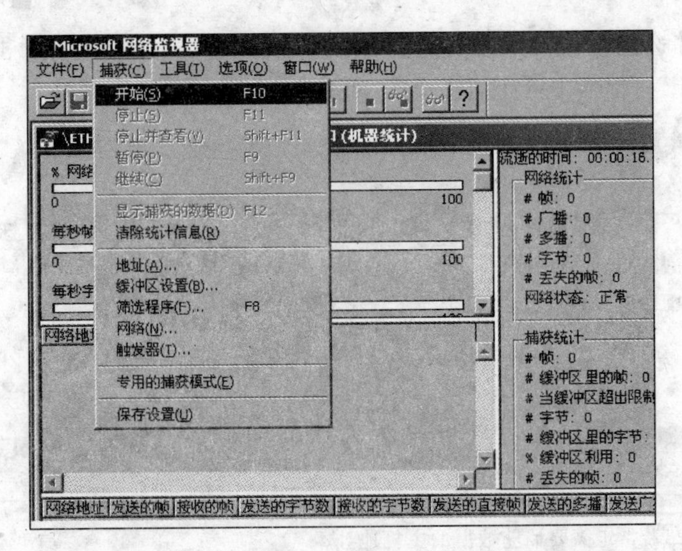

图 6.29 启动捕获功能

- 右侧窗格显示网络监视器的统计信息，包括网络统计、每秒统计、捕获统计和错误统计。
- 网络监视器下部的窗格提供了针对每台网络主机的监视工具，从中可以获知其他计算机的工作状态，也可以查找未经授权的计算机。

要暂停、停止或显示数据捕获，则在“捕获”菜单中选择“暂停”、“停止”或“显示捕获的数据”命令。还可以选择“停止并查看”命令停止捕获并显示捕获数据。

网络监视器仅显示其检测到的前 100 个唯一网络会话的统计信息。要重置统计数据并查看有关检测到的下 100 个网络会话的信息，则选择“捕获”→“清除统计信息”命令。

5. IIS 服务器性能的优化设置

IIS 5.1 的“Web 站点属性”对话框中共有 9 个选项卡，“Web 站点”、“主目录”和“文档”三个选项卡与站点创建有关，此外，还有一些选项卡的设置与站点安全和性能维护有关，这里将具体介绍与性能有关的选项卡的设置方法。

1）“Web 站点”选项卡中的“连接”设置

“Web 站点”选项卡中的“连接”设置提供了拒绝访问用户连接的性能保障机制，以确保有限的服务器资源用于处理来自有限用户的请求，从而提高系统性能，如图 6.30 所示。

其中“无限”选项表示不限制同时连接站点的用户数量，而“限制到”选项则允许根据需要限定在同一时刻连接站点的用户数量，超过此数量限定的用户请求将被服务器拒绝；“连接超时”文本框中允许设置中断用户连接的时间阈值，如果访问者在指定的时间范围内没有发出新的访问请求，Web 服务器将自动中断与该用户的连接。“启用保持 HTTP 激活”允许客户维持与服务器已经打开的连接，而不要求对客户的每个新请求都启用新的连接。

2）“性能”选项卡

（1）“性能调整”设置。

可以根据站点的具体情况通过拖动滑块设定每天访问站点的人数，达到调整 Web 站点所占用的系统内存大小，从而提高 Web 服务器性能的目的，如图 6.31 所示。

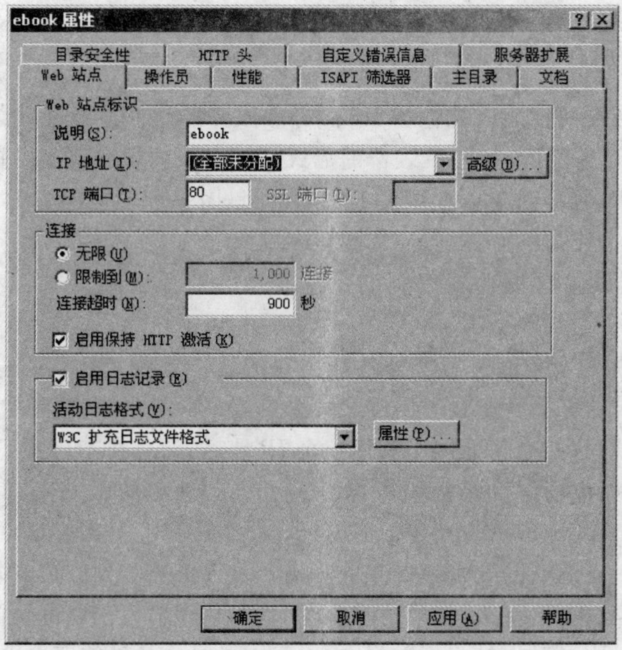

图 6.30　Web 站点属性设置对话框

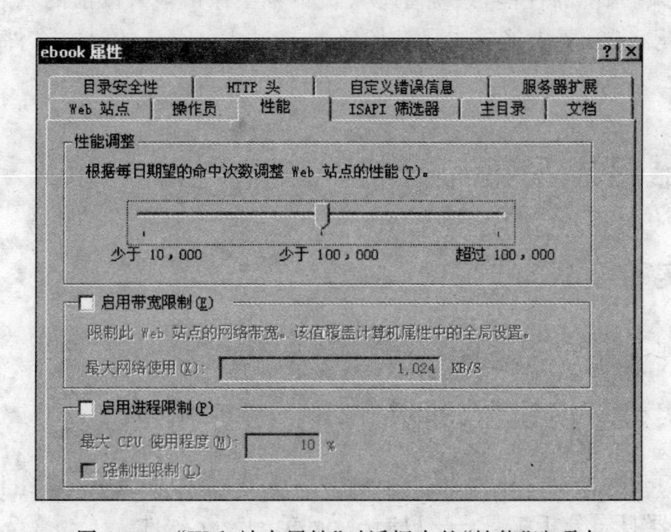

图 6.31　"Web 站点属性"对话框中的"性能"选项卡

当设置的数目略小于实际连接数时,实际的连接速度会更快些,服务器性能也将有所提高。

(2)"带宽限制"设置。

启用带宽限制将会按照所输入的数值来限制 Web 站点所能够使用的带宽。

由于 Internet 的接入费用昂贵,尤其是当网络中支持若干站点时,为使有限的带宽既满足内部网需要,又满足外界用户对 Web 服务器的访问,最好对某些访问量大的(如 MP3 下载等)网站限定带宽。对于拥有足够带宽的局域网,不应该选择"启用带宽限制"复选框。

6.1.4 实验报告

(1) 对IIS服务器的性能监视包括IIS服务和服务器硬件性能两方面，利用系统监视器查阅相关对象及其计数器的说明，以表格的形式总结以下内容完成实验报告：

① 用于监视IIS服务对象以获得关于站点访问、用户和安全等方面的详细信息的计数器有哪些？其含义是什么？

② 用于服务器硬件性能监视以判断系统瓶颈的对象及其计数器有哪些？其含义是什么？

(2) 建立对可用磁盘空间进行实时性能监视的性能警报，设置某值超过限制时可执行的预定应用程序，启动警报后查看应用程序日志中记录的警报事件。

(3) 东华EB公司的"东华商网"，利用一个IP地址，而且在不使用SSL的情况下，公司为主要的职能部门如市场部和客户服务部设置了自己独立的子站点，其中市场部的URL地址为 http://www.dheb.com:8101(或 http://202.120.148.1:8101)，客户服务部的URL地址为 http://www.dheb.com:8102(或 http://202.120.148.1:8102)。允许同一时刻连接该站点的用户数量为800人，如果访问者在1200s内没有发出新的访问请求，Web服务器将自动中断与该用户的连接。请根据东华EB公司对其站点的性能要求进行优化设置。

(4) 为了不影响系统的性能，系统管理人员不希望保留很久以前的日志，请建立应用程序日志的事件老化机制，要求能够自动删除大小超过1024KB的日志文件，或者是15天以前的事件。

6.2 服务器日志采集与分析

6.2.1 实验要求

学会利用商业工具分析服务器日志，并提交分析报告。

6.2.2 实验环境设置说明

- 要求在 Windows Server 2000 以上网络环境下，系统安装有IIS组件；
- 商业服务器日志分析工具——Deep Log Analyzer 软件。

6.2.3 操作步骤

要利用商业化日志分析工具实现服务器日志的分析，首先需要采集服务器日志文件，即通过设置使服务器按要求记录并保存日志文件。因此，这部分实验操作包含两部分内容：日志采集和日志分析。

下面首先以IIS服务器日志为例介绍采集日志文件的具体方法。

1. IIS服务器日志采集

IIS服务器日志有许多种类，如访问日志、引用日志、错误日志和代理日志，用于分析的主要是访问日志。每位访客访问网站时向服务器发出各种请求的信息都会按系统事先设置的要求自动记录在服务器的访问日志文件中，包括关于访客 IP 地址、请求内容、时间及状态等信息。访问日志文件通常保存在网络服务器指定目录下，UNIX 主机的日志文件通常是以类似于 access_log 或 access_log.gz 命名的文件，Windows/IIS 主机的日志文件根据所选择的日志格式不同而不同，通常是以类似于 ex040423.log 命名的文件，表示 2004 年 4 月 23 日采集的扩展日志文件。

IIS 服务器采集日志的设置即针对某个网站启用日志记录并选择日志格式。具体的设置步骤如下：

(1) 选择“开始”→“程序”→“管理工具”→“Internet 服务管理器”命令，打开 IIS。

(2) 单击服务器名称旁边的加号“+”展开服务器列表。

(3) 右击要设置的某个 Web 或 FTP 站点，从弹出的快捷菜单中选择“属性”命令，弹出图 6.32 所示的对话框。

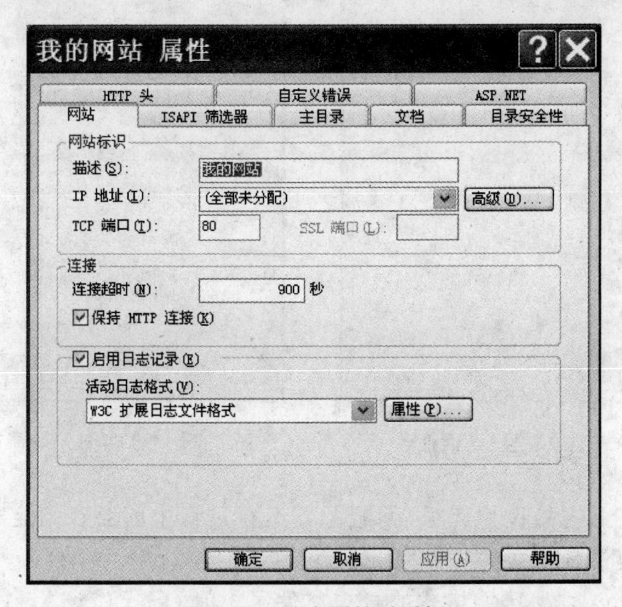

图 6.32　站点属性对话框

(4) 在打开的 Web 站点或 FTP 站点属性对话框中选择“网站”选项卡，选中“启用日志记录”复选框。

(5) 在“活动日志格式”下拉列表中选择一种格式，选择不同的日志文件格式，致使得到的日志文件名和文件内容会有所不同。

① 默认情况下，“启用日志记录”复选框已被选中，其格式为“W3C 扩展日志文件格式”，并已启用了以下字段：“时间”、“客户 IP 地址”、“方法”、“URI 源”以及“HTTP 状态”。

② 选择“ODBC 日志格式”，则单击“属性”按钮，并在相应的框中输入数据源名以及数据库表的名称。如果访问数据库需要用户名称和密码，则分别输入并单击 “确定”按钮。

③ 使用其他日志文件格式，可以在“活动日志格式”下拉列表中选择。

④ 如果要修改日志文件所包含的字段，可以单击“属性”按钮，打开“扩展日志记录属性”对话框，如图 6.33 所示，在这里可以设置“新建日志时间间隔”、“日志文件目录”与“扩展

日志记录选项”。

(6) 单击“应用”按钮，然后单击“确定”按钮。

打开访问日志功能后，系统会自动记录用户的访问活动并按照所设定的时间间隔或文件大小生成日志文件保存到指定目录位置。比如，缺省时间间隔是每日，那么系统将每日生成一个日志文件。根据这个文件，就可以了解到某一日所有客户对网站访问的各种情况。

采集的日志文件保存在服务器对于系统性能有直接的影响，记载的事件越多，文件越大，则系统工作负荷越大，致使系统性能水平下降，所以应尽可能有选择地进行记录。

默认情况下，启用“W3C 扩展日志文件格式”，并已启用了以下字段：“时间”、“客户 IP 地址”、“方法”、“URI 源”以及“HTTP 状态”。要想修改日志文件所包含的字段，则单击“属性”按钮，打开“扩展日志记录属性”对话框，如图 6.34 所示。

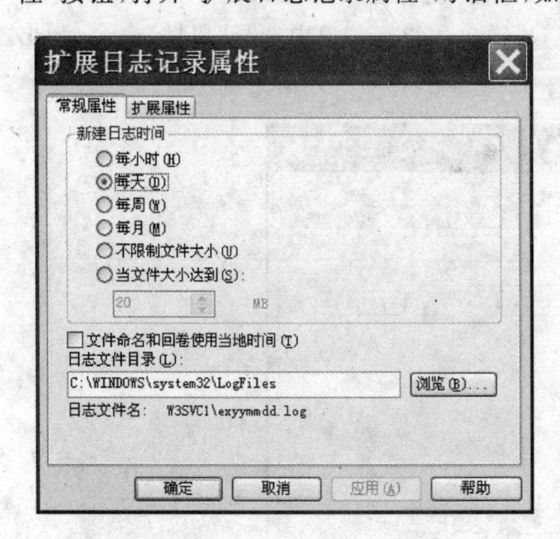

图 6.33 “扩展日志记录属性”对话框(一)

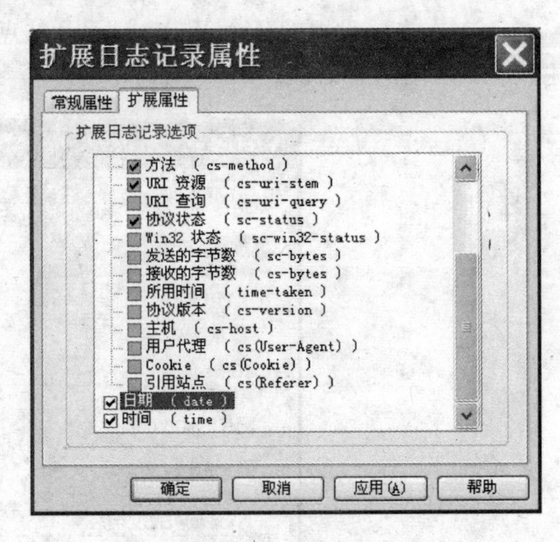

图 6.34 “扩展日志记录属性”对话框(二)

IIS 服务器采集日志的设置完成后，服务器运行过程中就会在指定目录下不断生成访问日志文件，定期复制日志文件并另存于本地计算机上或上传 ftp，Deep Log Analyzer 工具就能阅读并分析.zip 或.gz 压缩格式的日志文件了。但 Deep Log Analyzer 工具不能分析代理服务器的日志。

2. 日志分析

日志分析可以帮助网站维护人员了解网站及其访问用户的行为。Deep Log Analyzer 软件就是专门的商业化日志分析工具，可以提供完善的统计分析报告，如图表、带有导航的交互式分级演示报告、开放式数据库格式的报告等。用户可以通过浏览统计报告或按照不同的时间间隔比较统计报告，了解网站及其访问用户行为随时间发生的变化，以为优化维护网站提供科学的依据。

下面以 Deep Log Analyzer 工具为例介绍日志分析的主要方法。

1) 安装与启动

(1) 安装。

双击 Deep Log Analyzer 安装程序，会出现图 6.35 所示的对话框，选择好安装路径，它将自动复制必要的程序文件，按照提示步骤操作即可成功安装。

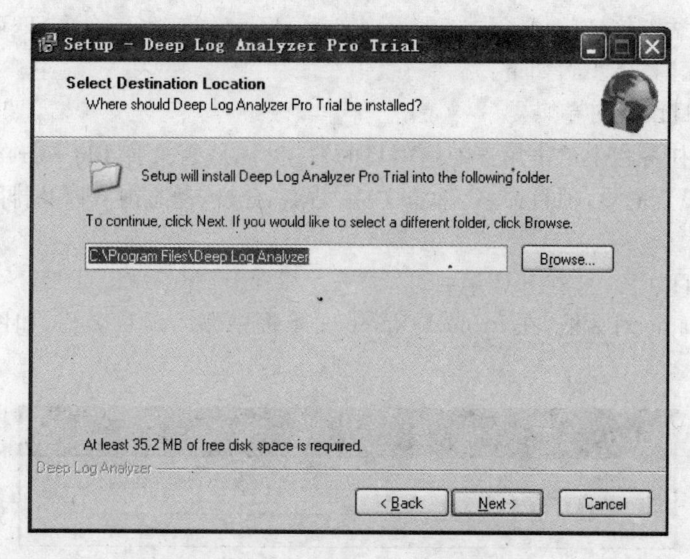

图 6.35　Deep Log Analyzer 安装界面

(2) 启动 Deep Log Analyzer。

选择“开始”→“程序”→Deep Log Analyzer 命令，在打开的菜单中选择 Deep Log Analyzer 工具；或双击桌面上的 Deep Log Analyzer 图标，启动后的主界面如图 6.36 所示。

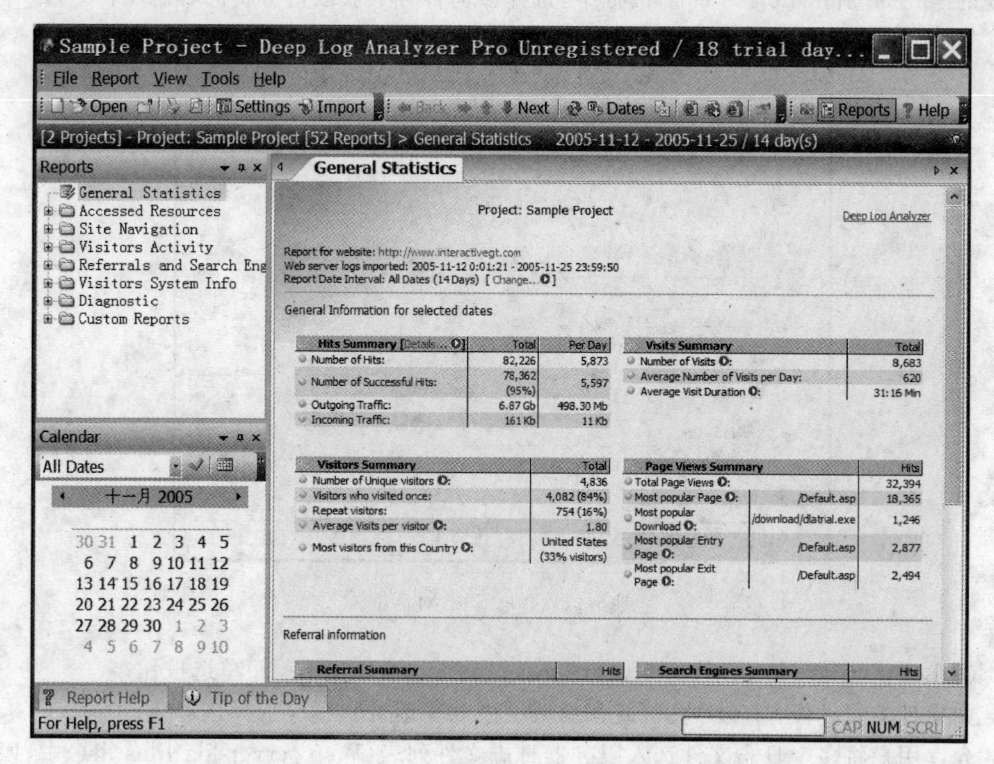

图 6.36　Deep Log Analyzer 主界面

2）创建新项目

在分析一个站点信息前，必须在 Deep Log Analyzer 中建立一个项目，可以使用项目设置向导进行创建。具体步骤如下：

(1) 打开项目设置向导。

在主界面的任务栏中单击用于新建项目的按钮，或者选择 file→Create New Project 命令，打开项目设置向导，项目命名、日志文件、站点、分析、动态内容以及排除项 6 个设置对话框将依次显示。

(2) 命名项目。

首先弹出 Name 对话框，在 Project Name 文本框中输入项目名称，如图 6.37 所示，单击“下一步”按钮。

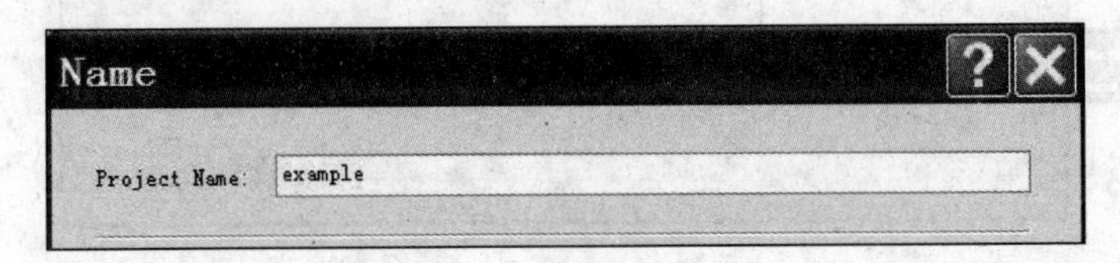

图 6.37　Name 对话框

(3) 选择待分析的日志文件。

Deep Log Analyzer 能够从本地机或是通过 FTP 访问网站服务器来获取日志文件。在出现的图 6.38 所示 Log Files 对话框中，选择以何种方式获取待分析的日志文件。

Log Files
Log files are located locally (or on shared location in LAN)
Web server log files list:
<Click Here to add log files>
wildcards recommended, e.g. C:\Logs\ex*.log
Log files are located on FTP site
Passive mode
Server　Port: 21　default: 21
User name:　Password:
Log File(s):
wildcards permitted, e.g. logs/* or /logs/ex04*.log
<上一步(B)　下一步(N)>　取消　帮助

图 6.38　Log Files 对话框

① Log files are located locally(or on shared location in LAN)单选按钮。

如果日志文件保存于本地机(或在局域网中共享地址)，则应选择该选项。

允许用户将多个日志文件选入服务器日志文件列表(Web server log files list)中，以便于在列表中随意选择日志分别进行导入。按下面的提示选中＜Click Here to add log files＞，选择相关路径下的待分析日志，选中的目标文件就会出现在日志文件列表中。

② Log files are located on FTP site 单选按钮。

通常提供虚拟主机租用服务的ISP会允许企业客户通过FTP下载并解析他们自己网站的日志文件到本地机上，这时就需要选择该选项，并在随后出现的文本框中输入相关信息：

- Server：FTP服务器地址。
- Port：FTP服务器的端口号，默认为21。
- User name 和 Password：分别是FTP的用户名和密码。
- Log File(s)：日志文件的存储路径和名称。
- Passive mode：特别值得注意的是，Passive mode选项一定要选中，使用默认的不选时，服务器处于防火墙后，Deep Log Analyzer将不能连接FTP服务器获取日志。

输入所有必要信息后，单击“下一步”按钮。

(4) 设置待分析站点。

在出现的Site对话框中输入网站的域名和其他信息，如图6.39所示。

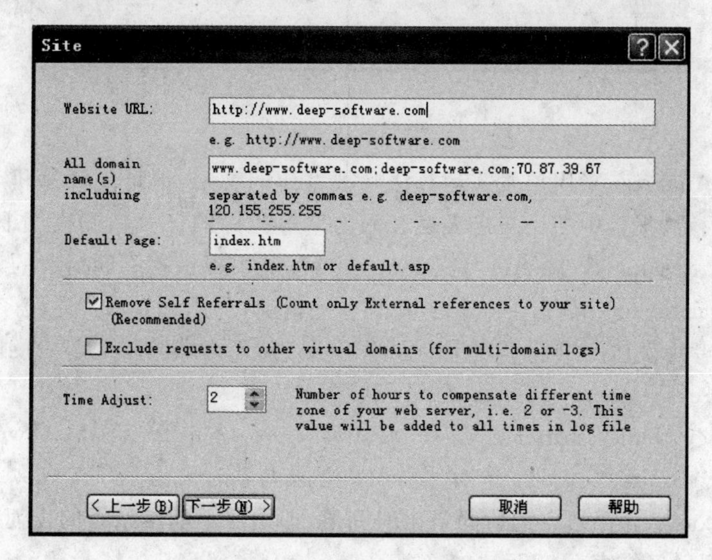

图6.39　Site对话框

- All domain name(s) including：设置所有网站标识类型。如果希望日志分析时对不同的站点标识类型(如域名、网站别名和静态IP地址等)都能识别，就需要设置，输入并用逗号分隔开。
- Default Page：输入网站默认主页。
- Remove Self Referrals(Count only External references to your site)(Recommended)：移除自我引用，即只计算对站点的外部引用。
- Exclude requests to other virtual domains(for multi-domain logs)：对于多域名日志文件，就需要排除其中关于请求其他域名的相关记录。
- Time Adjust：如果网络服务器位于不同的时区，需要在此输入一个值来调整日志文件中的时间以确保统一。

(5) 设置分析细节。

在Analysis对话框中，可以根据提示说明指定分析细节，如图6.40所示，然后单击“下一步”按钮。

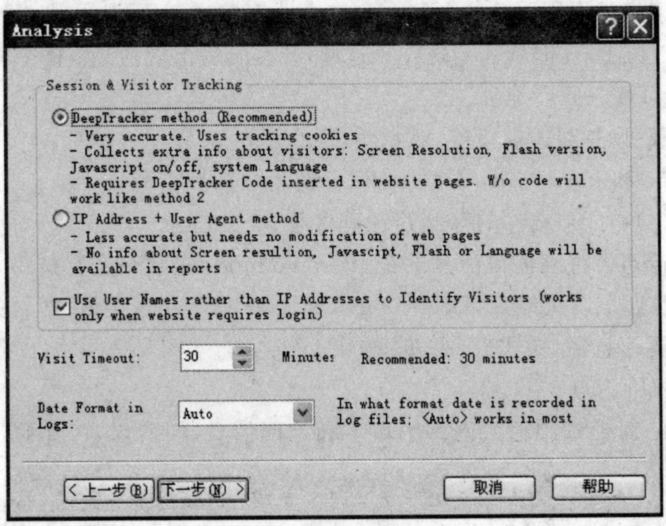

图 6.40 Analysis 对话框

Deep Log Analyzer 采用启发式运算法则根据访问者 IP 地址或计算机名、用户代理等来辨别不同访问者，报告中的用户忠诚度和回访率等指标的计算精确度就取决于访问者的准确识别程度。Session & Visitor Tracking 选项区域中提供了不同精度的识别方式：

- DeepTracker method(Recommended)：最精确，利用 cookies，避免了使用代理时一个访问者每次访问可能会产生不同 IP 地址，从而隐藏其唯一身份的问题。
- IP Address+User Agent method：较精确。
- Use User Names rather than IP Addresses to Identify Visitors(works only when website requires login)：针对注册用户登录网站时采用。

Visit Timeout：设置站点的访问空闲时间值，即用户不单击站点的任何链接的时间，此时认为用户访问已经结束。

Date Format in Logs：要使得分析报告中采用一致的日期格式，就需要在此定义日期格式。在提供的 Auto、MM/DD/YY、DD/MM/YY 和 YY/MM/DD 这 4 种格式中选择一种即可。

(6) 设置动态内容。

- Retain URL Parameters (allows to analyze pages with CGI or ASP parameters)

如果网站使用 CGI、ASP 等提供动态功能，允许分析动态网页就需要在 Dynamic Content 对话框中选中 Retain URL Parameters(allows to analyze pages with CGI or ASP parameters)复选框，或选中 Retain Only Parameters from the List below 复选框并输入诸如 arctice_id 等 URL 参数，如图 6.41 所示。

- Remove URL Parameters from Referral Pages Reports

该选项将改善 Deep Log Analyzer 的性能，并减少数据库的存储空间，但它导致在引用页面报告中产生一些不完整的 URL，例如，提交 http://www.site.com/page.asp?prm=34876&sessionid=1234233456ert123 将会被缩减为 htpp://www.site.com/page.asp。

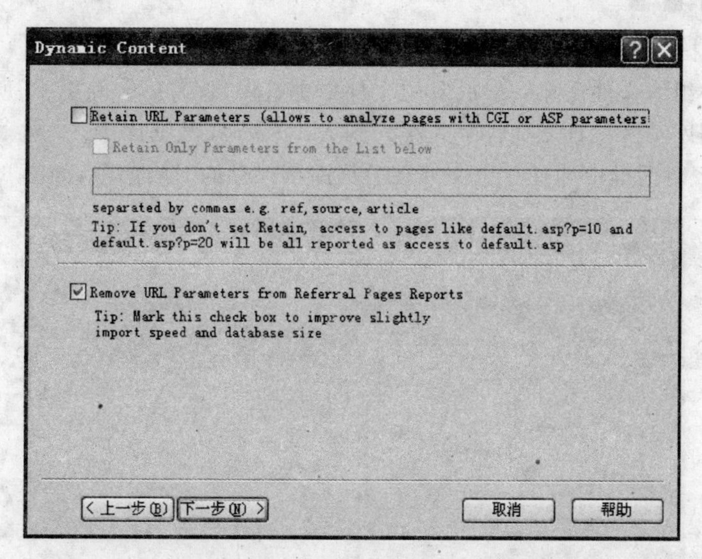

图 6.41　Dynamic Content 对话框

(7) 设置排除信息。

在 Exclude 对话框中设置向数据库导入日志文件时需要排除的内容，以提高日志文件的导入速度，并且减少数据库占用的存储空间，如图 6.42 所示。

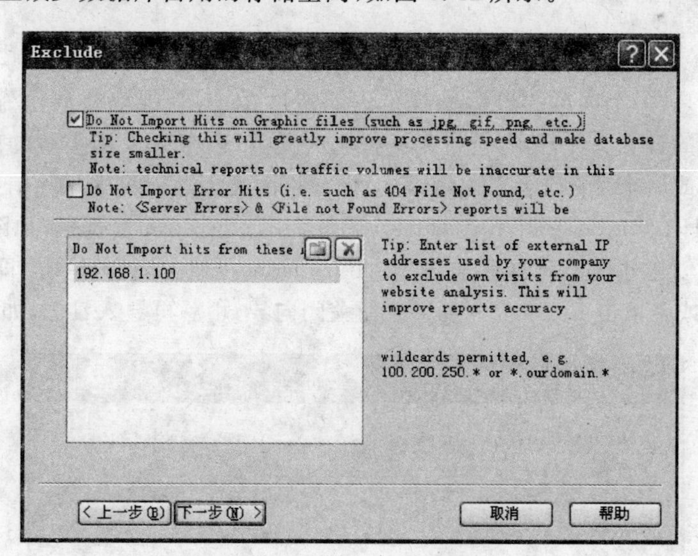

图 6.42　Exclude 对话框

- Do Not Import Hits on Graphic files(such as jpg,gif,png,etc.)：如果站点的图像数量较多，可考虑选择该选项，但会导致流量数据不精确。
- Do Not Import Error Hits(i.e. such as 404 File Not Found,etc.)。
- Do Not Import Hits from these list：单击 按钮输入不想分析的 IP 地址或主机名、链接等；单击 ✕ 按钮从列表中删除被选中的项目。可以使用通配符来排除一段的 IP 地址，如 100.200.250.*。通常可以用于排除公司的内部访问，以集中反映所关心的客户访问情况。

(8) 设置数据库中最新日志保存期限。

在数据库中组织文件比在一般的日志文件中更有效,且占用空间更小,所以每个项目都使用独立的数据库文件将日志文件事先存入到 MS Access 数据库中。

在 Database 对话框中选择日志文件在数据库中保存的时间期限,如图 6.43 所示。

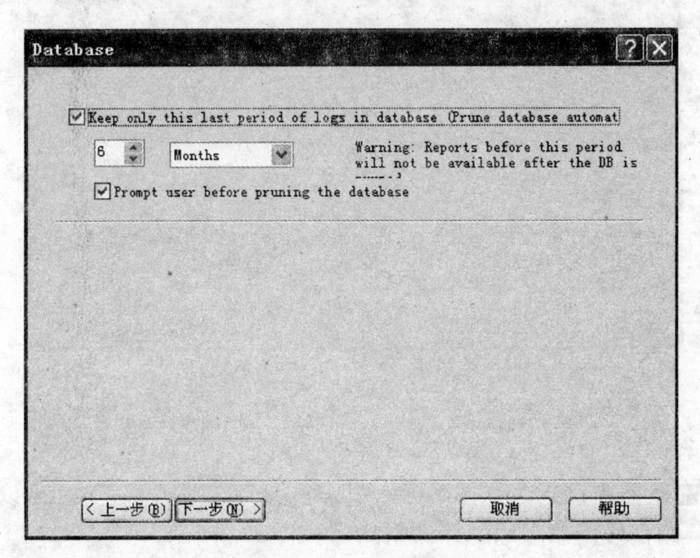

图 6.43 Database 对话框

需要注意的是,一个项目的数据库规定不能超过 2GB,否则就要创建另一个项目来存储一个观测时段的日志文件,给分析带来不便。为此,可以考虑采用更短的观测时间段,例如,一刻钟、一周或一个月;或者采用压缩文件。另外,在创建项目的排除信息设置时,选择 Do Not Import Hits on Graphic files(such as jpg,gif,png,etc.)复选框,如图 6.42 所示。

新分析项目创建并设置完成后,单击 Analyze Now 按钮关闭向导并立即开始对加载的日志进行分析;或者单击 Finish & Save 按钮关闭向导,稍后再导入日志,如图 6.44 所示。

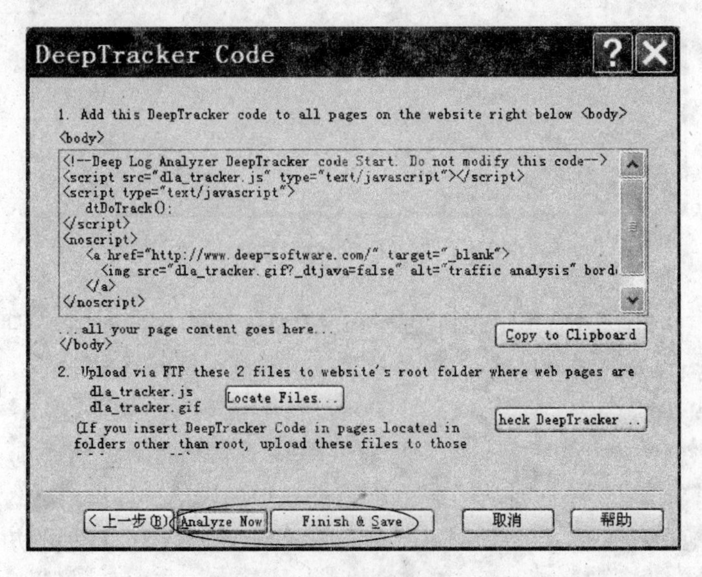

图 6.44 新分析项目创建完毕

当单击 Finish & Save 按钮后就会进入到刚才所建项目的分析界面，这一界面与其他界面的不同之处就是没有导入日志文件，如图 6.45 所示。

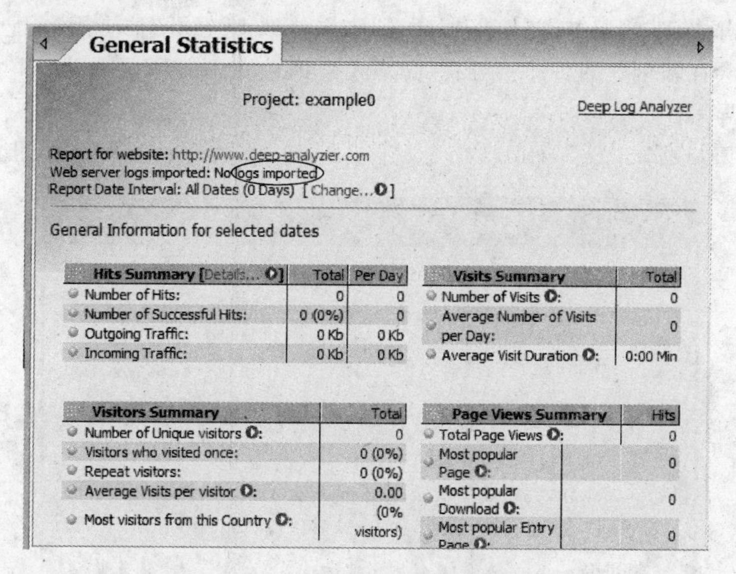

图 6.45 新建项目的分析界面

项目数据库保存地址因计算机不同而不同，通常在 C:\Documents and Settings\All Users WINDOWS\Application Data\DLA Storage\中。选择 File→Open 命令，在 Open Project 对话框的底部可以看到保存路径，如图 6.46 所示。

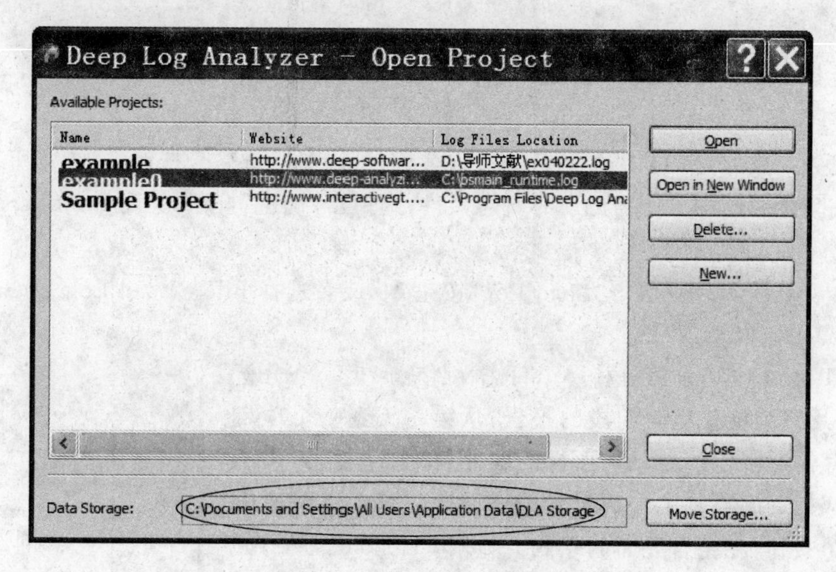

图 6.46 Open Project 对话框

3）导入日志文件

这一步的目的是导入项目数据库中的日志文件以便开始日志分析。因为创建新项目时对数据库中保存新日志的时间期限、日志文件名、存储路径进行过设置，所以 Deep Log Analyzer 不会重复导入相同的日志文件，只会加载从上次导入后数据库中新出现的日志文件,或只导入出现在日志文件中的新记录。

下面以在文件列表中导入多个日志文件的最复杂的情况为例来说明导入方法。

在列表中添加新的日志文件。如果在日志文件路径中不使用通配符,Deep Log Analyzer将不会在新创建的日志中寻找,必须人工将它们添加到列表中。重叠时间段的日志文件不会被导入。

(1) 选择File→Project Settings命令,打开Project Setting对话框,如图6.47所示。

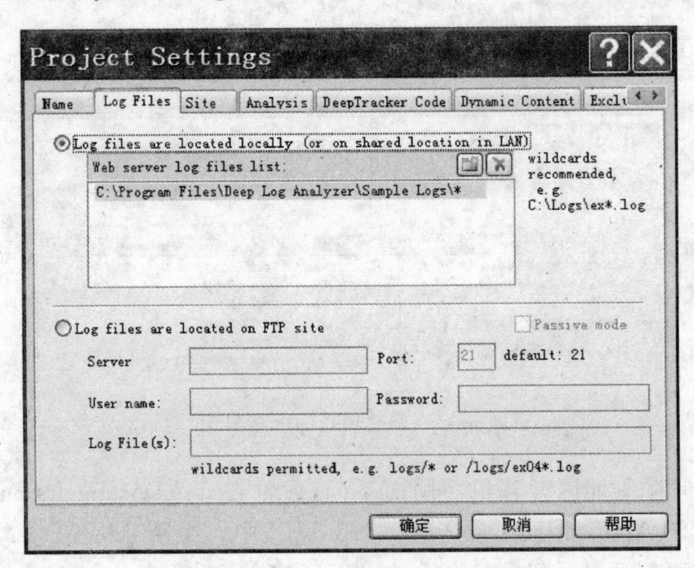

图6.47 Project Settings对话框

(2) 选择Log Files选项卡。

(3) 在Web server log files list中单击按钮添加新日志文件。

(4) 输入完整路径和要添加的日志文件名称,可以单击省略号按钮浏览所有文件。

(5) 一旦已经添加了所需的所有日志文件,则单击"确定"按钮,关闭Project Settings对话框。

(6) 在标准工具栏中单击"Load Log"按钮,或者选择File→Load Log File命令。

4) 浏览特定时期的报告

Deep Log Analyzer每分析一个日志文件就产生一个分析报告,允许用户浏览任何时间段的报告,从第一天到整个项目数据库的存储期限。Calendar面板的功能就是方便用户采用不同的方式指定浏览日志分析报告的时间段。单击工具栏中的Calendar按钮,在报告界面的左侧会显示Calendar面板,如图6.48所示。

图6.48 Calendar面板

(1) 利用日历卡获取特定时间或特定时间段的报告。

这是获取某时间段的分析报告最简单的方式。

① 通过日历卡上的三角形滚动按钮选择想要浏览的月度报告;

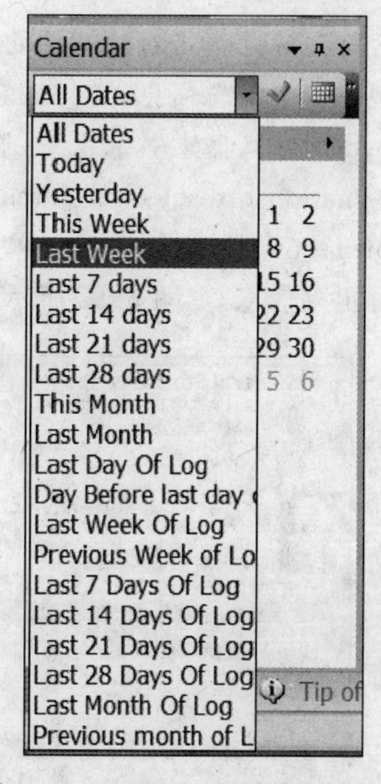

图 6.49 Calendar 面板的下拉列表

② 单击日历中某一日期可以选择浏览当日报告；

③ 在日历中单击并拖曳鼠标指针选择多个连续日期可以生成该时间段的分析报告。

改变日历中的日期范围时，报告界面活动窗口中的报告内容会随之刷新。

(2) 选择标准日期范围。

在 Calendar 面板的下拉列表中可以选择想要浏览报告的标准时间范围，如一天、一星期、一个月等，如图 6.49 所示。

单击工具栏上的"今天"按钮选择当天的报告，如果今天没有报告就会显示昨天的报告。

单击工具栏上的"所有日期"按钮可以浏览项目中所有日志文件生成的报告。

(3) 在日期报告过滤对话框中直接输入日期范围。

在 Calendar 面板中单击"输入日期"按钮，就会打开图 6.50 所示 Report Date Filter 对话框。

在对话框中选择一个日期范围后，单击 OK 按钮，关闭该对话框的同时当前活动窗口中的报告被刷新。一旦选择了一个日期范围后，活动窗口将一直显示这个时段的报告，直到关闭该项目或是重新制定一个不同的时间范围。这种方法便于比较不同时间范围的同一个报告，发现重要统计指标的改变及产生的影响。

5) 浏览与分析 report

日志分析的主要目的就是通过分析结果报告反映服务器或站点被访问的情况。Deep Log Analyzer 的常规统计(General Statistics)报告能提供网站访问行为的关键统计数据，是网站分析的基础。其中包括 Accessed Resources(接入资源)、Site Navigation(站点导航)、Visitors Activity(访客访问活动)、Referrals and Search Engines(网页引用及搜索引擎)、Visitors System Info(访客信息)、Diagnostic(网站诊断)以及 Custom Reports(访客报告)7 大类详细报告，具体如图 6.51 所示，分别从不同侧面对网站运营状况给出了分析结果，有利于网站管理者更有针对性地维护管理网站，提供更好的网站服务。

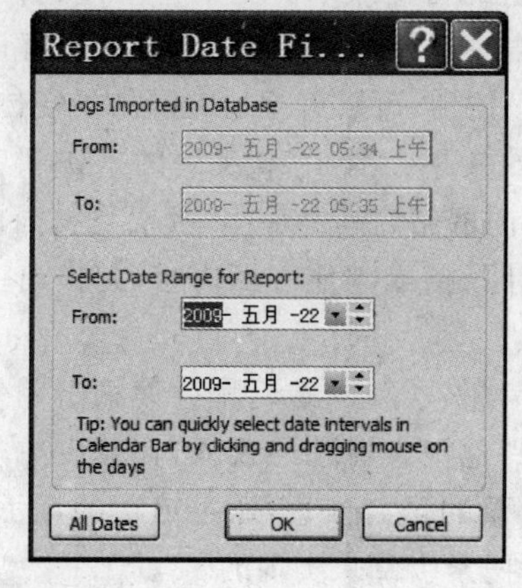

图 6.50 Report Date Filter 对话框

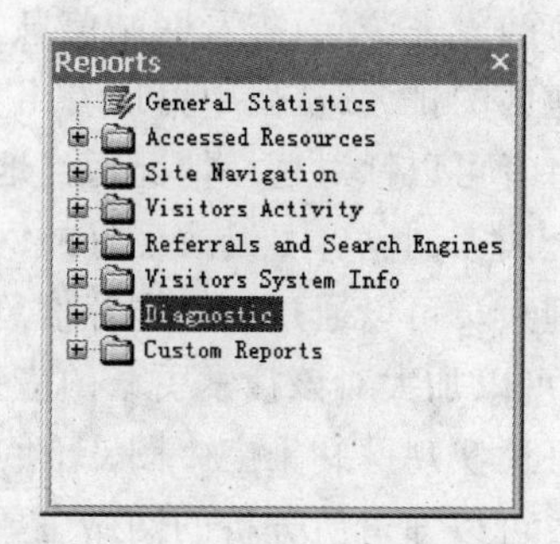

图 6.51 Deep Log Analyzer 的常规统计报告

常规统计报告对网站活动的关键指标进行快照，显示了日历中指定时间的统计数据，主要包括单击汇总信息、访问汇总信息、访问者信息、页面浏览汇总、推荐（转交）信息（referral information）、搜索引擎汇总、技术性的信息等方面。这些信息分别属于三大类：General information for selected dates（基本信息）、Referral information（参考信息）和 Technical information（技术性信息）。单击报告中的右三角箭头，可以在新的选项卡中查看详细报告，了解更多信息，如图 6.52 所示。

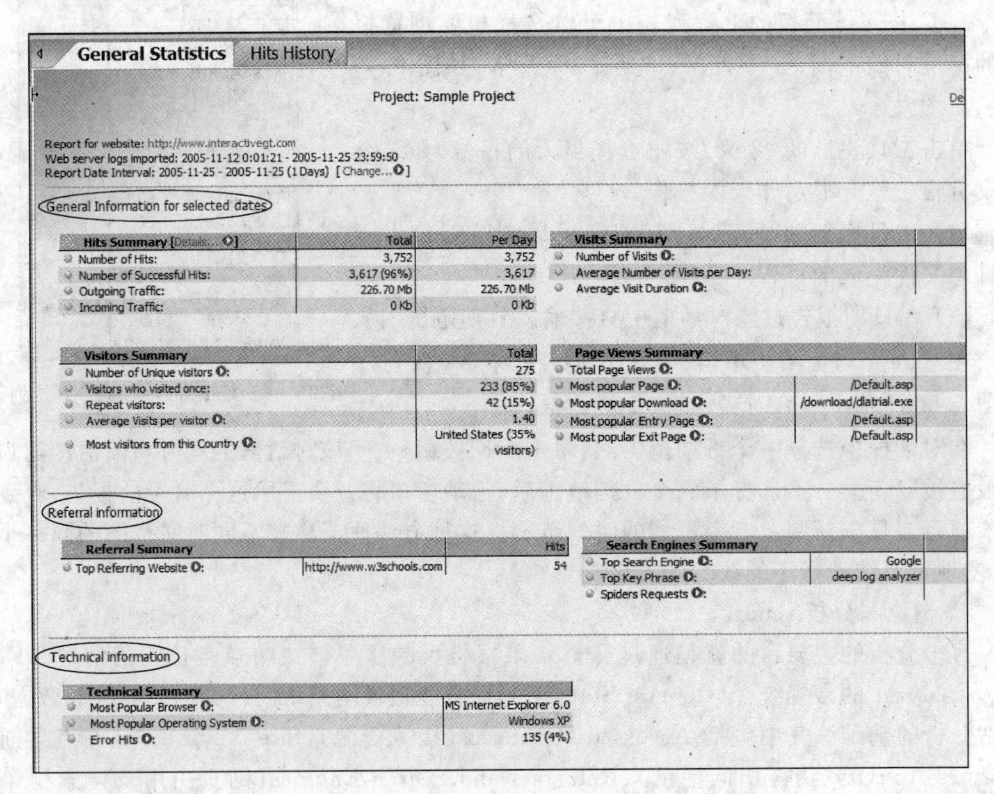

图 6.52 查看详细报告

网站管理人员可以通过该报告的相关信息分析网站的性能，了解网络营销的效果，并指导网站的优化设计，进而提高网站的可用性，达到一定的营销效果。例如，分析人员可以通过查看一般信息了解网站的点击、访问信息，根据报告中显示的相关数据，进而了解该网站的受关注程度，如果点击数量、访问持续时间等值较小的话，可以考虑加大网站的宣传力度，吸引更多的人来访问、查看网站信息，达到网站推广的效果。图 6.53 反映的是访问者所在国家和地区的排名，从图中可以看出美国人对所分析的网站访问量最多，其次是英国、德国，网站拥有者可以针对这一情况适当地调整网站的设计风格或其他方面内容，制作出主要适合这三个国家浏览者习惯或爱好的网站信息。

管理人员可以通过查看推荐信息中的搜索引擎信息，了解网站用哪种搜索引擎效果最佳，进而可以加大对该搜索引擎的应用，适当减少对其他搜索引擎的投入，在减少成本的前提下更好地实现网站推广。图 6.54 显示的是搜索引擎的排名信息，通过该图的显示结果，分析人员可以知道所分析的网站主要是通过 Google 搜索引擎来实现的。

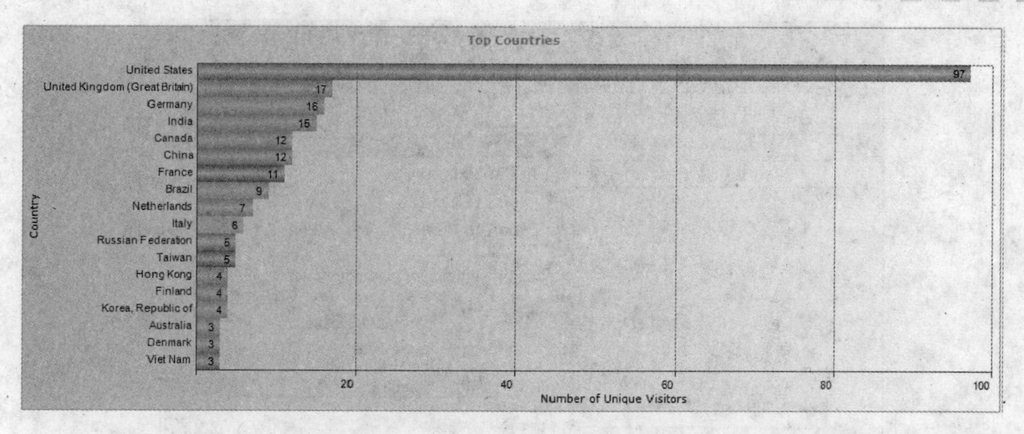

图 6.53 访问信息报告的显示结果：访问者所在国家和地区的排名

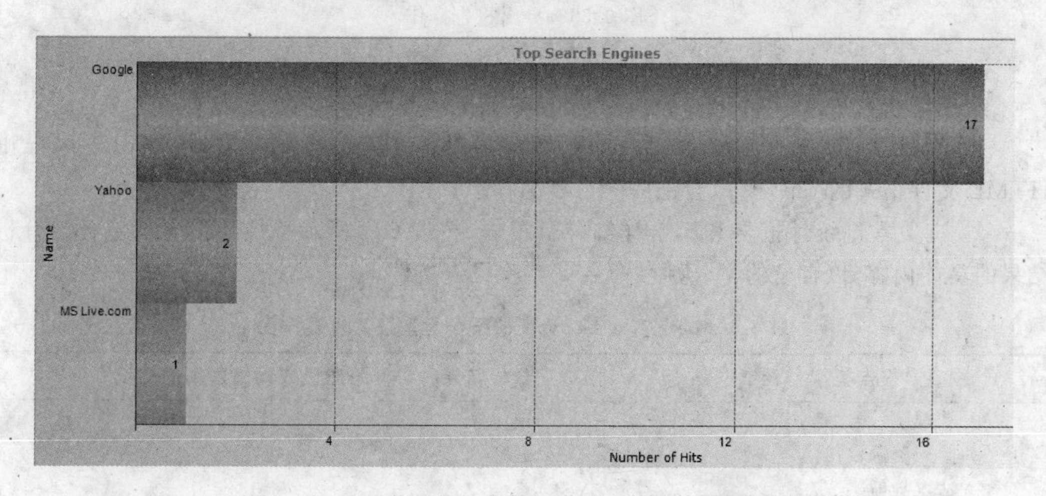

图 6.54 访问信息报告的显示结果：搜索引擎效果排名

如果认为常规统计报告信息不够详细、全面的话，还可以单击图 6.51 中常规统计下属的 7 大类分别查看相关的详细信息。

6）导出 report

产生的分析报告可以用 HTML 格式文件导出，以便今后对比分析。针对不同形式的报告，有几种不同的操作方法。

（1）导出单一报告。

首先，在要导出的报告窗口中选择 Report→Export→Export to HTML 命令，如图 6.55 所示。

其次，选择文件的保存地方，并为报告命名，之后单击“保存”按钮即可。

（2）输出报告列表。

Deep Log Analyzer 的专业版还提供导出报告列表的功能，允许对多个报告导出为一个综合的 HTML 文件。导出报告列表的具体操作如下：

首先，在菜单栏中选择 Tools→Output listing 命令，在出现的对话框里选择要导出的报告；然后，选择保存位置，并输入保存的文件名字；最后，单击“保存”按钮即可。

专业版还可以输出图表式的报告。

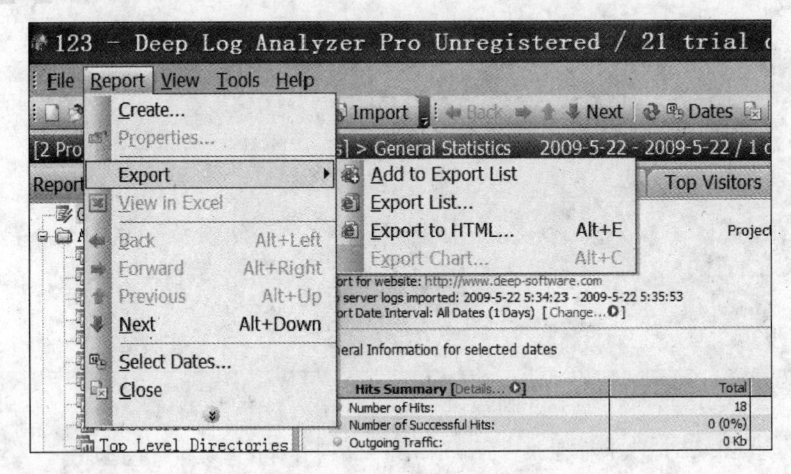

图 6.55 导出报告操作

6.2.4 实验报告

(1) 尝试利用 Deep Log Analyzer 对教师提供的 IIS Log 文件进行分析，要求导出 HTML 文件格式的 report，以自己的学号姓名命名。

(2) 浏览常规统计报告和 7 个详细分析报告，按表 6.1 所示总结各报告所包含的分析结果的具体内容，以自己的学号姓名命名该实验报告文件。

表 6.1 Deep Log Analyzer 的报告类型及其主要作用

报告类型	分析结果和对网站建设或网络营销的建议
常规统计	
接入资源	
站点导航	
访客访问活动	
网页引用及搜索引擎	
访客信息	
网站诊断	
访客报告	

6.3 网站分析管理工具的使用

随着商务网站的规模扩大和复杂度增加，确保企业网站良好性能、提高企业网站在各个门户网站搜索引擎的可见度以及提升搜索引擎营销的效果都将成为网站维护管理中几项重要的工作，这就需要借助网站分析管理工具。

除了利用一些流行的商业化网站日志分析工具外，还有一些免费工具也提供了强大的企业级网站分析管理功能，如门户网站 Google 的网络流量统计与分析工具 Google Analytics、第三方网站 51yes 提供的网络流量在线统计等。

实践表明，这些工具能够帮助网站维护管理人员更加高效地分析、管理自己的网站，利用这些工具可以获取许多关于企业网站的有用信息，如网站访问统计、顾客转化率等，从而客观了解企业网络运行情况，并依此开展网站维护管理工作和网络营销活动。

6.3.1　实验要求

- 了解使用网站分析管理工具的意义。
- 掌握 google 企业级网络分析常用工具的作用及使用方法。
  - 搜索引擎优化工具 Sitemap 生成器；
  - 网站的排名查询工具 PageRank；
  - 引擎抓包工具 Googlebot。
- 掌握第三方网络流量在线统计和分析工具的基本使用方法。

6.3.2　实验环境设置说明

- 主流的计算机配置（如 Intel 奔腾双核 E5200 2.5GHz/DDR2 2GB 内存/512MB 独立显卡）；
- Windows XP 操作系统；
- 便捷的宽带互联。

6.3.3　操作步骤

为了利用本实验的工具测试分析网站的流量等运营状况的指标，实验前需要进行如下准备工作：利用免费服务器空间（如 http://www.5944.net）建立网站，具体可参考 2.2.4 节的相关操作。

1. 利用 51yes.com 获取网络流量统计信息

(1) 登录 http://count.51yes.com，进入用户身份注册页面，提供网站名称、网址和网站描述等信息进行用户身份注册，如图 6.56 所示。

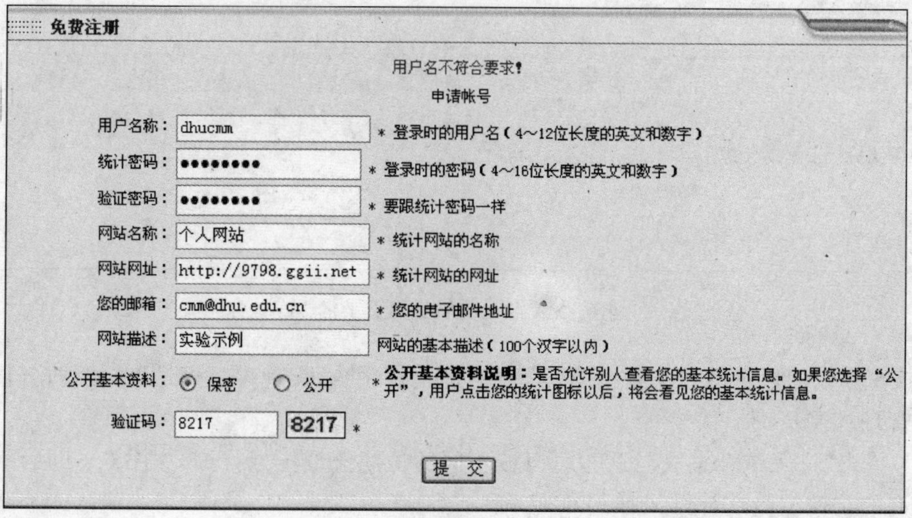

免费注册

用户名不符合要求！

申请帐号

用户名称：dhucmm　* 登录时的用户名（4～12位长度的英文和数字）

统计密码：●●●●●●●●●　* 登录时的密码（4～16位长度的英文和数字）

验证密码：●●●●●●●●●　* 要跟统计密码一样

网站名称：个人网站　* 统计网站的名称

网站网址：http://9798.ggii.net　* 统计网站的网址

您的邮箱：cmm@dhu.edu.cn　* 您的电子邮件地址

网站描述：实验示例　网站的基本描述（100个汉字以内）

公开基本资料：◉ 保密　○ 公开　* **公开基本资料说明：是否允许别人查看您的基本统计信息。如果您选择"公开"，用户点击您的统计图标以后，将会看见您的基本统计信息。**

验证码：8217　8217 *

提 交

图 6.56　注册 51yes 用户

(2) 单击“提交”按钮，查看并获取第三方网站 51yes.com 提供的统计代码，如图 6.57 所示。

图 6.57 51yes.com 提供的统计代码

(3) 将指定代码插入需要跟踪的网站或网页的 HTML 文档指定位置，如图 6.58 所示。

图 6.58 按要求将指定代码插入企业网站 HTML 文档相应位置

(4) 登录网站的主页，确保网站正常运行。正确插入指定代码的网页上会出现 51yes 的标志，如图 6.59 所示。

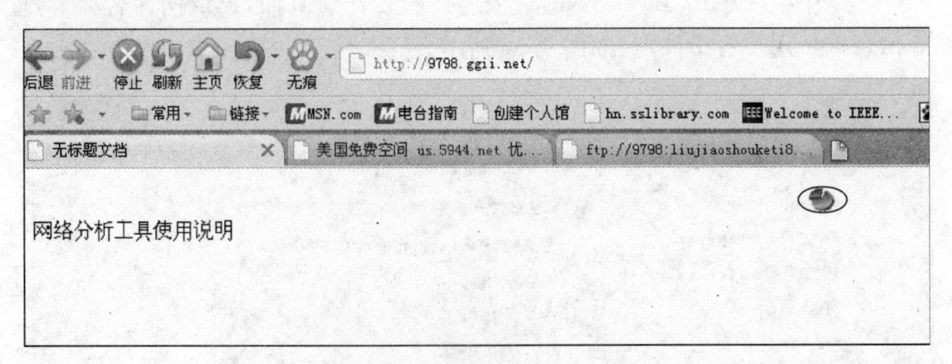

图 6.59 正确插入指定代码的网页上的 51yes 标志

(5) 重新以用户身份登录后，单击页面的“进入控制台，管理多个网站”链接，打开图 6.60 所示的管理控制页面。

(6) 单击“进入统计报表”按钮，可以按不同的访问流量指标查询，如图 6.61 所示。

查询的访问流量统计结果如图 6.62 所示。

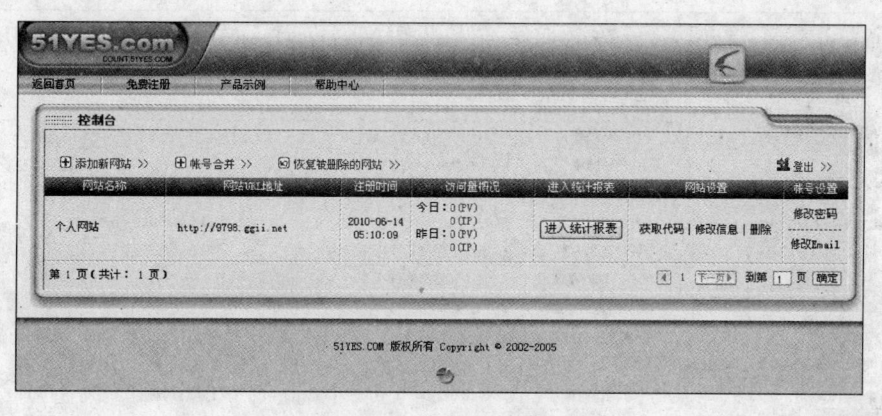

图 6.60　管理控制页面

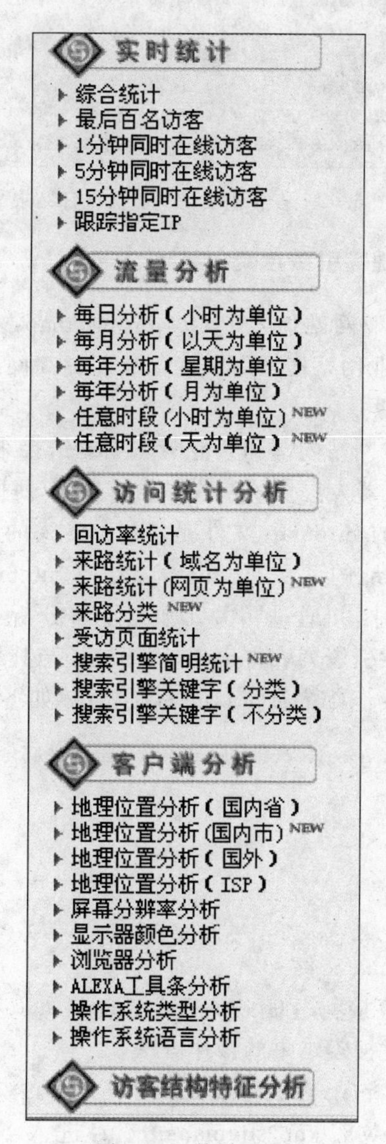

图 6.61　统计页面

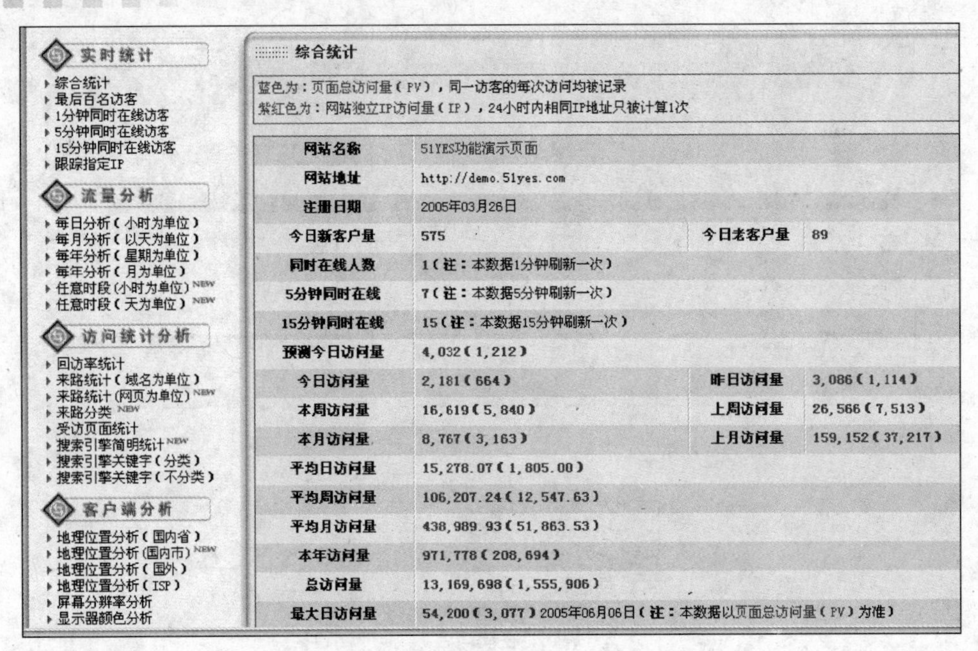

图 6.62 查看主要访问流量统计结果

2. 使用 Sitemap 生成器提高引擎搜索效果

Google 官方指南指出，企业网站加入了 Google Sitemap 文件将更有利于 Google 网页爬行机器人的爬行索引，是企业网站搜索引擎优化从而提高网站内容被索引的效率和准确度的重要工具。

网络爬行机器人通常通过网站内部和其他网站上的链接来查找并抓取网页，企业网站的 Sitemap 文件向网络爬行机器人提供了一些提示信息，以便搜索引擎可以更有效、更智能地抓取本企业网站。最简单的 Sitemap 文件是 XML 格式的，其中列出了网站中所有的 URL 地址以及每个 URL 地址的元数据（meta），支持 Sitemap 协议的爬行机器人抓取 Sitemap 提供的所有 URL 地址，并通过相关元数据了解分析该网址。当然，使用 Sitemap 并不能保证网页一定会在搜索引擎列表中出现，因为这还与其他因素有关。

xml 格式的 Sitemap 文件必须遵循 Google 标准，具体如下：

```
<urlset xmlns = "http://www.google.com/shemas/sitemap/0.84">    链接的定义入口
<url>
<loc>http://www.znzncn.com                                      页面永久链接地址
<lastmod>2005 - 01 - 01                                         页面最后更新时间
<changefreq>always                                              页面内容更新频率
<priority>0.8                                                   相对于其他页面的优先权
```

1）生成并编辑上传 sitemap 文件

生成网站 xml 文件可以直接利用 Google Sitemap，还可以利用“小爬虫”软件，以下具体介绍生成和利用 Sitemap 优化搜索结果的操作方法。

方法一：利用 Google Sitemap 在线生成 Sitemap 文件。

(1) 登录网站 http://www.xml-sitemaps.com，进入 Sitemap Generation 主页，如图 6.63 所示。

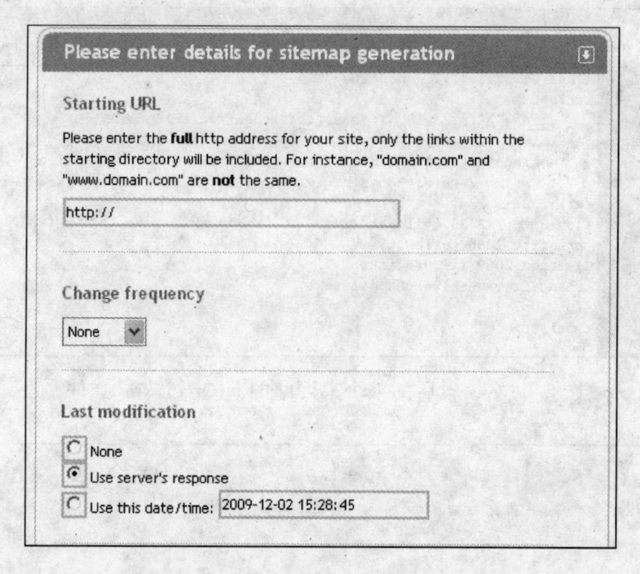

图 6.63　进入 Sitemap Generation 主页

(2) 输入网站地址，单击 Start 按钮，得到网站的 Sitemap 文件列表，图 6.64 所示为个人网站 http://16746. hghg. net 的 Sitemap 文件列表。

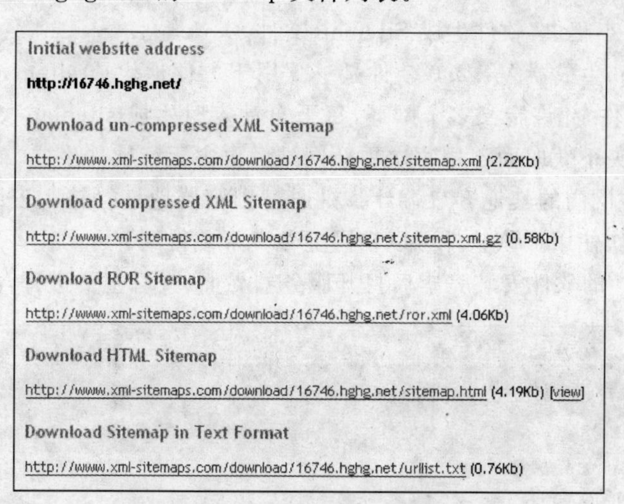

图 6.64　某个人网站的 Sitemap 文件列表

(3) 右键单击另存列表中最常用的两种格式的 Sitemap 文件：Sitemap. xml 和 Sitemap. html，以备上传个人网站，提高其被搜索引擎抓取的可能，如图 6.65 所示。

(4) xml 格式的 Sitemap 文件必须是 utf-8 的编码格式，可以用记事本打开并编辑 sitemap. xml 文件，选择编码(或转换器)为 utf-8。图 6.66 所示为编辑后的某个人网站 http://9798. ggii. net 的 sitemap. xml 文件。

图 6.65　下载在桌面的 sitemap 文件

(5) 将两个 sitemap 文件上传到个人网站的 FTP 中，结果如图 6.67 所示。

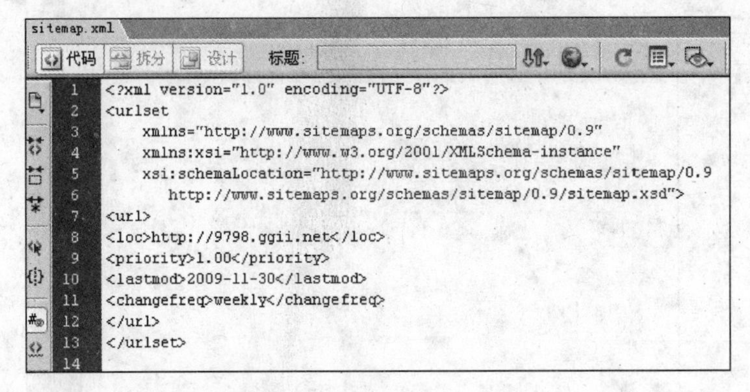

图 6.66 编辑后的某个人网站的 sitemap.xml 文件

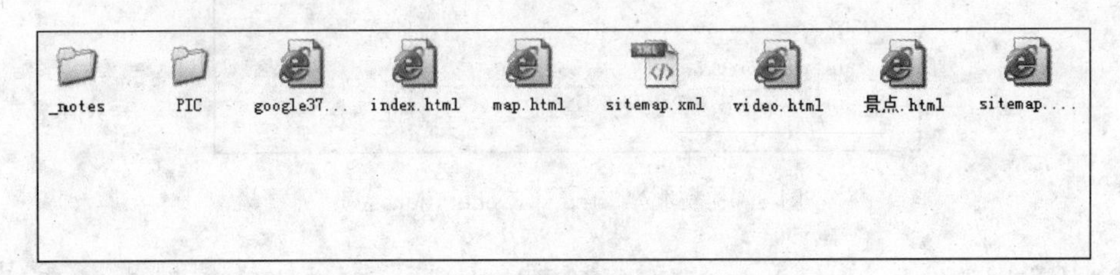

图 6.67 上传后的 Sitemap 文件

方法二：利用“小爬虫”软件生成 Sitemap 文件。

小爬虫 Sitemap 生成器 V4.2.0 软件是一款用于方便地生成 sitemap.xml 及网站地图 html 文件的工具软件，允许定义多个网址，每天自动定时生成 sitemap 文件，以便网站管理员直接到指定文件夹下获取而不用每次更新网站后再去运行软件生成。可以装在企业任意一台计算机上，局域网内的其他客户端计算机通过浏览器地址栏输入安装后的小爬虫服务地址就可以进行操作使用。该软件可以在网上免费下载得到。

(1) 将“小爬虫”的软件安装完毕后打开服务器界面，查看主要进程，如图 6.68 所示。

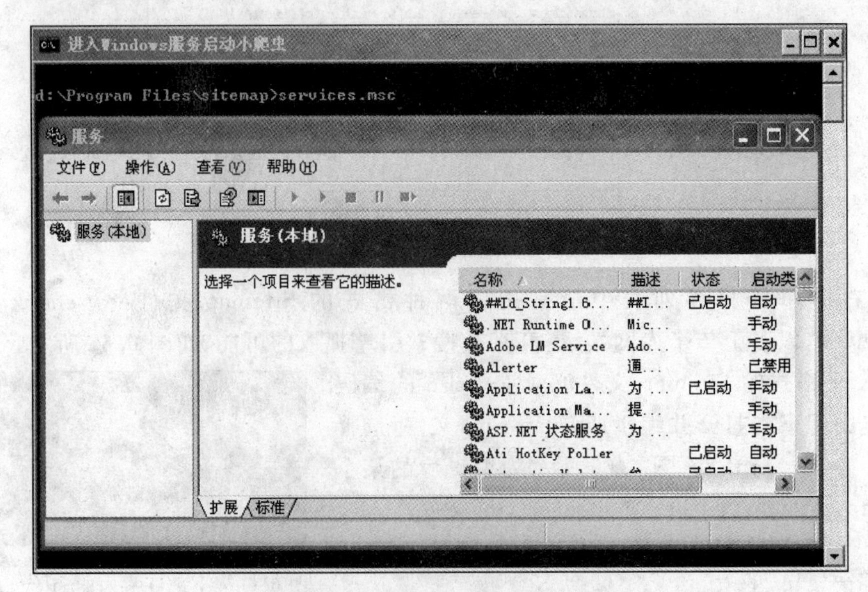

图 6.68 “小爬虫”软件的服务器界面

(2) 打开“小爬虫”网站地图在线生成页面，添加个人网站的地址，如图 6.69 所示。

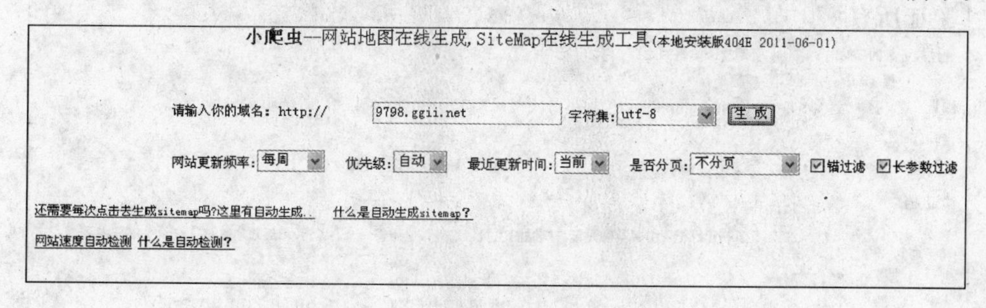

图 6.69 “小爬虫”的在线生成页面

(3) 单击“生成”按钮，在线生成的网站地图如图 6.70 所示。

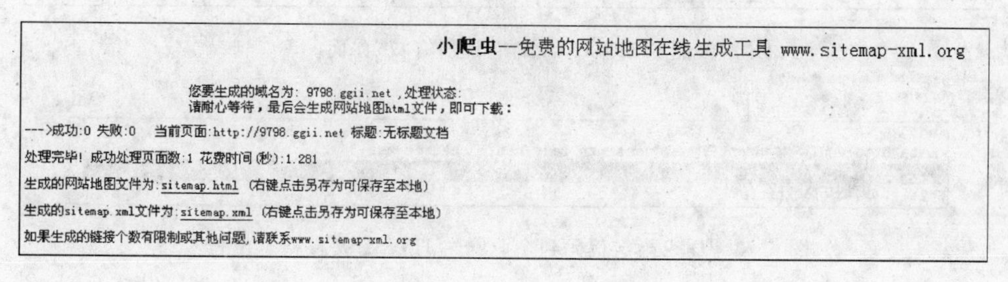

图 6.70 在线生成的网站地图

(4) 下载并编辑，以备上传。

2) 提交 Sitemap 到搜索引擎等待被抓取

(1) 登录网站 https://www.google.com/webmasters/tools/home?hl=zh-CN，注册一个企业网站管理员账号。

(2) 用注册的账户登录进入主页，然后添加网站，如图 6.71 所示。

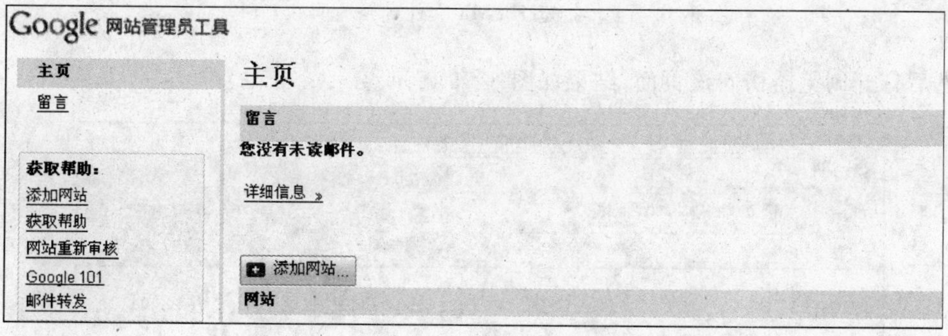

图 6.71 Google 的企业网站管理员主页面

(3) Google 验证该企业网站管理员账户是否为真正的网站拥有者。

有两种方法可以选择：其一是元标记验证法，如图 6.72 所示；其二是指定 HTML 文件验证法。

元标记验证法需要按提示将 Google 给定的代码添加到企业网站主页 HTML 文件的指定位置，如图 6.73 所示。然后将其上传到 FTP 中，覆盖已有的主页。

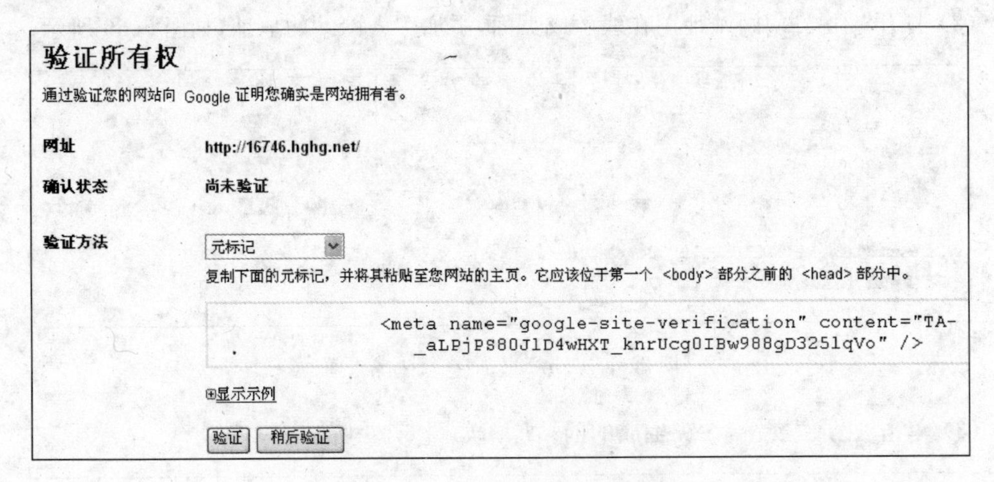

图 6.72 Google“验证所有权”界面

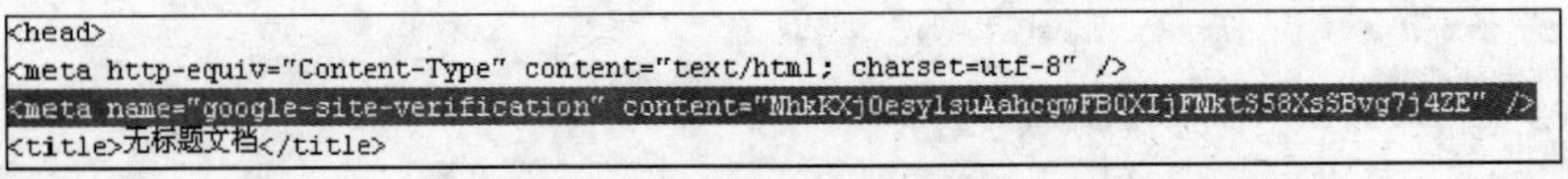

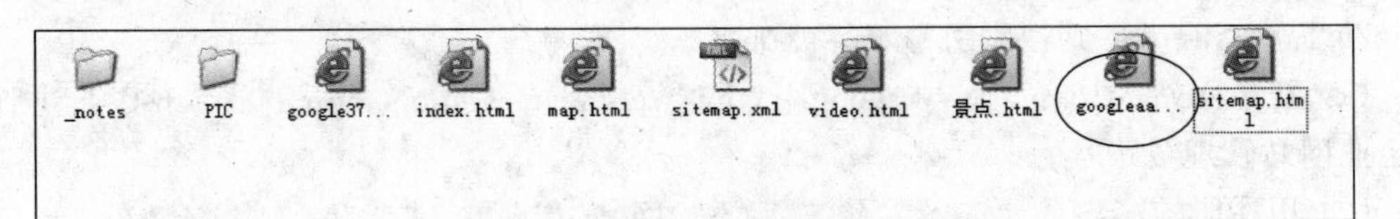

图 6.73 插入指定代码到企业网站 HTML 文件指定位置

指定 HTML 文件验证法则需要先下载 Google 提供的 HTML 文件并上传到企业网站的 FTP 中，如图 6.74 所示。

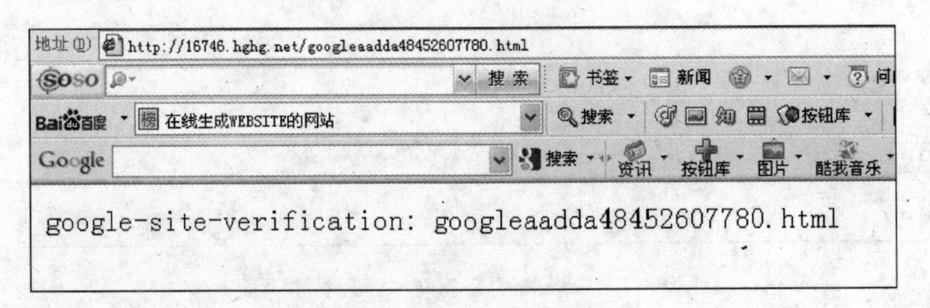

图 6.74 上传指定 HTML 文件到企业网站 FTP

然后打开浏览器访问该页面，结果如图 6.75 所示。

图 6.75 HTML 页浏览效果

上述两种网站所有权的验证方法在本质上是相同的，都是通过将 Google 指定的新文件上传到企业网站的 FTP 来进行验证的。

(4) 验证完毕后，就可以向 Google 提交生成的 Sitemap 文件了，如图 6.76 所示。

查看添加后的结果，如图 6.77 所示。

图 6.76　提交 Sitemap 文件

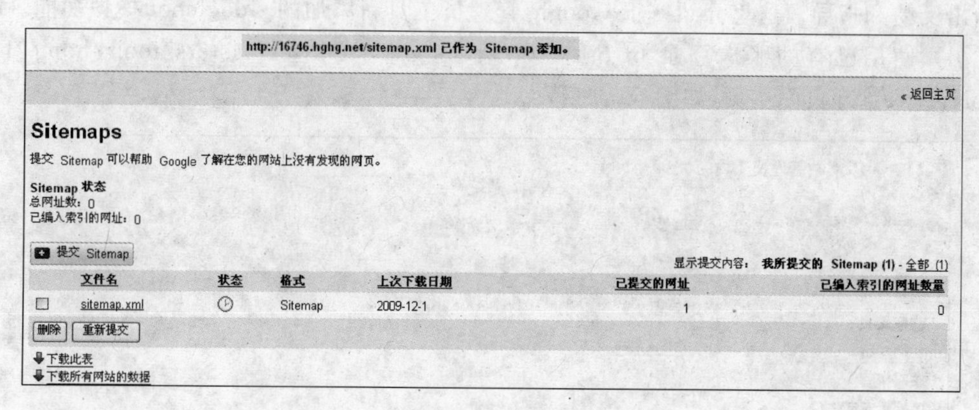

图 6.77　网站 Sitemap 文件提交结果

正常情况下等待 10 分钟内，添加状态会显示成功，如图 6.78 所示。当然，这也与网站结构及 Google 认证速度有关。

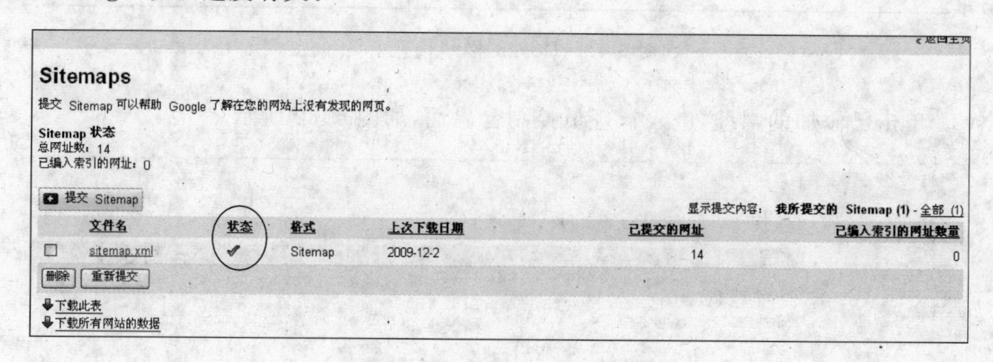

图 6.78　成功添加状态的显示

(5) 最后的工作就是等待 Google 爬行到该网站，影响这个等待的时间因素有很多，诸如网站结构、外部连接数等，即使非常顺利，一般也要一个月左右。总之，使用 Google Sitemap 能提高网站/网页在搜索引擎中的排名，实践工作中可以结合 Google PageRank 工具了解效果。

3. Googlebot 网页抓取功能模拟

Googlebot 是 Google 的 Web 抓取漫游器。它从 Web 上收集文档，为 Google 搜索引擎建立可搜索的索引。Googlebot 是 Google 的机器人的意思，俗称 Google 爬虫。

网络爬虫是一个自动提取网页的程序，它为搜索引擎从万维网上下载网页，是搜索引擎的重要组成。传统爬虫从一个或若干初始网页的 URL 开始，获得初始网页上的 URL，在抓取网页的过程中，不断从当前页面上抽取新的 URL 放入队列，直到满足系统的一定停止条件。网络爬虫的工作流程较为复杂，需要根据一定的网页分析算法过滤与主题无关的链接，保留有用的链接并将其放入等待抓取的 URL 队列。然后，它将根据一定的搜索策略从队列中选择下一步要抓取的网页 URL，并重复上述过程，直到达到系统的某一条件时停止。另外，所有被爬虫抓取的网页将会被系统存储，进行一定的分析、过滤，并建立索引，以便之后的查询和检索；对于网络爬虫来说，这一过程所得到的分析结果还可能对以后的抓取过程给出反馈和指导。这里介绍一下 Google 管理员工具新添加的 Googlebot 模拟功能。

(1) 使用已有的账户登录 https://www.google.com/webmasters/tools/home?hl=zh-CN，进入管理页面主页，如图 6.79 所示。

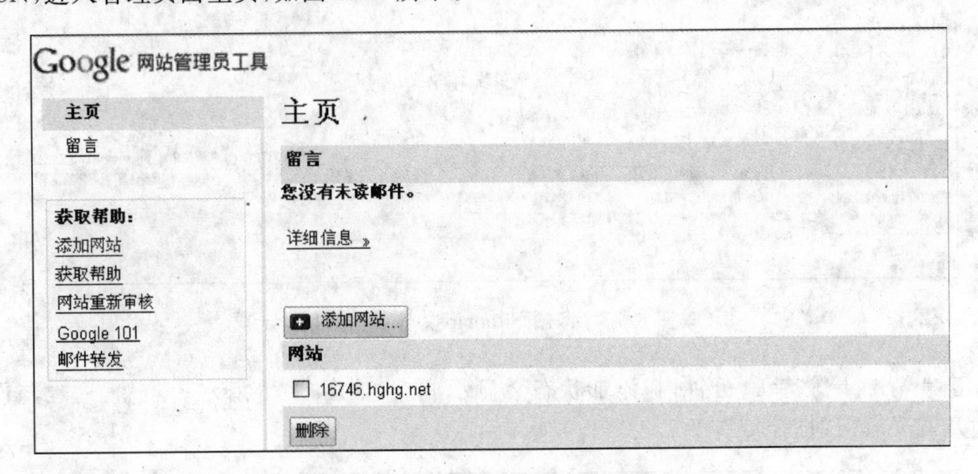

图 6.79 Google 网站管理主页

(2) 单击已添加的网址，进入管理员控制台界面，如图 6.80 所示。

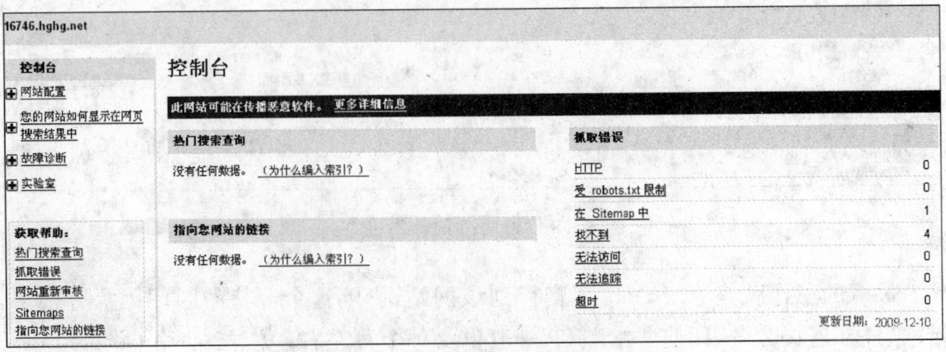

图 6.80 Google 管理员控制台界面

(3) 打开“控制台”中的“实验室”下属的 Googlebot 抓取功能，在抓取框中输入网站的地址和主页文件名。等待几分钟后刷新一下页面，如果状态栏显示成功，则实验完成，如图 6.81 所示。

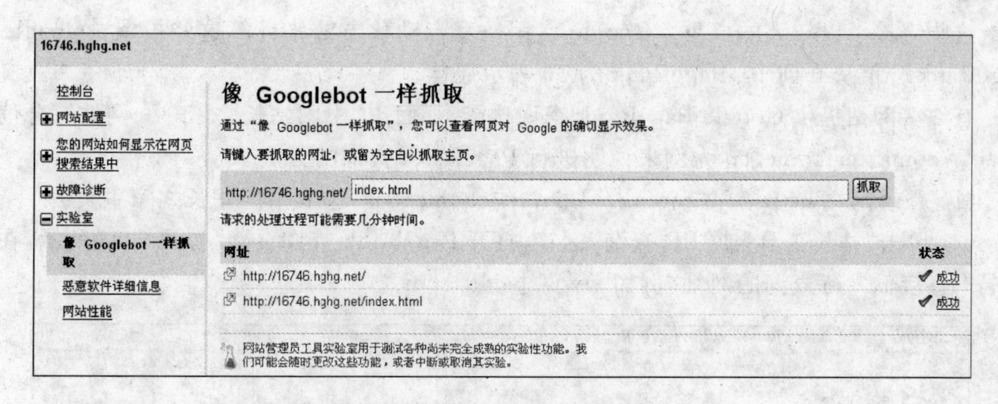

图 6.81　Googlebot 抓取功能界面

(4) 可以单击状态栏，显示以下具体抓取到的信息，如图 6.82 所示。

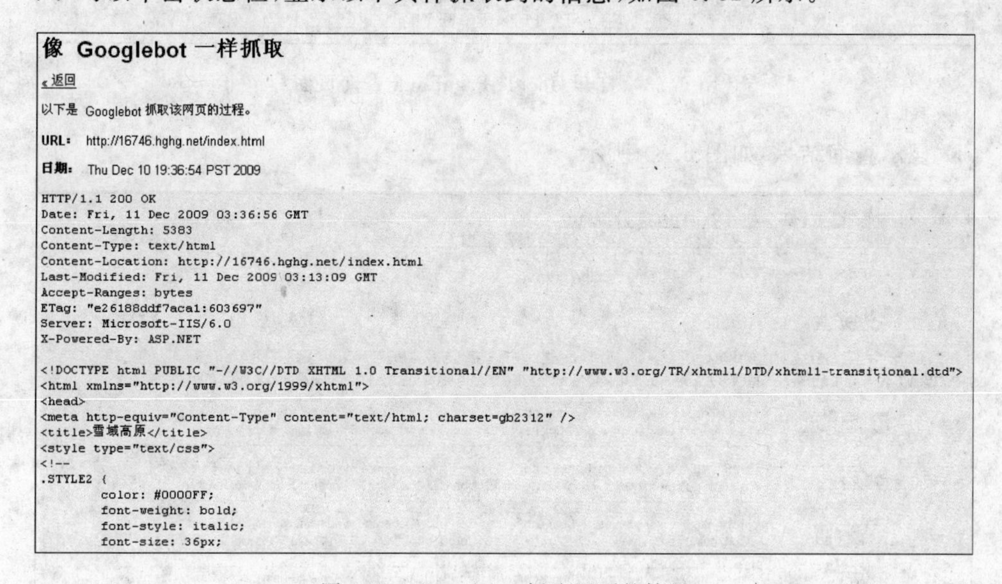

图 6.82　Googlebot 抓取网页的情况

4. 利用 PageRank 查询搜索排名情况

PageRank，即网页排名，又称网页级别，是一种由搜索引擎根据网页之间相互的超链接计算的网页排名技术，以谷歌公司创办人拉里·佩奇(Larry Page)之姓来命名。此技术通常和搜索引擎优化有关，Google 用它来体现网页的相关性和重要性。

Google 的 PageRank 根据网站的外部链接和内部链接的数量和质量衡量网站的价值。PageRank 背后的概念是每个到页面的链接都是对该页面的一次投票，被链接的越多，就意味着被其他网站投票越多。这个就是所谓的"链接流行度"——衡量多少人愿意将他们的网站和你的网站挂钩。PageRank 这个概念引自学术中一篇论文被引述的频度，即被别人引述的次数越多，一般判断这篇论文的权威性就越高。

在因特网上，如果一个网页被很多其他网页所链接，说明它受到普遍的承认和信赖，那么它的排名就高。这就是 PageRank 的核心思想。当然，Google 的 PageRank 算法实际上要复杂得多。比如说，对来自不同网页的链接对待不同，本身网页排名高的链接更可靠，于是给这些链接予以较大的权重。Google 使用一套自动化方法来计算这些投票。Google 的 PageRank 分值从 0 到 10,PageRank 为 10 表示最佳。

有许多网站提供 Google PageRank 查询功能,下面以"中国站长之家——网站综合信息查询"WebmasterHome. cn 为例来说明进行 PageRank 查询的方法。

(1) 登录网站 http://pagerank. webmasterhome. cn/,进入中国站长之家主页。

(2) 单击"站长工具"或"PR 查询"标签,打开 PageRank 查询页面,如图 6.83 所示,在文本框中直接输入待查询的网址,例如 www. baidu. com。

图 6.83 打开 Google PageRank 查询页面

(3) 显示查询结果,如图 6.84 所示。

baidu.com PR值查询 收录查询 Alexa排名 WHOIS IP地址查询
http://pagerank.webmasterhome.cn/?domain=baidu.com - 收藏PR值查询网址
Toolbar PageRank: (9/10) Results for: baidu.com
Google 提供的广告 百度视屏 网站 股票常用网址 搜索视频 搜索致富
PR代码调用:将以下任意式样的代码加到网页的<body></body>之间,可直接显示网站PR值,双击代码区直接复制代码。
友情提示:代码调用请保持其完整性,去掉或修改本站链接将无法正常显示PageRank图片,严禁同一页面批量调用,谢谢支持!
式样一: <a href="http://www.webmasterhome.cn/"><img src="http://pagerank.webmasterhome.cn/MyRank?s=3&url=baidu.com" style="width:80px;height:19px;border:0px;" alt="PR查询" align=absmiddle></a>
式样二: <a href="http://www.webmasterhome.cn/"><img src="http://pagerank.webmasterhome.cn/MyRank?s=1&url=baidu.com" style="width:80px;height:15px;border:0px;" alt="PR查询" align=absmiddle></a>
式样三: <a href="http://www.webmasterhome.cn/"><img src="http://pagerank.webmasterhome.cn/MyRank?s=2&url=baidu.com" style="width:62px;height:19px;border:0px;" alt="PR查询" align=absmiddle></a>
式样四: <a href="http://www.webmasterhome.cn/"><img src="http://pagerank.webmasterhome.cn/MyRank?s=8&url=baidu.com" style="width:88px;height:31px;border:0px;" alt="PR查询" align=absmiddle></a>

图 6.84 查询结果显示页面

(4) 在"站长工具 - Google PR 查询"功能下可以选择不同的查询方式,如图 6.85 所示。

站长工具 - Google PR查询
请输入网址,如:www.abc.com
PR查询
1、批量PR查询,支持多网址PR查询;
2、PR预测查询,支持Google 678个数据中心的PR查询;
3、全站链接PR查询,网页内所有链接的PR查询。

图 6.85 不同的 PR 查询方式选择

可以选择一次性输入多个网址进行"批量 PR 查询",如图 6.86 所示。

(5) 还可以按 PR 值来查询相关的网站,结果如图 6.87 所示。

(6) Google PageRank 提供了多种式样的 PR 代码供网站调用,选择相应式样,双击代码区直接复制代码,将代码加到企业网站网页 HTML 文档的<body>与</body>标签之间,这样,该网页上将显示网站 PR 值的图标,如图 6.88 所示。

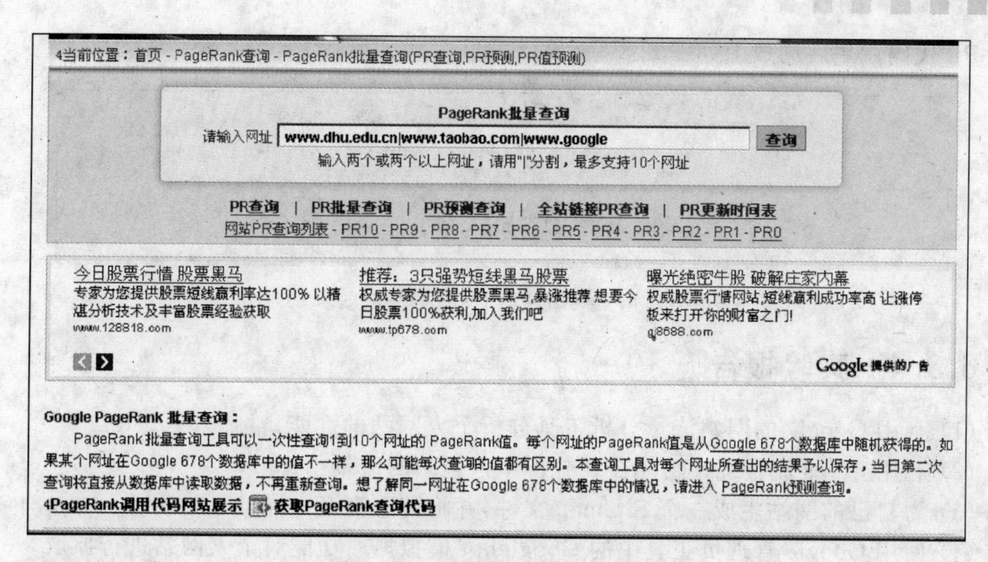

图 6.86 PageRank 批量查询界面

当前位置：站长之家 - PageRank查询 - 网站PR值查询 - PR10网站列表

PR值等于10的网站有16个　　Search 搜索

序号	PageRank	网址	查询时间
1	10	www.google.com - PR - 收录 - Alexa - Whois	2009-12-18 0:41:03
2	10	w3c.org - PR - 收录 - Alexa - Whois	2009-12-17 23:09:37
3	10	www.w3.org - PR - 收录 - Alexa - Whois	2009-12-17 17:37:11
4	10	www.miibeian.gov.cn - PR - 收录 - Alexa - Whois	2009-12-17 10:38:58
5	10	google.com - PR - 收录 - Alexa - Whois	2009-12-17 9:05:22
6	10	india.gov.in - PR - 收录 - Alexa - Whois	2009-12-17 8:38:47
7	10	www.usa.gov - PR - 收录 - Alexa - Whois	2009-12-16 22:36:56
8	10	miibeian.gov.cn - PR - 收录 - Alexa - Whois	2009-12-16 4:50:11
9	10	www.org - PR - 收录 - Alexa - Whois	2009-12-15 0:16:34
10	10	w3.org - PR - 收录 - Alexa - Whois	2009-12-14 9:25:54
11	10	europeana.eu - PR - 收录 - Alexa - Whois	2009-12-12 1:26:51
12	10	www.firstgov.gov - PR - 收录 - Alexa - Whois	2009-12-11 22:52:56

PR查询工具
PR查询
PR批量查询
PR预测查询
全站PR查询
网站PR查询列表
PR10网站
PR9网站
PR8网站
PR7网站
PR6网站
PR5网站
PR4网站
PR3网站
PR2网站
PR1网站
PR0网站

图 6.87 网站 PR 值查询结果

baidu.com PR值查询 收录查询 Alexa排名 WHOIS IP地址查询
http://pagerank.webmasterhome.cn/?domain=baidu.com - 收藏PR值查询网址

Toolbar PageRank (9/10)　Results for: **baidu.com**

Google 提供的广告　百度视屏　网站　股票常用网址　搜索视频　搜索致富

PR代码调用：将以下任意式样的代码加到网页的<body></body>之间，可直接显示网站PR值，双击代码区直接复制代码。
友情提示：代码调用请保持其完整性，去掉或修改本站链接将无法正常显示PageRank图片，严禁同一页面批量调用，谢谢支持！

式样一：PageRank 9/10
```
<a href="http://www.webmasterhome.cn/"><img src="http://pagerank.webmasterhome.cn/MyRank?s=3&url=baidu.com" style="width:80px;height:19px;border:0px;" alt="PR查询" align=absmiddle></a>
```

式样二：PR 9
```
<a href="http://www.webmasterhome.cn/"><img src="http://pagerank.webmasterhome.cn/MyRank?s=1&url=baidu.com" style="width:80px;height:15px;border:0px;" alt="PR查询" align=absmiddle></a>
```

式样三：PageRank 9
```
<a href="http://www.webmasterhome.cn/"><img src="http://pagerank.webmasterhome.cn/MyRank?s=2&url=baidu.com" style="width:62px;height:19px;border:0px;" alt="PR查询" align=absmiddle></a>
```

式样四：PageRank Google 9
```
<a href="http://www.webmasterhome.cn/"><img src="http://pagerank.webmasterhome.cn/MyRank?s=8&url=baidu.com" style="width:88px;height:31px;border:0px;" alt="PR查询" align=absmiddle></a>
```

图 6.88 供网站调用的各种式样的 PR 代码

PR 代码调用后的效果如图 6.89 所示。

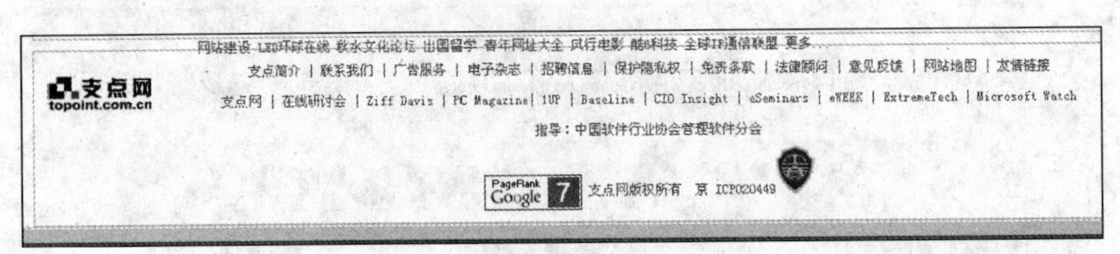

图 6.89 网站调用 PR 代码后的效果

6.3.4 实验报告

(1) 利用 Google 的网站流量分析工具分析个人网站的性能指标。

(2) 利用 51yes 流量统计功能在线分析个人网站的流量指标。

(3) 为自己的网站生成一个 Sitemap 文件，并将其上交至 Google。

(4) 使用 Google 管理员工具中的 Googlebot 模拟抓取功能对个人网站进行抓取。

(5) 选择几个主流网站并测试它们的 PageRank。

6.4 系统服务器安全维护

6.4.1 实验要求

- 学会在服务器端设置防火墙的方法；
- 理解创建审核安全事件列表对于保护 Windows 2000 及以上服务器安全性的作用，并学会创建方法；
- 理解 Windows 2000 及以上版本内置的加密文件系统的作用，并学会利用其对存储数据实现加密保护的方法；
- 学会利用 IIS 对服务器安全进行设置的方法。

6.4.2 实验环境设置说明

要求在 Windows 2000 及以上服务器的网络环境下，系统安装有 IIS 组件。

6.4.3 操作步骤

服务器在整个网络中处于核心地位，服务器安全得到了保证，整个网络系统的安全也就得到了保证。而为服务器安装防火墙软件、合理地进行用户权限管理等是保证服务器安全的重要工作。

1. 防火墙软件

为了避免网站的服务器受到黑客的攻击，确保数据安全，通常在网络入口处增设硬件防火墙，并在服务器安装防火墙软件。事实上，Windows 2000 及以上的系统都内置了防火墙软件，只需简单的配置即可实现对服务器的网络保护。下面详细说明设置方法。

1) 启用防火墙

Windows XP 服务器相关操作如下：

(1) 在"控制面板"中双击"网络连接"图标，或在网上邻居的任务列表中双击"查看网络连接"，打开图6.90所示的"网络连接"窗口，显示出本地计算机所有的网络连接。

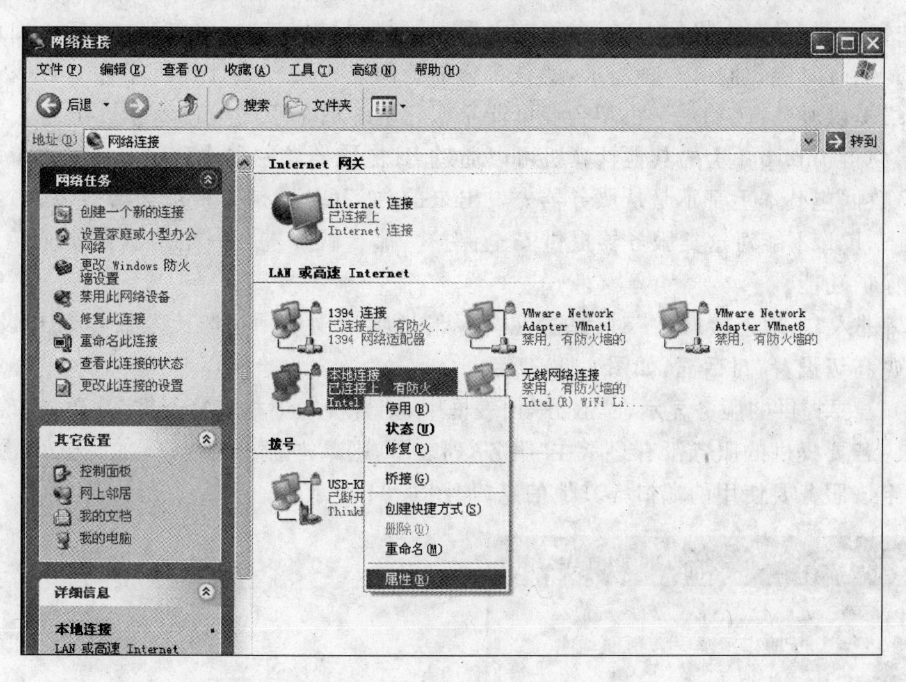

图6.90 "网络连接"窗口

(2) 右击要启用防火墙的Internet连接，如"本地连接"，在弹出的快捷菜单中选择"属性"命令，打开"本地连接属性"对话框。切换到图6.91所示的"高级"选项卡。

(3) 在"Windows防火墙"选项区域中单击"设置"按钮，在弹出的图6.92所示"Windows防火墙"对话框中选择"常规"选项卡中的"启用(推荐)"单选按钮。

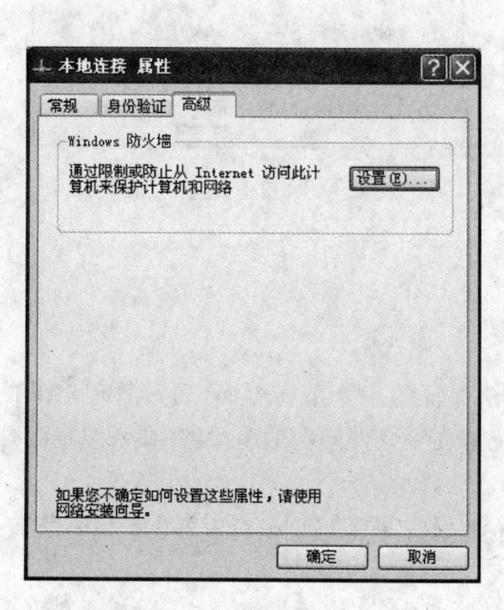

图6.91 "本地连接属性"对话框

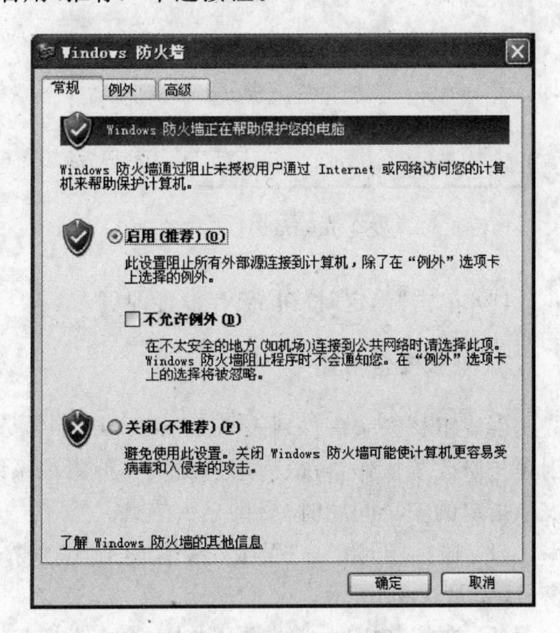

图6.92 启用防火墙设置

2) Internet 防火墙基本设置

由于 Internet 连接共享(ICF)是通过登录本机的 IP 请求来确定外来的 IP 数据包是不是“合法”,因此,只有本机的 IP 提出请求之后,外面的数据包才可以进来,这是一种被动的防火墙。但有时候我们有一种需求,就是希望本地网络中的一台计算机作为一台服务器给外部网络提供服务,比如一个小型企业可能希望它本地网络中的一台计算机作为一台 Web 服务器,使得 Internet 上的其他计算机可以通过 IE 浏览器访问到这台服务器。由于服务器上的 IP 数据包基本上都不是从服务器先发出来的,而 ICF 又是一种被动防火墙,因此在标准配置下,ICF 不能对这类服务器提供安全保护。那么就要进行一定的设置才能安全实现这样的保护功能。

(1) 进入“本地连接属性”对话框,在“高级”选项卡中启用过防火墙后,单击“设置”按钮,进入“高级设置”对话框,如图 6.93 所示。

(2) 若要提供的服务显示在“服务”列表框中,则直接选中相应复选框,并单击“确定”按钮即可。若要提供的服务没有显示在“服务”列表中,则单击“添加”按钮,在“服务设置”对话框中指定该服务要使用的端口等其他信息,如图 6.94 所示。

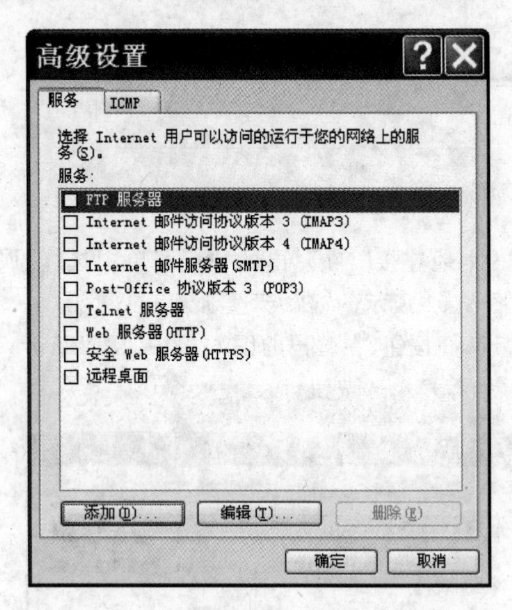

图 6.93 安全 Internet 连接共享设置

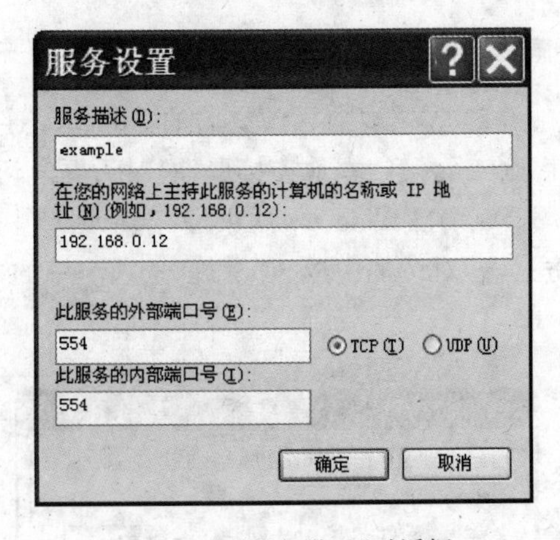

图 6.94 “服务设置”对话框

(3) 单击“确定”按钮,保存设置即可。

2. 审核安全事件

创建审核安全事件列表是 Windows 2000 安全保证的一个重要方面,通过管理对象的创建与修改等操作,可以为用户提供一种跟踪系统潜在安全性问题的手段,并在系统发生列表中指定的安全问题时,提供显示信息。

(1) 选择“开始”→“程序”→“管理工具”→“本地安全策略”命令,打开“本地安全设置”窗口,如图 6.95 所示。

(2) 在控制树中,单击展开“本地策略”节点,选择其中的“审核策略”。在详细资料窗格中，可以对登录事件、审核策略更改等事件进行审核设置。双击要审核的事件类别，如“审核对象访问”，打开相应的“审核对象访问属性”对话框，如图 6.96 所示，选中“成功”和“失败”复选框，以对相应事件的成功和失败进行审核记录。

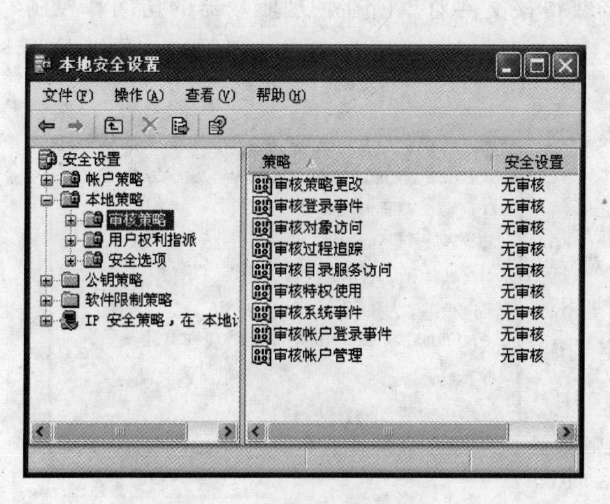

图 6.95　“本地安全设置”窗口

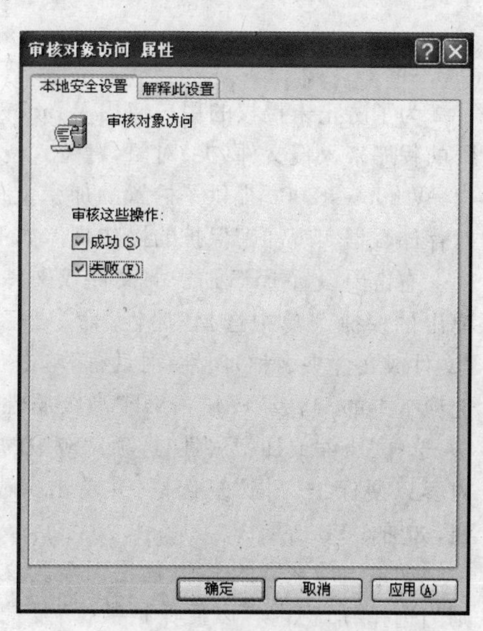

图 6.96　“审核对象访问属性”对话框

(3) 设置好后，注销当前用户，让机器重新启动，查看有关的审核日志。

(4) 选择“开始”→“程序”→“管理工具”→“事件查看器”命令，打开“事件查看器”窗口。在控制树中单击“安全性”，即可看到有关审核的安全日志，如图 6.97 所示。

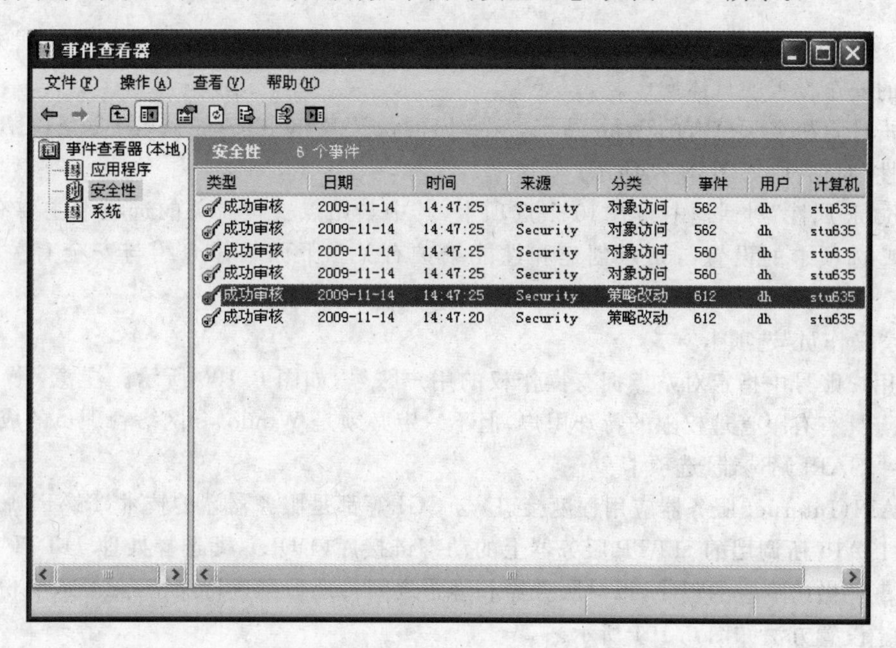

图 6.97　“事件查看器”窗口中“安全日志”显示的安全审核结果

(5) 右击“安全性”，选择“操作”→“另存日志文件”命令，打开相应的“将‘安全性’另存为”对话框，在“文件名”下拉列表框中输入“C:\login. evt”，保存类型为“事件日志(*. evt)”，然后单击“保存”按钮，即把当前的安全日志保存到相应的归档文件中，以便查阅。

3. 存储数据的加密保护

为了防止未授权的用户使用 Windows 2000 系统以外的操作系统或利用忽略 NTFS 权限的程序来入侵文件(夹)对象，避免入侵者获得该文件对象所在物理驱动器的访问和控制权，Windows 2000 提供了内置的加密文件系统(Encrypting File system，EFS)。利用 EFS 对存储数据实现加密保护的操作具体如下：

右击要设置 EFS 加密的文件或文件夹，从弹出的快捷菜单中选择“属性”命令，打开“*(文件或文件夹名称)属性”对话框，单击“常规”选项卡中的“高级”按钮，打开“高级属性”对话框，选择“压缩或加密属性”选项区域中的“加密内容以便保护数据”复选框，并单击“确定”按钮，如图 6.98 所示。

如果当前选定的 EFS 加密对象为文件夹，则当选择“加密内容以便保护数据”复选框时，该文件夹及其子文件夹中的文件内容将被加密，只有设置该加密的用户才可以访问这些文件。

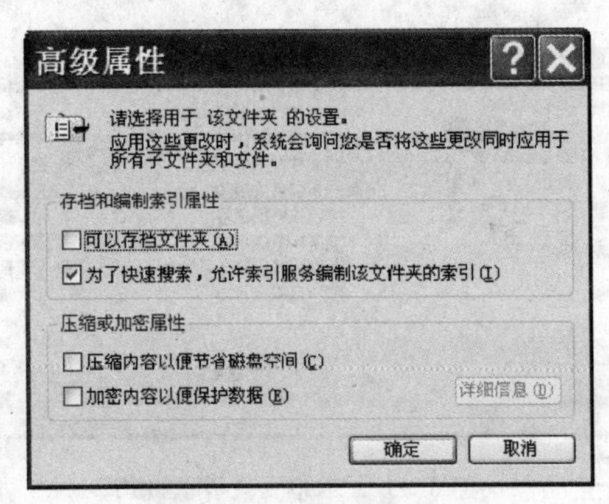

图 6.98 “高级属性”对话框

4. IIS 服务器安全设置

以 Windows Server 2000 环境下的 IIS 为例，说明利用“Web 站点属性”对话框进行 IIS 服务器的安全设置的具体操作。

右击计算机名下已有的 Web 站点，从弹出的快捷菜单中选择“属性”命令，打开“Web 站点属性”对话框，如图 6.99 所示。

“ebook 属性”对话框中共有 10 个选项卡，其中与站点安全有关的选项卡主要有三个，还有一些选项卡的设置与站点创建和性能维护有关。下面具体介绍与安全有关的相关设置。

1) “操作员”选项卡

在用户账号中指定对站点拥有操作权的用户账号，如图 6.100 所示。注意：操作员是对某站点具有有限管理权限的特殊用户，但不一定必须是 Windows 网络管理员的成员。

2) “ISAPI 筛选器”选项卡

ISAPI(Internet 服务器应用程度接口)与 CGI 等都是服务器端的技术，ISAPI 筛选器用于设置 ISAPI 所调用的 HTTP 服务器上的动态链接库(DDL)，即选择处理 HTTP 请求过程中对事件做出响应的程序，以对服务器和客户之间传递数据进行加密、压缩或身份验证等预处理。设置方法如图 6.101 所示。

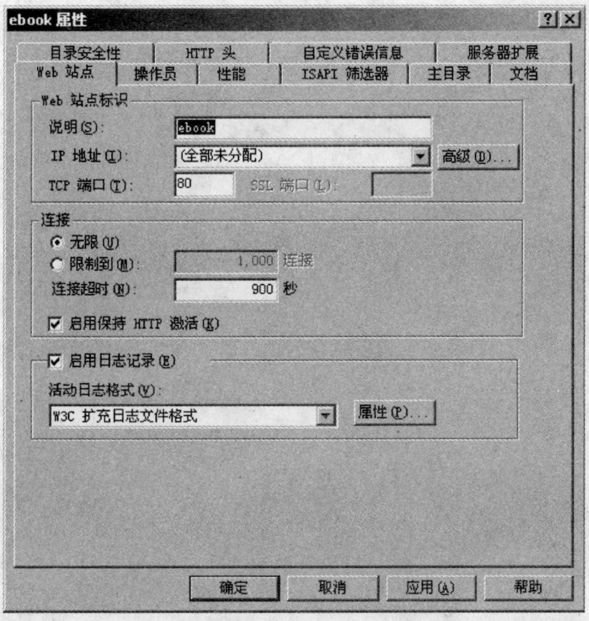

ebook 属性

目录安全性 | HTTP 头 | 自定义错误信息 | 服务器扩展
Web 站点 | 操作员 | 性能 | ISAPI 筛选器 | 主目录 | 文档

Web 站点标识
说明(S): ebook
IP 地址(I): (全部未分配) 高级(D)...
TCP 端口(T): 80 SSL 端口(L):

连接
无限(U)
限制到(M): 1,000 连接
连接超时(N): 900 秒
启用保持 HTTP 激活(K)

启用日志记录(E)
活动日志格式(V):
W3C 扩充日志文件格式 属性(P)...

确定 取消 应用(A) 帮助

图 6.99 “ebook 属性”对话框

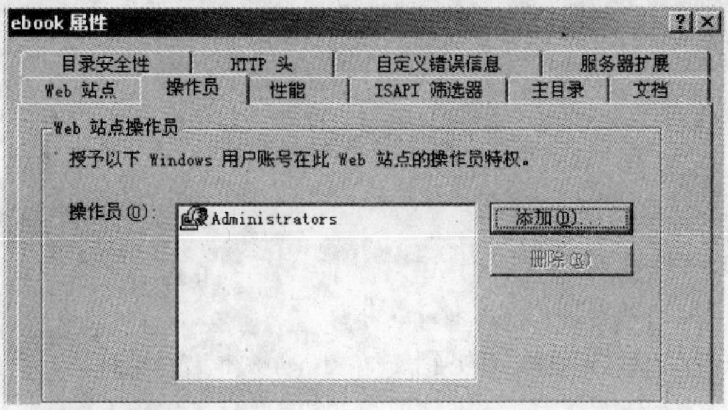

ebook 属性

目录安全性 | HTTP 头 | 自定义错误信息 | 服务器扩展
Web 站点 | 操作员 | 性能 | ISAPI 筛选器 | 主目录 | 文档

Web 站点操作员
授予以下 Windows 用户账号在此 Web 站点的操作员特权。
操作员(O): Administrators
添加(D)...
删除(R)

图 6.100 “操作员”选项卡

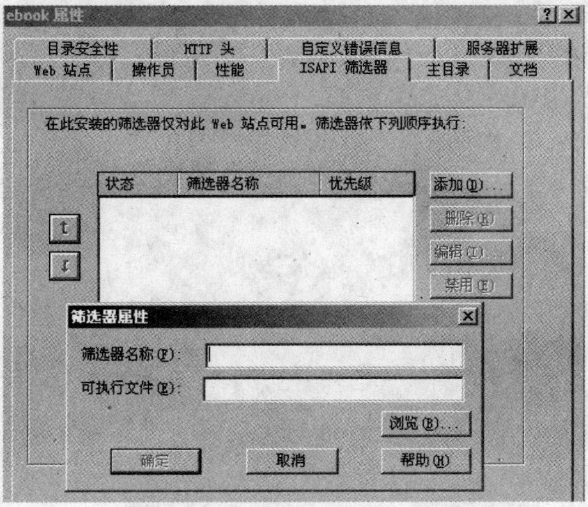

ebook 属性

目录安全性 | HTTP 头 | 自定义错误信息 | 服务器扩展
Web 站点 | 操作员 | 性能 | ISAPI 筛选器 | 主目录 | 文档

在此安装的筛选器仅对此 Web 站点可用。筛选器依下列顺序执行:

状态	筛选器名称	优先级

添加(D)...
删除(R)
编辑(I)...
禁用(E)

筛选器属性
筛选器名称(F):
可执行文件(E):
浏览(B)...
确定 取消 帮助(H)

图 6.101 “ISAPI 筛选器”选项卡

3）"目录安全性"选项卡

访问安全控制可以通过"目录安全性"选项卡进行设置，如图 6.102 所示。

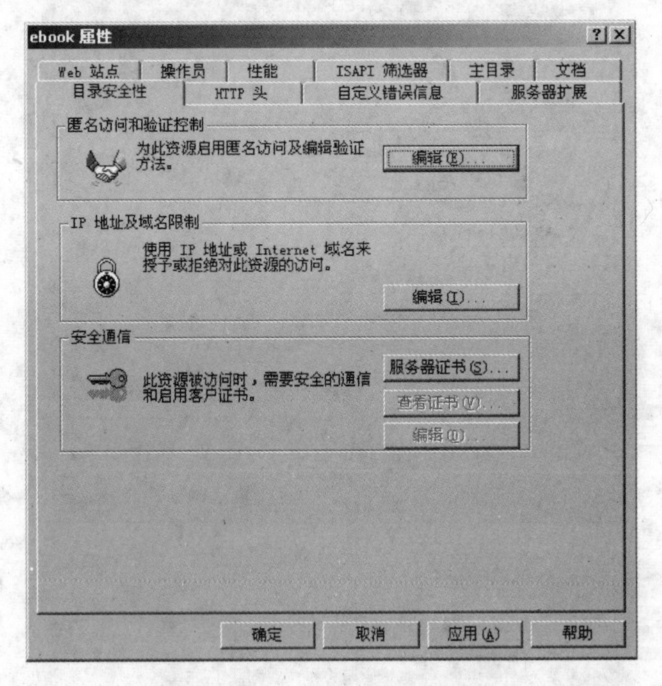

图 6.102 "目录安全性"选项卡

(1) 匿名访问和验证控制。

- 匿名访问：指访问者无须录入用户名和密码就可以访问站点的公共区域，实际上，Web 服务器将该访问者分配到一个名为 IUSR_computername 的 Windows 用户账号，computername 表示运行 IIS 的服务器名称。
- 验证控制：目的是解决敏感信息的访问安全性问题，如图 6.103 所示。

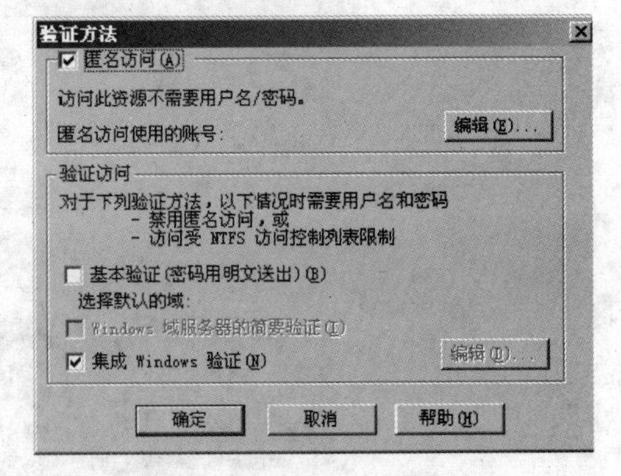

图 6.103 匿名访问及验证访问的设置

基本验证：验证来访客户的用户名和密码。用于基本验证的访问者必须具有"本地登录"用户权限。

(2) 安全通信。使用密钥管理器建立认证请求。

(3) IP 地址及域名限制。通过适当的设置允许或拒绝特定的计算机、组或域访问 Web 站点、目录或文件，如图 6.104 所示。

- "授权访问"单选按钮：向指定的地址之外的所有访问者授予访问权。
- "拒绝访问"单选按钮：将禁止用户指定地址之外的所有客户的访问。

4）"HTTP 头"选项卡

用于设置内容失效和内容分级，如图 6.105 所示。

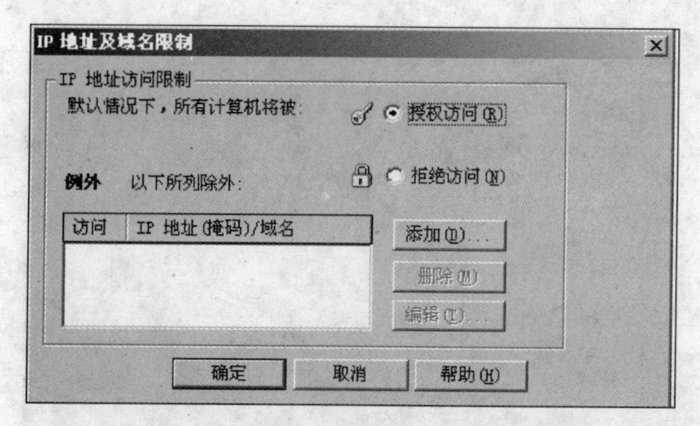

图 6.104　特定 IP 及域名的访问限制设置

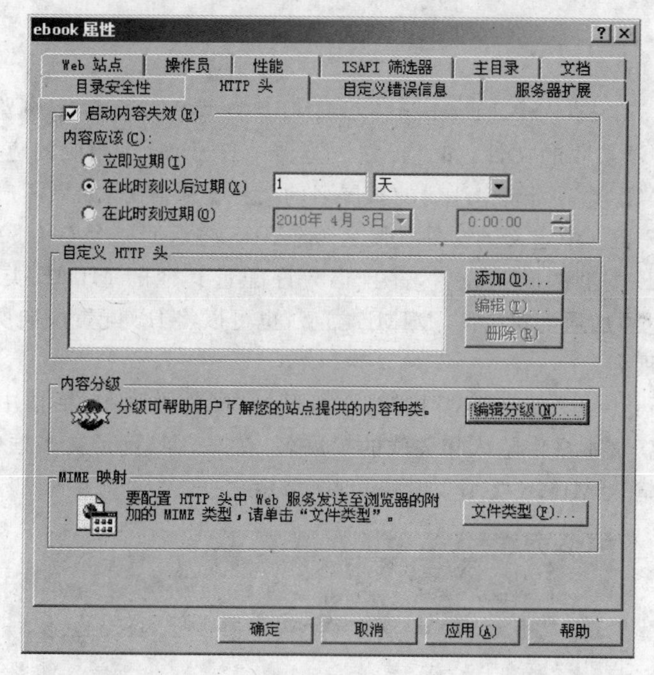

图 6.105　"HTTP 头"选项卡

(1) 启动内容失效。

允许一些时效性的内容根据指定的时间自动过期，以确保浏览器不是显示最新信息。当启用这一功能后；如果没过期，浏览器将从客户本机缓存读取数据以提高浏览速度；如果内容过期，则连接网站请求新数据。

(2) 自定义 HTTP 头。

用户自己编写的发送给客户端的当前 HTML 规范尚不支持的 HTTP 标题。直接在"添加 HTTP 头"对话框中输入 HTTP 头的名称和值。

(3) 内容分级。

在 HTTP 标题中加入描述内容级别的标签，使客户可以在浏览器端选择过滤不接受的内容。具体操作为：单击"编辑分级"按钮，在打开的"内容分级"对话框中选择"分级"选项卡，选中"此资源启用分级"复选框，在"类别"列表框中选择一种类别，通过调节"分级"滑块来实现内容分级过滤，如图 6.106 所示。

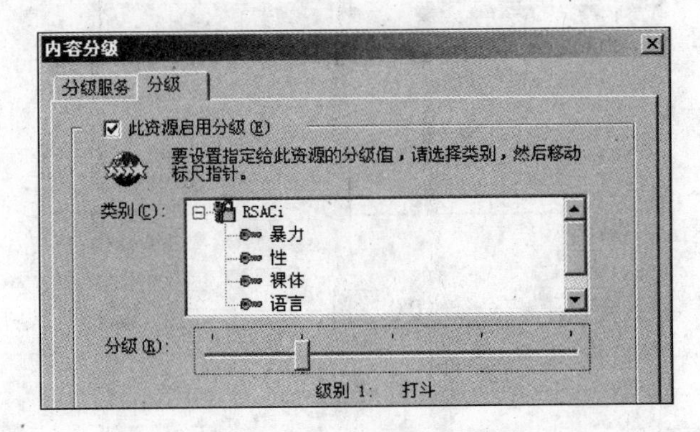

图 6.106 设置内容分级

(4) MIME 映射。

Multipurpose Internet Mail Exchange (MIME) 类型说明了 Web 浏览器或邮件应用程序如何处理从服务器接收的文件，如直接在浏览器中打开、启用相应的应用程序打开。IIS 只为具有已在 MIME 类型列表中注册的扩展名的文件提供服务，如果客户端请求引用了其扩展名未在 MIME 类型中定义的文件扩展名，那么 IIS 将返回一个 404.3 错误。IIS 预配置为识别全局 MIME 类型的默认设置，并且也允许配置其他的 MIME 类型和更改或删除 MIME 类型。通过添加通配符（*）MIME 类型，也可以将 IIS 配置成向所有的文件提供服务，而忽略文件扩展名。

具体操作如下：单击“文件类型”按钮，在打开的“文件类型”对话框中单击“新类型”按钮，在“关联扩展名”文本框中输入相关联的扩展名，在“内容类型”文本框中以“mime 类型/文件扩展名”形式输入 MIME 类型，如图 6.107 所示。

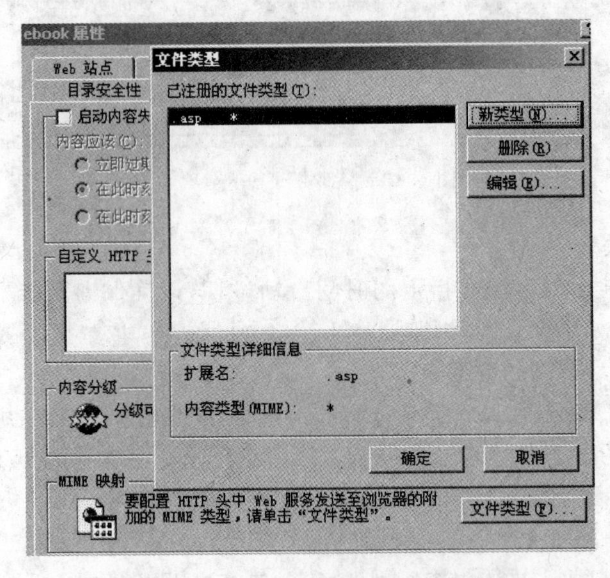

图 6.107 设置 MIME 映射的文件类型

5）“自定义”选项卡

用于自定义在 HTTP 错误时返还到浏览器的错误提示信息，如图 6.108 所示。

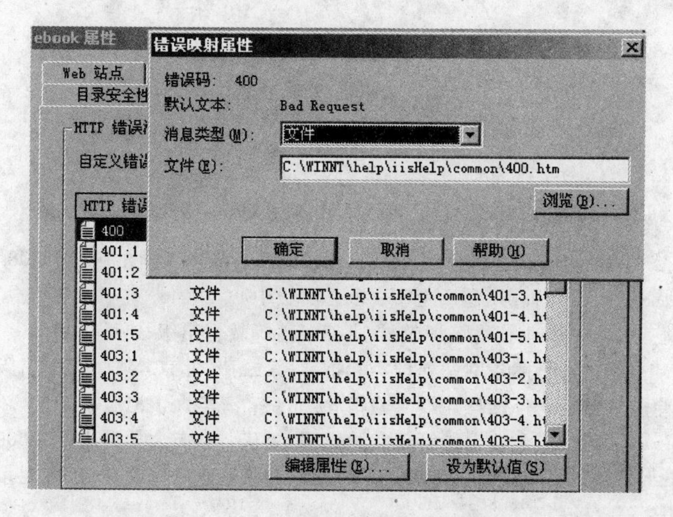

图 6.108 自定义错误信息的映射

(1) 编辑属性。

在“消息类型”下拉列表中选择以更改自定义错误信息的属性。

- 默认：将默认的 HTTP 1.1 错误返回到客户端；
- 文件：将自定义错误映射到指定路径的文件；
- URL：将自定义错误映射到指定的 URL，以虚拟目录名开头输入 URL 路径，如 \virdir1\errors\404.htm。

(2) 设为默认值。

在错误消息列表中选择一个条目或同时选中多个条目，单击“设为默认值”按钮。一般将 HTTP1.1 返回错误设为默认值。

6.4.4 实验报告

为 eBookStore 网站的服务器进行安全设置。

学以致用

(1) 将实验用计算机设置为 IIS 服务器，运行 eBookStore 网站。

(2) 通过 IIS 设置按时间 1h 记录 W3C 扩充日志格式的日志文件，并存储于 D:\WINDOWS\System32\LogFiles 中；自定义记录内容，包括日期、时间、客户 IP 地址、访问方法和 URL 资源，并增加一些非默认内容；请同学相互访问，数小时后从相关路径获取日志文件。

(3) 等待收集日志期间利用系统自带的管理工具为服务器进行性能监测，完成监测报告，要求用图和数据支持文字说明。

(4) 为服务器进行安全设置。

(5) 选择商业日志分析工具分析获取 eBookStore 网站的日志文件，根据 report 的分析结果发现并解释该网站运营中的一些重要情况。

(6) 根据运营情况选择适当的第三方管理工具优化管理，给出对比分析报告。

参考文献

1. 吴泽俊.电子商务实现技术.北京：清华大学出版社,2006.
2. 张宝明,文燕平,陈梅梅.电子商务技术基础.第2版.北京：清华大学出版社,2008.
3. 陈梅梅,许为民,周茹燕.电子商务实务.上海：东方出版中心,2001.
4. 汤兵勇等.电子商务大学生职业技术培训教材.北京：高等教育出版社,2007.
5. 赵祖荫,张瑜,张玮颖等.电子商务网站建设实验指导.第二版.北京：清华大学出版社,2008.
6. 赵祖荫,张瑜,赵卓群.电子商务网站建设实验指导.北京：清华大学出版社,2004.
7. 孟伟,李茜,曾波.电子商务平台建设与管理实验教程.重庆：重庆大学出版社,2009.
8. (美)Efraim Turban 等著.电子商务：管理视角(英文原书第5版).严建援等译.北京：机械工业出版社,2010.
9. (美)Gary P. Schneider 著. Electronic Commerce(8th Edition). Cengage Learning. Inc,2009.
10. (美)Janice Reyuolds 著. The Complete E-Commerce Book. CMP Books,2004.
11. (加)Jim A. Carter 著. Developing E-Commerce Systems. Prentice Hall,Inc,2002.
12. (美)Sounders,S.著.高性能网站建设指南.刘彦博译.北京：电子工业出版社,2008.
13. (美)Brenda Kienan 著.电子商务管理实务.健莲科技译.北京：清华大学出版社,2002.
14. (美)Martin V. Deise,Conrad Nowikow,Partrick King,Amy Wright 著.电子商务管理者指南——从战术到战略.黄京华等译.北京：清华大学出版社,2002.
15. 刘晓辉,王凌.中小企业网站管理员实用教程.北京：清华大学出版社,2004.
16. (美)Hung Q. Nguyen 著. Web应用测试.冯学民,唐映,杨海燕等译.北京：电子工业出版社,2003.
17. (法)伯纳德.利奥托德,(美)马克.哈蒙德著.商务智能：信息-知识-利润.郑晓舟,胡睿,胡云超译.北京：电子工业出版社,2002.
18. (美)Jakob Nielsen,Hoa Loranger 著.网站优化——通过提高Web可用性构建用户满意的网站.张亮译.北京：电子工业出版社,2007.
19. 谷歌网站管理员中心(www.google.com.hk/intl/zh-CN/webmasters/)
20. 51Yes 网站流量统计(count.51yes.com)
21. 互联中国万网(www.net.cn)
22. 美国 InterNIC(www.internic.net)
23. 虚拟主机测评网(www.fat32.cn)
24. 中国信网(www.isoidc.com)
25. “我就试试”网站(www.5944.net)
26. 上海宽带网(www.021kd.com)
27. 中国站长之家(www.webmasterhome.cn)
28. Deep Log Analyzer 网站(www.deep-software.com)
29. 中国互联网络信息中心(www.cnnic.net.cn)